JN106946

続・舷窓百話

鈴木 邦裕 著

海 文 堂

はじめに

執筆は論理や思考を助けてくれることがある。

書いて読み返すと足りない部分がはっきりするのも、その一つだろう。

書く以外にも思考の為になるのは賢明な人たちと論議をすることだ。

私が面談する友人、知古には老若男女を問わずこの手の人達が多い。

神戸商船大学名誉教授杉浦昭典先生からは幾多有益な御教示を頂戴した。神戸大学名誉教授古荘雅生博士、またしかりである。英米文献の和訳については愛媛大学麓由起子君の助力を多とする。

本書は、私に授与された令和2年の日本航海学会航海功績賞受賞記念出版である。受賞対象となった書物は全て海文堂出版株式会社から出版されたものであり、同社は採算を度外視して本書を企画してくれた。

3四半世紀を超えて海に関わって過ごしてきた、一介の船乗りの私にとって、本書を世に送ることができたのは、将に望外の喜びこれに勝るものはない。

本稿は前著『舷窓百話』の後編で昔話が多く、重複している箇所もあるが、温故知新の諺もある。前著と違い数字や英文を読みやすくするため横書きにした。

百話でなく69話に留めたのは紙面の都合である。

書いている諸話のなかで、読者が承服できない箇所があるとするなら、どうかご容赦くださり、ご共感頂ける部分は、海に携わる人々の酒の肴にして頂こう。

長年に亘り、私を鼓舞、激励してくれた人たち、そして本書のために惜しみない労を与えて頂いた方々の平安を乞い願いつつ、海の仲間たちの一帆風順を祈っている。

著者識

神武天皇即位紀元 2682 年

グレゴリオ暦 2021 年

平年　令和 4 年 3 月 12 日土曜日　壬寅　大安

旧暦 2 月 10 日　ユリウス日 2459650.5 日　月齢 9.8 日

目　　次

※本文中、「国土地理院図から筆者加筆」とある図は、全て令和元年 7 月 17 日付
　国地情複 第 263 号で国土地理院から承認を受けている。

《第 1 話》魔の三角海域 バミューダトライアングル

　バミューダ諸島というのは北大西洋上に浮かぶハミルトン島を主島とする英国領で（図 1-1）、政庁はハミルトンに置かれており、UK P&I クラブ[*1] の本部はここにある。この島はイギリス最初の植民地になった島である。

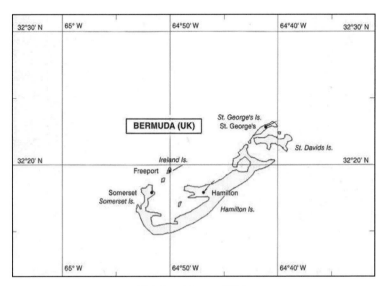

図 1-1　バミューダ諸島
（THE SHIP'S ATLAS 10 版　Shipping guides LTD、United Kingdom から）

　スペインの海図にこの島が記入されたのは 1511 年だが、長く無人島であった。その後、17 世紀から北米入植の英国船が難破してたどり着いて以降、植民が始まった。

　この諸島はイギリスよりもアメリカに近いから、南北戦争当時は欧米と北米を結ぶ中継地となっていた。

[*1] UK P&I クラブ：世界でもっとも古い船主責任相互保険組合の一つ。単なる保険金支払業務だけでなく、主要なクレームの詳細な分析、船員教育に資する業務も行っている。船主などが組合員となる。船舶所有者などが船舶運航上発生する事故等、船舶保険や貨物海上保険、及び船員保険などでカバーされない船主の責任損害や費用損を填補する（例⇒船舶からの油の流失の回収、除去にかかる費用の負担）。
　1842 年設立の The Standard P&I Club はトン数と会員別に世界有数の船主責任相互保険組合の一つである。このクラブの持ち株会社であるスタンダードクラブ株式会社はバミューダに設置され、London、New York などの他、東京にも事務所がある。

　ビクトリア王朝時代からは北米の避寒地として同島への観光旅行が盛んになり、現在も観光業はこの島の財源になっている。

　環礁で形成されており、島中に隙間のないほど建物が多い。

　この島の付近は、多くの船舶や航空機が行方不明になっているということで面白おかしく「魔の三角海域（バミューダトライアングル）」などと名付けられてもいる。

　この三角海域というのは図 1-2 のとおり、バミューダ、フロリダ半島南部、プエルトリコを結ぶ三角地帯をいうのだそうだ。

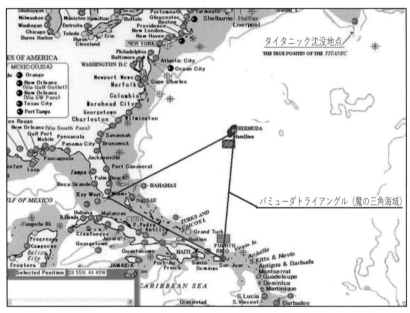

図 1-2　バミューダトライアングル（筆者による）
ヨーロッパ人による初見は 16 世紀の初期だと言われているが異説もある。

　20 世紀中にこの海域で 300 隻ほどの船舶と航空機が跡形もなく消えているという。

　しかし、この三角地帯は日本列島がすっぽりと収まるほど広い海域だから、難破船や行方不明船が多くてもなんの不思議でもあるまい。

　ただ、バミューダ諸島付近に限っていうなら確かに難船が多いようである。

　1944 年、ロンドンで刊行された英国人 Nigel Pickford 著 Atlas of Sip Wreck & Treasure（難破と財宝の図鑑）ではバミューダ付近で難破した 14 隻についての記述があるが、いずれも黄金、銀、財宝を積んだ船ばかりだ。

　これら難船の原因については諸説ある。

ハリケーンと単純な人災説

　この三角海域はハリケーンの通過路にあるから、猛烈な暴風雨によって救助信号を発することができず覆没したり、洋上の孤島に近寄って航行して暴風雨で圧流されて乗り揚げたり、夜間や濃霧時には油断して船位を失い難船するというハリケーンと人災説。

ブラックホール説

　宇宙に存在するブラックホールがこの三角地帯に存在し、異次元の世界と通じて船舶が飲み込まれるという説があるが、現代の科学では説明できないようで、SF 小説の世界だ。

宇宙人説

　宇宙人が UFO を使って航空機や船舶を乗組員もろとも吸い上げて攫うという、面白いが眉唾な珍説もある。

メタンハイドレート説

　最近では、この島の付近の巨大なクレーターの海底の堆積物（たいせきぶつ）に閉じ込められた天然ガスのメタンガスが爆発することで大気に激しい乱流が起こり、飛行機の墜落を招く恐れがあるという説もある。

　しかし、この説では船舶の行方不明を説明できないだろう。

マイクロバースト説

　冷気の塊が海面に落下し、破裂のような強風によって難破されるという説がある。マイクロバーストは低空で発生するといわれる。

　以上のような諸説があるが、いずれも確たる証拠があってのことではない。

地磁気の異常説

　また、地磁気の異常によって航空機が位置を喪失したり、船舶が進路を誤ったのだという説もある。筆者はこの地磁気の異常説及びハリケーンと人災説に与（くみ）する。

地磁気異常説に言及した書物は知らないが、傍証がある。それはこうだ。

ジャイロコンパスのなかった時代には船舶も航空機も共に磁気羅針儀を頼りにしていたから、地磁気の偏差が局地的に異常で、僅かな距離しか離れていない地点間で偏差が数度以上変化する海域では、その変化に留意しなければとんでもない方向に進んでしまうことになる。

コロンブスが1492年8月3日、3隻の船でスペイン南部のパロス港を発した第1回航海では、北緯28度線に沿って西に進むつもりで航行したが、着いたところはバハマ諸島サン・サルバドル（北緯24度付近）であった。

西に進んだつもりが、着いてみると緯度が4度ばかり違っていたことになるが、これは地磁気の偏差が原因の一つである。

磁気羅針儀で西に進んでいると、西インド諸島に至る間に偏差値が変わるから、到着時には緯度で4度ばかりの差ができたのだ。

当時はヨーロッパでの偏差については知られていたが、大西洋全体の偏差値は未知であった。

だから、出航地で偏差が1度のとき羅針儀で西より1度北（271度）に向かっていたなら真針路（進路）は270度であり、羅針儀でその針路を維持していたとしよう。

その後、偏差が4度偏西になると、真針路は266度、更に進んで偏差が8度西になると真針路262度になる。偏差が12度西になると実際に進む方向は258度である。

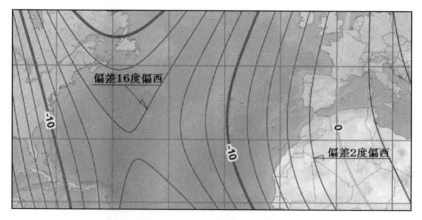

図1-3　2015年頃の北大西洋の地磁気の偏差図
（アメリカNOAAのWEBサイトから転載）

このように羅針儀で西に進んでいるつもりでも、実際は西ではなく、羅針儀で西の針路を維持する限り、12度も南に向かって進むことになってしまうのである。

穿（うが）った見方をすると、地磁気の偏差について十分な知識のなかったことが偶然バハマ諸島初見につながったといえるだろう。

現在では地磁気偏差図が作られているし、海図にも記載があるから、磁気羅針儀を頼りに航行してもコロンブスの航海のようなことは起こらない。

ところが厄介なことに、場所によって地磁気が局地的に異常を示す場所が世界各地に存在し、珍しい事ではなく、これは水路誌などにちゃんと書いてある。

例えば、日本近海では伊豆大島付近がそれで、場所によって数度も違う。

韓国旅客船セウォル号の転覆事故現場付近も地磁気に異常があると海図に書かれている。

バミューダ諸島付近にも、それが見られるのだ。

同島南西およそ25海里のプランタジネット堆付近では図1-4のように僅か2海里離れただけで偏差が8度も変化する。

ジャイロコンパスが装備されていなかった当時の船舶や航空機は磁気羅針儀に頼って航行していたから、バミューダ諸島付近の地磁気偏差の局地的な異常によって遭難したこともあったろう。

しかし魔の来島海峡だとかといって騒ぎ立てたり、ミステリーな難船などと報道され

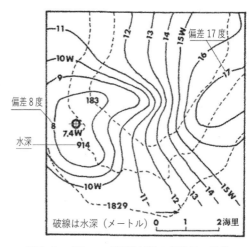

図1-4　バミューダ諸島付近の地磁気の異常

るが、所詮はSF小説や講談の域をでない話である。

「魔の三角海域バミューダ」も衆愚を惑わす、面白おかしく、想像を膨らませた荒唐無稽な法螺話（ほらばなし）だ。難船の真相は意外に単純なものなのである。

現代の船乗りはそれほど迷信的ではないことを知ってほしい。

《第2話》船員教育黎明の頃

　明治34年1月11日（1901年）、20世紀始まりの翌年であった。

　弓削商船高等専門学校の前身である弓削商船学校は、弓削、岩城の二ケ村が商船学校組合を設立し、この年に修業年限3ケ年の弓削海員学校として始まった。

　翌年から甲種商船学校に昇格している。後には高等商船に対して普通商船と俗称されるようになった。

　昔、普通商船は11校あって、一番古いのは明治12年開校の函館商船学校、次いで明治14年の三重県鳥羽商船学校、明治29年には広島県広島商船学校、明治30年に香川県粟島商船学校、以後、明治30年に山口県の大島商船学校、明治35年に佐賀県佐賀商船学校、明治39年の富山県富山商船学校、明治40年島根県の隠岐商船学校、明治41年に岡山県の児島商船学校、同年に鹿児島県鹿児島商船学校が開校され、弓削を含めて11校があった。現在は鳥羽、富山、弓削、広島、大島の5校である。

　ちなみに、東京高等商船学校（現、東京海洋大学）は明治8年（1875年）三菱汽船株式会社が創設した三菱商船学校に遡る。明治15年（1882年）官立に移管され東京商船学校となる。神戸高等商船学校（現、神戸大学海事科学部）は大正6年（1917年）私立川崎商船学校に始まる。大正9年（1920年）官立に移管され神戸高等商船学校となった。

　弓削商船学校創立3年後、明治37年2月（1904年）には日露戦争が勃発した。

　発足当時の校舎は板壁を赤塗りし障子戸をはめた粗末なものだった。

　明治34年には図2-1のような新校舎が落成したが、校舎より如何に教育するかだ。

　校長の教育方針は素朴な現実主義教育で、抽象的な観念論や高邁な理論を避け、徹底した訓練によって身体強健で精神力の強い、実社会で即戦力になり得る若者を育成した。

　教材は明治34年3月で廃校と

図2-1　明治34年落成した弓削商船新校舎
手前は陸上帆船
（弓削商船五十年史から）

なった東京商船学校大阪分校から譲渡された多数の書籍のほか、六分儀やクロノメーター（時辰儀）などの機器や、航海や運用術の洋書もあった。

ブリガンティン型陸上帆船用のマストやブームも贈与され、技業は陸上帆船で行った。

入学資格は高等小学校 2 年終了以上で、当時の学制は尋常小学校 4 年、高等小学校 4 年であったから、現在でいえば小学校卒業者が入学できたことになる。

第 1 期生は 14 歳から 17 歳の少年たちで、前歴は高等小学校卒業者、中学 2 年終了者、はたまた小学校代用教員、高等小学校卒業後船員として海上経験のあったものなど様々であった。

出身は弓削、岩城島が多く、近島からは数人の入学者があったに過ぎない。

入学当時は木綿の着物に黒い袴のいでたちであったが、開校式当日に

図 2-2　陸上帆船（弓削商船五十年史から）

は白のセーラー服に普通の学生帽で入学式を終えている。4 期生からは帽子が水兵帽に変わっている。

第 1 期生として入学したのは 30 数人の生徒達であったが、厳しいスパルタ教育に堪えられなかったか、あるいは授業についていけなかったかであろう、3 年の座学を終了したものは 9 人であった。座学を終えてから、更に汽船会社で 3 年間修業をしなければならなかったが、これを全うできたものは僅か 5 人である。

この人達は、その後いずれも甲種船長の海技免状を取得し外航船に船長として乗り組み、後輩の為に万丈の気炎を吐いてくれた事実を忘れてはなるまい。

彼らは 30 代の初めの頃から外航船の船長になっている。

校長は、3 年の教育に堪えられず退校する者などは船員としての海上生活には到底耐えられないとし、去る者は追わずの方針を貫いていた。

8

　校長は小林善四郎といい、明治14年に三菱商船学校（現、東京海洋大学の前身）を第2期生として卒業し、貨物輸送の傍ら三菱商船学校練習生を乗船させていたこともある郵船汽船三菱会社のバーク型帆船須磨の浦丸に三等運転士として乗船したことがある。

　この須磨の浦丸は、元々紀州藩が所有していた補助機関付帆船で旧名を明光丸（887トン）といい、明治になって三菱が所有し改名した船で、明治10年に機関を撤去し純帆船となった。

　この船は慶應3年4月23日（1867年5月26日）の深夜、瀬戸内海備後灘六島沖で、大洲藩が所有し坂本竜馬の海援隊が傭船していたトップスル・スクーナー（補助機関付）いろは丸と衝突し、いろは丸が沈没したことは、よく知られている。

　善四郎は、その後、府立大阪商船学校長心得に昇進し、弓削商船の設立が決まるや、弓削島出身の甲種船長で日本ペイント株式会社の社長であり後に代議士になった田坂初太郎氏の懇請で、校長として月俸100円で赴任した。

　当時の村長は月俸17円であったから、その5倍に近い破格の待遇であった。

　小林校長は、修身、運用術、英語、機関術、造船術大意、海上気象、法規を1人で教えた。航海学、運用学ではなく航海術であり運用術であったところが面白い。

　術は人間の活動に役立つように実践・実用化したものである。天体を観測して船位を求める原理や誤差論などを知るのが学で、計算方法だけを知り、それに熟達するのが術と云ってもいいだろう。教諭は校長を含め僅か5人であった。

学科／学年	修身	航海術	運用術	機関術大意	造船術大意	衛生大意	海上気象	法規	読書作文	数学	物理	地理	図画	英語	体操	技業練習	水産大意	計
第一学年	一	三	三						四	五	一	二	（一）	五	一	一〇	（二）	三六
第二学年	一	四	四						三	四				四	一	一〇	（二）	三六
第三学年	一	六	五	一	一	一	一	一	四					三	一	一〇	（二）	三六

図2-3　本科（航海科）学科課程毎週授業時間表（弓削商船五十年史から）

　当時の時間割は図 2-3 のとおりで、現在では修身、図画、作文、水産大意といった科目は教えていない。

　写真機が普及していなかった時代である。初めての港や島を望見した際は、対景図といって後日の為に島や港の風景をスケッチしなければならなかったから、図画はこのときのための必須の科目だったのである。

　図 2-4 は朝鮮半島東岸鬱 陵 島の対景図である。海軍水路部（海軍艦艇）によるスケッチもあったろうが、一般商船が描いて水路部に送ったものも水路誌に掲載されることが多かったのである。

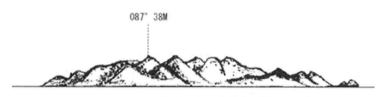

図 2-4　鬱陵島の対景図（朝鮮半島水路誌（書誌第 202 号）から）

　電波機器の普及する前、対景図はどのように島嶼や湾口が見えるかを知るために非常に重要視されたものである。

　現今でも、ヨットなどの舟艇では港を出たら一度は「振り返って港口の風景を見ろ」というが、これは、再度その港に寄港するとき、どのように港口が見えるかを覚えておけば間違わず再入航できるということだ。

　水産大意というのは漁業関連の科目であったろう。一般船舶と漁撈中の船舶

図 2-5　小林校長の授業風景（弓削商船五十年史から）

が衝突する事例が多いことから、水産大意は必要な科目であったに違いないが、現在の商船高専では全く教えていないようである。

航海術は教科書がなかったので大阪分校で使った問題集をプリントして使った。

3 学年になると運用術は原書を使い校長が教えたが、生徒はいつも辞書と首っ引きだったから英語力はたちまち上達したという。事実、筆者が乗船した母校先輩の船長たちは英語が非常にうまかった。

授業に用いた運用術の原書は図 2-6 のものである。この書は学校創立から 10 年ばかり後のものであるが、スコットランド南部のグラスゴー（GLASGOW）で THOMAS L. AINSLEY が著したベストセラーの運用術問答集である。

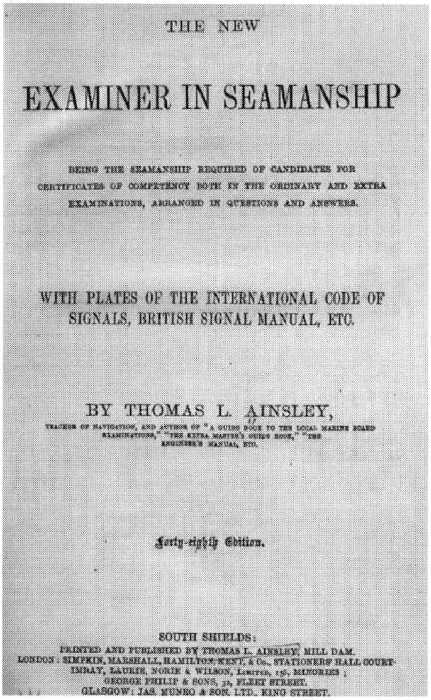

THE NEW

EXAMINER IN SEAMANSHIP

BEING THE SEAMANSHIP REQUIRED OF CANDIDATES FOR CERTIFICATES OF COMPETENCY BOTH IN THE ORDINARY AND EXTRA EXAMINATIONS, ARRANGED IN QUESTIONS AND ANSWERS.

WITH PLATES OF THE INTERNATIONAL CODE OF SIGNALS, BRITISH SIGNAL MANUAL, ETC.

BY THOMAS L. AINSLEY,

TEACHER OF NAVIGATION, AND AUTHOR OF "A GUIDE BOOK TO THE LOCAL MARINE BOARD EXAMINATIONS," "THE EXTRA MASTER'S GUIDE BOOK," "THE ENGINEER'S MANUAL, ETC.

Forty-eighth Edition.

SOUTH SHIELDS:
PRINTED AND PUBLISHED BY THOMAS L. AINSLEY, MILL DAM.
LONDON: SIMPKIN, MARSHALL, HAMILTON, KENT, & Co., STATIONERS' HALL COURT.
IMRAY, LAURIE, NORIE & WILSON, Limited, 156, MINORIES;
GEORGE PHILIP & SONS, 32, FLEET STREET.
GLASGOW: JAS. MUNRO & SON, LTD., KING STREET.

図 2-6　AINSLEY'S 運用術
1910 年 48 版 268 頁

習う生徒達は、さぞかし難渋したことだろう。

雨や雪の日も裸足で登校させ、靴、雨具は禁止した。筆者が入学した昭和 27 年（1952 年）頃でも登下校は裸足であったから、水虫など無縁だったのである。

服装は、夏は白い小倉の水兵服、冬はラシャの水兵服で、下着は 1 枚限り、靴下は白木綿の踵のないもので、作業時には、雪や霙が降っても下着シャツ 1 枚であった。

食事は一菜で、弁当は麦飯に梅干か沢庵という簡素なものであったという。

勤労精神を養うため、裸足で学校内外の掃除、食糧や燃料の運搬、野菜作りから便所の汲み取りまで生徒がやった。

当時、地元の悪童たちはこれを見て「弓削の小(しょう)便(べん)学校は朝から晩まで肥担(こえかつ)ぎ」と校歌を替歌にして嘲(あざけ)ったというが、将(まさ)に、苦に堪え難に打ち勝つことのできる海国男子の心身を鍛えようとする厳しいスパルタ教育だったのである。

　筆者の頃は、1年乗船すると25日の有給休暇が与えられたが、希望すると連続して2年間は乗船できた。

　本当の船乗りというものは2年ほど諸外国を巡航しても日本に帰りたいと思わない。盆正月に休みたいなどというのは論外である。

　全寮生活とスパルタ教育を弓削のような楽しみの少ない街並みの島で体験しておけば、海上生活連続2年に堪えられるということだ。

　私は商船学科が全寮制でなく通学可能な現状は間違っていると思う。昔の全寮制は、自宅が遠いから寮生活を課していたのではないのだ。それと、現在の練習船教育は荷役作業について実地訓練をしないから、卒業しても即戦力にならない。昔は社船実習が必須だったから練習船教育を補ったのだ。間違ってはいけない。

　小林校長は常日頃、こんなことを高言していたという。

　「お前達の競争相手は決して広島や粟島(あわしま)や大島ではないぞ、本校（東京高等商船学校）こそ将来の相手だ。」

　小林善四郎は創立以来、大正11年（1922年）1月までの20年の長きに亘り校長として至誠一貫教育にあたり、昭和5年（1930年）1月、西宮で没した。72歳だった。

《第3話》源平壇の浦合戦と潮候

日本沿岸の潮流

　我が国の沿岸で潮の速いところは、鳴門海峡、来島海峡、関門海峡、九州西岸大村湾入口の針尾瀬戸で、いずれも最強速10ノット前後の激流である。速吸瀬戸では6ノットを超えることはない。大畠瀬戸は7ノット弱、明石海峡は7ノット以下である。

　瀬戸内海以東の地、東京湾口では2ノット以下で、伊勢湾口の伊良湖水道の流れは2.5ノットを超えない。

　九州沿岸では平戸瀬戸が5ノット近く流れる時機がある。島原湾口の熊本県天草下島と長崎県島原半島南端瀬詰埼間の早崎瀬戸では6.5ノットに達することがある。九州西岸長島海峡は4ノットを超えることがあるが、鹿児島湾口は1ノットを超えない。

日本沿岸の潮差

　日本で潮差の大きなところの一つに、九州島原湾の三池港がある。令和元年

では5.4メートルを超えることがあった。総じて瀬戸内海は潮差が大きい。

　日本海は潮差が少なく、舞鶴を例にとると令和元年では55センチを超えない。

　京都府伊根町の舟屋と呼ばれる家は海の上に建てられているかのように見える。1階の空間には持船を入れることができ、船を家の傍に接舷し係留して漁獲物の陸揚げもできる。潮差が少ないから、こんな芸当ができるのだ。

　日本海に住まいするヨット乗り達は潮差の少ないところで係留することに慣れており、干満の差や強潮流に疎い者が多いから、裏日本から瀬戸内海に入ると強潮流で難渋したり、港に入り係留すると船を損傷させるなどの失敗をよくする。

　このように日本沿岸の潮流は10ノットを超えるところは少ない。大村湾入口の針生瀬戸（西海橋付近）は幅員180メートルくらいだから、埋立などして狭くすると20ノットを大幅に超え、世界最大の激流地にできるのではないか。世界中から観光客を誘致できるだろう。どれほど狭くすると、どの程度の流速になるかは、潮汐理論の専門家に委ねるとしよう。世界一潮流の速い場所は後で述べる。

反流域のこと

　鳴門海峡に代表される渦潮もよく知られているし、本流域を外れると、反流という本流とは反対の流れもあるから注意が必要である。しかし、逆潮時には反流域に入れば順流に乗ることができる。

　昔、低速船の船乗り達は、努めてこれを利用した。船長や先輩の船乗り達が反流域を利用しているのを見て、その航方を盗んで自分のものにしたのである。

　注意しなければならないのは、ある海域内の流れが必ずしも一様流ではないことである。このことは潮流図によるまでもなく、渦流もあれば、流向、流速が変化したり、反流域が存在することは体験的に分かることである。

　一様流だと思って漫然航行していたところ、激しくヨーイングしたり転覆モーメントが生じ、復原力が悪い船では覆没してしまった実例が幾らもある。

　ところで、反流域を利用するということは、一般に沿岸に接近することになるから、吃水*2 と水深に対する細心の注意が必要である。初心者というもの

---

*2　現行法令では喫水と書くが、漢語では吃水である。チャイナで筆談するなら吃水でなければならないから、本書では喫水はすべて吃水とした。

は、海面上に障害物さえ見当たらなければ海面はどこでも支障なく走れるものだと思い込んでいるふしがある。常に水深を意識して進航しなければならない。

　海図で船位を確認しないまま、以前に通航した経験があるというだけで非常に狭い水路や、陸岸に異常接近する者がいる。

　前回の航跡をGPSモニターなどに表示して走るならともかく、単なる感じで前回と全く同じところを走れるわけはあるまい。

　内航船の瀬戸内海沿岸航海であれば10メートル等深線内には侵入しないような航路を選定し、その上を消しゴムで消すように航行することで安心安全な航海を達成することができる。未来位置の水深は必ず、海図や電子海図によらなければならない。

　帆走するヨットや小型舟艇ならともかく、現今の一般商船は反流域を意識して利用する必要は全くない。

　昔、外洋における測位技術を知らなかった者達は、陸地が見えなくなると不安を覚えた。そこで外洋の航海でも努めて陸地に近寄って航行したのだが、この悪習慣が、そのまま現在の小型船や漁船の船乗りたちに伝承されている。

　爺様や親父は、こう走ったというわけだ。

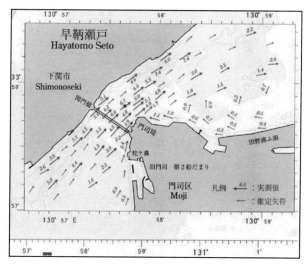

図 3-1　関門海峡 田野浦埠頭から門司埼にかけての反流域
　　　　（海上保安庁刊 関門潮流図から）

14

現代の潮汐表

　潮汐は大凡 19 年ごと
に繰り返す。先の例では
2019 年の 19 年後は 2032
年であるから図 3-2 のと
おり、両年同日の潮高曲
線はほぼ同じであること
が分かるだろう。

　潮汐や潮流の予報は長
期間に亘る潮高、流速の
観測から得られた常数を
用いて複雑な計算をしな
ければならない誠に厄介
なものである。

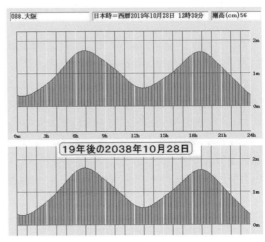

図 3-2　19 年後の潮高曲線
（筆者作成の潮候計算ソフトによる出力）

　予報の理論は進化論で
知られるチャールズ・ロ
バート・ダーウィンの次男で天文学者・数学者であったジョージ・ハワード・
ダーウィン（Sir George Howard Darwin、1845 年生、1912 年没）の潮汐理論

が有名で、彼には潮汐に関する
著作が幾冊もある。中野猿人は
東大理学部天文学科卒の理学博
士で気象大学校長を務めたが、潮
汐学という大著を刊行している。
この中にダーウィンの理論が紹
介されている。

　ダーウィンらの研究の成果で
潮候や潮流の推算が可能になっ
たのである。

　数多くの地点について、1 年に
及ぶ推算は、到底人力の及ぶと
ころではない。

　このため、各地の長期に亘る
予報を行うための機械が発明さ

図 3-3　ケルビン潮候計算機（国立科学博物館蔵）

れた。

　これを潮候計算機という。この機械は西欧で造られ、歯車とワイヤーで構成された精巧なもので、図 3-3 はイギリスのケルビン卿が考案した計算機である。

　わが国では昭和の初めころにこれらを輸入し、中央気象台（現、気象庁）や海軍水路部（終戦後から海上保安庁水路部（現、海洋情報部））などでコンピュータが出現するまで潮汐の推算や検算に使用された。

　海上保安庁海洋情報部は、潮汐表を利用する際には次の点に留意するよう潮汐表で注意を喚起している。それは、

- 潮時は表値と 1 時間以上の差がみられることがある
- 潮高も多少の誤差があるが、異常気象の際には著しい差が生じることがある
- 潮流については転流時なのに流速がゼロにならないことがあるし、気象状況によっては実際と異なる流れになることがある

などである。

源平壇ノ浦合戦時の流れ

　海上保安庁海洋情報部が公開している潮流予測は西暦元年以降 2100 年間の潮流模様を知ることができるという。この予報は最新の調和常数によって推算されたものであろうから、海岸線の状況が大きく変化したなら常数も変わるはずで、推算値も異なってくる。例えば大正末期に関門海峡は 6 ノットが最強であったというのは海軍水路部長だった後の海軍中将米村末喜の著「航海の話」に出てくる話だ。

　明治末期に書かれた大著「瀬戸内海論」では 7 から 8 ノットとあるが、現在は 10 ノットに近い。このような差は埋立てなどで関門海峡の地形が昔と異なり狭められたことが原因の一つであろう。

　吾妻鏡[*3] によると、壇ノ浦の合戦は、元歴 2 年 3 月 24 日午の刻（正午）に源氏側の圧勝に終わったとある。

　日本暦日原典によれば元歴 2 年（文治元年）3 月 1 日（朔）はユリウス暦で 1185 年 4 月 2 日である。よって 3 月 24 日は朔から 23 日後であるから、ユリ

[*3] 吾妻鏡：鎌倉時代に成立した歴史書。正安 2 年成立と云われる。伝承の部分もままあると云われる。この書にある壇の浦合戦当日の日付は平家物語に同じ。鏡とは歴史書のことである。

図 3-4　源平合戦当時の潮流模様（終始北東流）（国土地理院図から筆者加筆）
両軍が対峙した位置は筆者の単なる想像である。

ウス日の日時は 1185 年 4 月 25 日に相当する。

　海上保安庁の潮流予測による限りこの合戦の日、早鞆瀬戸では午前 11 時は
3 ノット、正午の流れは 2.7 ノット、13 時は 1.8 のそれぞれ北東流であったこ
とになる。両軍が図 3-4 のように対峙してから平家大敗の午の刻までの両軍は
北東に圧流されながら戦ったことになる。その後、1 時間が経過しても流向は
変わらなかった。午後 5 時でも北東 1.4 ノットで、これまでの間に流向が変わ
ることもなかった。

　この戦いの終盤で潮の流れが逆転したから源氏が勝ったという話は枚挙に
遑がないが、図 3-5 の潮流模様による限り法螺話だ。

　それに、最初は平家が西方に位置し、源氏は壇ノ浦の東方で対峙していたも
のなら、その後、遭遇戦になるためには、源氏の軍船は逆潮に抗して進むか、

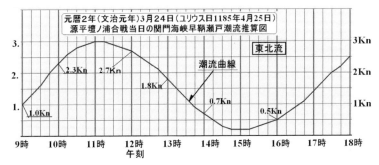

図 3-5　源平壇の浦合戦時潮流図（東流）
（海上保安庁海洋情報部潮流推算図から https://www1.kaiho.mlit.go.jp）

あるいは平家側が順潮流に乗じて櫓を漕がなければ接近戦にならない。双方、じっとしていたら、合戦にはならなかったはずだ。

　このように、流れが変わったから源氏が勝ったというのは信用できない法螺話だ。

　史学の専門家に近い歴史智識の所有者でないかぎり、人は史学から人物像や事実をつくらない。法螺話は講談小説や著名な歴史文学作品から洗脳された結果なのである。

　合戦の描写にしても同じだ。平家物語は史書ではない。歴史を豊富に材料にしているものの文学書だ。史実の正確性というより、文学としての面白さを狙っており、史実の歪曲も辞していない。証拠は幾らでもある。

　壇の浦合戦当時の潮流がどうだこうだと詮索しても、所詮は現在の常数で計算される潮流状況に過ぎず、源平時代の関門海峡は現在と著しく地形が変わっていたに違いない。

　常数も違っていたから、源平両軍の海上での接近戦を平家物語や吾妻鏡が述べている潮流状況で論じたら講談話になる。

　世界最大の潮差の地はカナダ東部のファンディ湾で、大潮時には 16.3 メートル近くにも達する。ここでは世界最大級の干満差を利用する潮位差発電所が計画されているということだ。

　世界第一の激流は北極圏に属するノルウェーのロフォーテン諸島のモスケン島（Moskenstraumen）サルトスラウメン（Saltsraumen）ボードー市から 33 キロにある長さ約 3 キロ、幅は僅か 150 メートルの海峡に発生する極めて強い激流で、20 ノットに達し、エドガー・アラン・ポーの短編恐怖小説「メールスト

ロムの旋渦」の舞台になったところだ[*4]。

　巨大な渦巻きに巻き込まれたが九死に一生を得た老漁民の話で、面白いが荒唐無稽な法螺話に過ぎない。

　世界第二の急潮流地はカナダ BRITISH COLUMBIA のスクーカムチャックナローズ州立公園付近の狭い水道である SKOOKUMCHUCK NARROWS で、流れは 16 ノット（毎時 30 キロ）を超えることがある。

《第4話》手を挙げて敬礼

　18 世紀末まで、西洋の軍隊では部下が上官に話しかける時、脱帽するのが鉄則だった。1826 年のアメリカ軍艦コンスティチューション下士官の手記によると、艦長が点検のため前を通り過ぎる時、甲板に整列した兵員は順に帽子を持ち上げ、無帽の場合は束ねた髪をつかんで会釈したという。部下が帽子を取って挨拶した場合、上官は帽子にちょっと手を触れるだけで良かった。

　イギリス海軍で挙手の敬礼が正式に採用されたのは、1890 年、オズボーンでの将校任命式に臨んだビクトリア女王が、無帽で立ち並ぶ士官候補生を見て急に不機嫌となり、全員に帽子を着用させ、そのまま手を挙げて敬礼するよう命じたことがきっかけだった。船員の行う挙手の敬礼も、もちろんこの流れを汲んでいる。

　旧海軍では海軍礼式令という敬礼についての勅令があった。片仮名書きであるが平仮名で書くとこうなる。

　「挙手注目は姿勢を正し右手を挙げて右肩を右斜めの右前腕及び掌を一線に保ち 5 指を伸ばして之を接し掌を左方に向けて食指の第三関節を帽の右前部又は庇の右縁に当てて頭を向けて受礼者の目または敬礼を受くべきものに注目す」である。一読しただけでは良く分からないだろう。

　船員が行う敬礼は旧海軍と同じである。

　昔、静岡県清水にあった高等商船学校の廊下には敬礼の練習をするための鏡があり、その鏡面には斜め 45 度の線が引いてあった。

　敬礼の練習をするときは、まず鏡に正対し、右手の掌を垂直に伸ばしたまま、前方に水平に伸ばす。そして、そのまま右 45 度に回す。最後に、さらにそのまま人差し指を帽子の縁に当てる。

[*4] 世界第一の急潮流はカナダの SKOOKUMCHUCK NARROWS であると書いている書物もあるが、流速はノルウェーの方が 4 ノットばかり速い。

　そうして鏡を見たとき、鏡面に描かれた45度の線に右腕が沿っていたなら「好し」としたというのは神戸商船大学名誉教授杉浦昭典先生のお話だ。

　現在の船員教育機関では、こんな鏡はないし、学生や生徒を一堂に集めて挙手敬礼を教えているなどという話を聞いたことがない。

　敬礼は英語でSaluteというが、イギリス海軍では上官には敬礼で挨拶した。その際、水夫は掌を自分の顔の方に向けて敬礼した。水夫はリギンやラインを扱うから掌がタールで真っ黒になって汚れており、それを隠すためであったという。

　しかし、現在の敬礼は各国で微妙に違っているようで、掌を相手に向けたり帽子を被らないで挙手敬礼するなど様々だ。

図4-1　掌を見せない水夫の敬礼図
（「輪切り図鑑 大帆船」岩波書店から）

　要するに敬礼は礼法の一つに過ぎないのだから、よほど慣習とかけ離れていたり、見て見苦しいほどの仕草でなければ、目くじらを立てるほどのことではあるまい。

　堀栄三さんは旧陸軍の少佐で、戦後に防衛省情報本部の前身である統合幕僚会議第二室室長となった情報の専門家である。

　昭和34年からは初代の西ドイツ大使館防衛駐在官（昔の武官）を務めたドイツ語に堪能な方で、陸将補で退官の後、「大本営参謀の情報戦記（文春文庫）」という回想記を出版されたが、この本の中に敬礼の起源についての面白い記述がある。

　要約させてもらおう。

　彼はライン川の流れを窓から眺めながらワインが飲める雰囲気のいい高級レストランの常連であった。日本の武官という肩書の彼に、女主人は格別に親しくしてくれた。

　彼はあるとき彼女の案内でライン川に繋がるモーゼル川支流エルツ川の渓谷にあって、中世の騎士の鎧・兜・槍などがところ狭しと陳列してあるエルツ城（Burg Eltz）へドライブした。

　美人というより50過ぎの愛嬌のある彼女は、制服を着た軍人が大好きであった。ブルグ〈城〉の中にある立像の騎士は顔を完全に鎧で覆っていた。

　その前で彼女が「堀大佐、軍人や警察官がこう敬礼するのは何故か、知って

いますか？」と、軍人のように右手を額の横にもってきて、おどけたように尋ねてきた。彼は分からなかった。

彼女は「騎士が城に帰ってくる。王様の前に進みでる。あの甲冑の儘では顔を覆っているから誰かわからないでしょう。そこで騎士は顔の前の鎧戸のような部分を、こうやってずりあげるんです。其れが起源よ」。彼女は顔の前の鎧戸をずりあげる真似をして、掌を額の上まで上げた。

「ああ。そうでしたか。」

昭和2年に幼年学校に入って以来35年、彼は敬礼してきたが、その淵源を、このとき初めて知った。

日本人は、江戸末期から欧米の海の知識や慣習を学んだが、その根源まで学んだわけではなかった。物真似が上手なだけで、なんとなく表層を見て深層を見ていないことが多い。肩章や腕章の由来も挙手敬礼の淵源同様に、そうするもんだと用いているのが好例だ。

《第5話》バルボアはどこで太平洋を見たのか

1513年9月、スペイン人バルボアはパナマ地区を北から南へ横断、ダリエンのとある山頂に立ち、西洋人としてはじめて太平洋を望み、北の海（カリブ海）に対し南の海と名付けたと諸書はいう。

バルボアはバスコ・ヌーニェス・デ・バルボア（Vasco Núñez de Balboa）がフルネームで1475年ころに生まれ、1519年1月21日に44歳ばかりで没している。

彼はスペイン南部の出身で、実家は貴族であったが貧困にあえいでいたという。1500年にイスパニョーラ島へ開拓者として移住し、農業や畜産に従事した。

しかし経営に失敗し借財を重ねたので、1510年逃亡してカリブ海に面した現在のコロンビアのダリエン（Santa Maria la Aniqua del Darién、図5-2右端付近）に移住し、ここで、スペイン人たちの指導者となり、新しい植民都市ダリエンの建設を指揮したことで、後にその地の総督に任命されている。

コロンブスは既に1503年その第四次航海でこの地に来ている。

筆者は昔、カリブ海航路に就航したことがあり、この付近の港であるマラカイボやキュラソーなどをよく知っている。

バルボアは親しくしていた原住民の酋長から南方に黄金出産地があると聞き、1513年9月1日、190人のスペイン人、何人かの原住民のガイドと犬を

伴った黄金探索隊を編成し、一行は小さな帆船（ブリガンティン、Brigantine）と10隻のカヌーを使いサンタ・マリア（Santa Maria）を発しガルフ海沿岸を西に進みカレタ（Careta、図 5-2 参照）に上陸した。ここで彼は、原住民から内陸に住む部族と「もう一方の海（太平洋側のことだろう）」に住む部族を倒すためには少なくとも男千人が必要だと言われて隊員を 800 人増強している。

探検は続き、カシケ・ポンカ（Cacique Ponca's Land）の地に至り、同月 20 日には密集したジャングルに入り、4 日後にクワレクワ村（Village of Cuarecua）に着いたが、それまでに行った原住民との激しい戦闘に疲れ果てた探検隊は、この村に滞在した。

この探検隊員の 1 人が後にインカ帝国の征服者として知られているフランシスコ・ピサロである。

バルボアは 9 月 24 日、67 人のスペイン人、幾人かの案内人である原住民とともにチュクナケ川（Chucunaque River）沿いの山脈に入った。この川は、この地方を流れるパナマ最大の川で、山脈は現在ウルカララ山脈と呼ばれ、ここはサバナス川（Sabanasu River）とククナティの間にある山脈である。

原住民からの情報では、この山脈から南の海を見ることができるということだったので、バルボアは一行の先頭を進み、9 月 25 日（日曜日）の正午前、彼は山頂に達し、地平線の彼方に海を見た。ここはウルカララ山脈の頂上であった。

コロンブスのバハマ諸島初見から、およそ 21 年後のことである。

しかしコロンブスが 20 年も前にサンタ・クララ付近に来ているのに、その後、バルボアが見る前に、南に開けた海（太平洋）があることをスペイン人の誰も全く知らなかったとか、原住民か

図 5-1　太平洋初見の風景
（パナマ大使館提供図から）

ら話を聞かなかったなどということは俄かに信じがたい。

パナマ運河付近の最狭部は僅か 35 海里（64 キロ）で神戸から相生または鳴門海峡までくらいで、サンタ・クララから太平洋までは潮岬から名古屋までの距離くらいしかないのだ。

バルボアが登ったという山脈はどこだったのだろう。

バルボアが建設した植民都市ダリエンではないし、パナマ運河沿いにあるダ

22

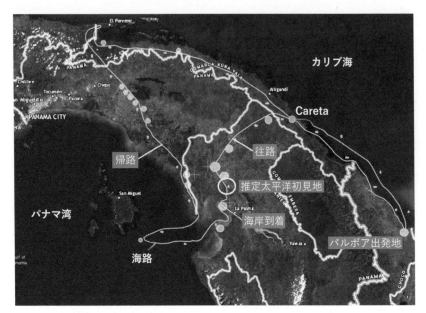

図 5-2　太平洋初見推定地（パナマ大使館提供図から著者加筆）

リエンでもあり得ない。

　ダリエンは地名ではなくダリエン州という広域のことである。

　バルボアが登った山脈はサバナス川（Rio Sabanasu）とククナティの間にある山脈であるというから、この川は図 5-2 で説明している位置にある。

　推定初見地は図 5-2 に示す位置付近か、もう少し南の地が初見地で、海岸まで 10 キロくらいになるのではなかろうか。もちろん断定はできない。

　探検隊に随行していた牧師は讃美歌を歌い、初見したことを記念するため、隊員は石のピラミッドを建て、剣で木々の樹皮に十字架を刻ませたという。

　バルボアはこの海を「南の海（South Sea）」と名付けたというが、スペイン国王の名において「大南海（Great South Sea）」と名付けたという説もある。

　後の太平洋である。

　その後、探検隊の一行は 3 つのグループに分かれて南に進み、4 日後の 9 月 29 日パナマ湾の海岸に達し、ここをサン・ミゲル（Miguel, 聖ミカエルにちなんだスペイン語）と命名している。更に南西に海岸沿いを進んでからカヌーに乗って湾内の島々を巡航している。

　しかし、黄金は得られず、更に南方（現在のペルー）に行くと黄金郷がある

との情報をつかんだものの、探検隊には南方に行く余力はなく、一旦ダリエンに戻った。

　バルボアは南の海を見つけたことから偉大な探検者として称賛されたが、この探検中に略奪や虐殺などの残虐行為をしたことを本国に知られ、スペイン政府は彼のダリエン総督の任を解き、新たにペドラリアス・ダビラを総督として送り込んだ。

　解任されたバルボアは、南方では黄金の皿や食器類を使って食事するという黄金郷探検のため、ペルーに向かおうとしていた矢先の1519年1月、対立していた猜疑心の強い総督ダビラから召喚を受け、出頭した彼は、元部下のピサロによって捕えられた。その後、形ばかりの裁判で反逆罪とされ斬首の刑に処され、44歳ばかりで波乱の生涯を終えたという。

　彼はヨーロッパ人として初めて太平洋を見たということで歴史に名を遺している。パナマ全域にあるいくつかの公園や大通りの名称はバルボアである。

　パナマ共和国の紙幣やコインにも彼の肖像画が描かれているし、パナマ運河の太平洋側入り口の名はバルボア港である。パナマ市には彼の銅像も建立されている。

　このように顕彰されているバルボアであるが、原住民は古くから太平洋を知っており、彼に情報を与えたからこそ太平洋を初見することができたのである。

　諸書ではバルボアが太平洋を発見したと書いているが、発見はおこがましかろう。発見ではなくヨーロッパ人（キリスト教徒）による初見というべきだ。

　バルボアは太平洋を「南の海（South Sea）」と名付けたが、現在の名称である太平洋の名付け親はマゼランである。同人が1520年から同21年にかけて行った世界周航の途中、マゼラン海峡を抜けて太平洋に入ったとき、荒れ狂う大西洋に比べて、太平洋は穏やかだったので、「Mar Pacific（平和な海）」と名付けたことに由来するというが、太平洋に出てマリアナ諸島まで暴風雨に遭遇しなかったから名付けたという説もある。

《第6話》ネルソンの愛人

　ネルソン提督の愛人として知られるエマ・ハミルトン（Emma Hamilton）[5]は、在ナポリ国イギリス大使サー・ウイリアム・ハミルトン卿（Sir William

---

[5] Emma をエンマと書くことが多いが、この項では「エマ」に統一した。また、貴族の夫人となったことから Lady Hamilton と書かれることもある。

Hamilton）の後添えであった。

　エマはハミルトン卿と出会う前までには幾多の男たちと淫行を重ね、娼婦になっていたこともあったようだが、妖艶な美人であったことだけは疑う余地がない。

　描かれた肖像画によって絶世の美人として喧伝されたのである。

　ハミルトン卿との出会いの前、父親不詳の不義の娘を出産してからは更に妖艶さを増した。

　その容姿、教養と卓越した話術は彼女を取り巻くナポリ社交界の男たちを魅了したのである。

エマの生い立ち

　彼女は 1765 年（明和 2 年）イングランドの北西部チェシャで貧しい鍛冶屋の娘として生まれた。エマが生まれて間もなく父親は病没した。若後家となった母メリイは実家に戻りエマを育てた。母は文盲であったが、後年エマがハミルトン夫人となるや英語、フランス語、イタリア語を学び、礼儀作法も心得ていたから、ハミルトン卿やネルソン提督からも尊敬されたという。

　エマは 13 歳のころ女中奉公に出た。やがてロンドンのある家に母とともに家政婦として住み込んだが、エマはこの家の息子と不義を働いたとして放逐^{ほうちく}された。

　暫くロンドンを放浪したが、このころのエマは上流の子弟に高級な娼婦を提供するインチキ医者の屋形で、透明な衣装に裸体を包んで現れるような売春婦まがいの生活に明け暮れていたという。

　その後、16 歳のころ、ひょんなことから「羽のハリイ」と呼ばれた女たらしの青年貴族サア・ヘンリイに巡り合い、彼の豪邸に母と共に家政婦として住み着くことになる。

図 6-1　エマの肖像画
（THE OXFORD COMPANION TO SHIPS AND SEA、PETER KEMP 1975 年 372P から）

　ところが、エマは彼の友人らとも淫行を重ね、彼女は妊娠してしまった。だがエマには妊娠させた男が彼かどうか分からなかった。

父親不明の子を孕んだということで怒った彼から放逐された母子は、彼の友人で、昔会ったことのある当時33歳の独身貴族グレイビルに助けを求めた。

グレイビルは伯爵家の嫡流であったものの家督は兄が継いでおり裕福ではなかったが、ナポリ王国で長年大使をしていた資産家のハミルトン卿の甥である。

妊娠していたエマはグレイビルの命令で母の田舎に戻り不義の子を産む。生まれたのは女児で、後にリットル・エンマと呼ばれるようになる。エマは娘を田舎に置いたままグレイビルのもとに帰ったが、彼には死産であったと告げている。

17歳のエマは彼の庇護のもとで、貴族らしい言葉使いや、音楽、社交ダンスや騎馬などの社交術を学び、画家ロムニイから絵画の手ほどきを受け、モデルにもなった。エマをモデルにしたロムニイの作品によって数多い名画が生まれ、いまなお世界の美術館に飾られている。

エマの上達は目覚ましかった。教養を身に着けるにしたがって性的魅力にも磨きがかかり、しかも子供を産んだこともあって匂うがばかりに妖艶さを増していった。

グレイビルとの出会いが、後にエマがネルソンの愛人となるきっかけになったのである。

エマは独身の彼に、湯上がりの裸体を投げかけるなどして彼を誘惑しようとしたが、彼は動じなかった。

彼はエマを貴婦人の素質も持つ女性に仕立て上げて叔父に送り届けようとエマを教育したのである。

大富豪である、ある公爵令嬢との婚姻を狙っていたグレイビルであったが、したたかなエマの策略によって令嬢は彼とエマとの仲を疑い、婚姻はかなわなくなった。

グレイビルは資産家ではなく吝嗇家だったようで、公爵令嬢との婚姻によって得られるであろう多額の持参金を当てにし、安楽に暮らそうと目論んでいたのである。

他の男たちと違って、エマを美術品のように扱ってきたグレイビルではあったが、同衾はしなかったようで、公爵令嬢との話が壊れたのを契機にグレイビルはエマと肉体関係を持ち愛人になったのである。

エマは、その後4年ほど彼の性欲の吐け口として情婦の生活を過ごしていたが、資産の乏しいグレイビルは叔父の援助を得ようと企み、資産家の叔父ハミ

ルトン卿にエマを譲り渡すことになる。

　彼から薫陶（くんとう）を受け、エマを「人間ヴィナス」として完成しようと試みてくれたグレイビルにエマは感謝し、彼を深く愛するようになってしまったエマは、不本意であったがやむなくハミルトン卿のもとに行くことを承諾したという。

ハミルトン卿のこと

　ハミルトン卿は 1730 年年末の生まれである。彼の父は海軍将官であった。長じて軍人となり、1758 年にウェールスの富豪の娘と結婚し、軍籍を脱して夫人の所領の資産開発にあたり、その後政界に進出し、国会議員を 4 年務めた後に起用されて「2 つのシシリイ王国」、通称ナポリ王国の駐在大使になっていた貴族である。

　当時 53 歳のハミルトン卿は妻（キャサリン、1782 年 8 月没）に先立たれて独り身であった。

　著名なナポリ駐在の外交官であった彼には社交上主婦人役（ホステス）が必要であったことと、エマの妖艶な姿と教養の高さ、彼女の唄い、古典の人物を演ずる特殊な踊り*6 や社交儀礼の上手（うま）さに一目惚れし、35 歳も年下であった 26 歳のエマと周囲の反対を押し切って同棲生活を始めた。

　エマはハミルトンの期待に背かなかった。フランス語、イタリア語を覚え、ラテン語さえ学んだから、イギリスから名流夫人が来て王妃に謁見する際にはエマが通訳したといい、ナポリ王妃の庇護（ひご）も受けるようになる。

　形の上でハミルトン夫人となっていくばくもしない間に、エマはナポリ社交界で持て囃（はや）されるようになったのである。

　しかしハミルトンとの同棲生活は 4 年に及んだが正式な結婚はせず、同衾（どうきん）しなかった。彼女が恩人グレイビルを忘れることができなかったから肉体関係を拒んだというのである。

　エマの前歴が前歴だから許されないなどの様々な妨害はあったものの、ようやくナポリ王妃の助力によって、イギリス国王の勅許（ちょっきょ）を得て 1791 年に 2 人はロンドンで結婚式を挙げた。正式に貴族の夫人になったから、Lady Hamilton と呼ばれた。

　ハミルトン夫人となったエマはナポリ国民に愛され尊敬されたという。しかし彼女は惜しげもなく湯水のごとく金を使う大変な浪費家であった。

---

*6 これは attitudo（アティチュード）とよばれる特殊な演技である。白いモスリンの長衣をギリシャ風にまとい、そのほかには 2 枚のショールを使うだけで古典の人物を演ずる舞踊である。ゲーテは「イタリア紀行」でエマのアティチュードに深い感動を覚えたと書いている。

　しかし、ハミルトンは裕福であり夫妻は優雅な生活を送れたが、フランス革命の火の粉はナポリ王国に振りかかりつつあった。

　異変の前兆は 1792 年末に起こった。戦艦 10 隻からなるフランスの艦隊がナポリ湾に入り示威活動を行ったのである。王室、貴族や支配階級は恐怖を起こし、フランスからの亡命貴族は戦慄した。

　ナポリ国王はスペイン系で親仏政策を、後に断頭台（ギロチン）の露と消えたフランス王妃マリー・アントワネットを妹に持つ王妃はオーストリア系であり反仏政策を採ったから、事態はすこぶる複雑だったが、王妃とアクトン首相に協力してナポリに中立を維持させたのはハミルトン夫妻である。1793 年 2 月、イギリスはフランスと戦争状態に入り、その半年後、イギリスとナポリ王国との間に同盟が結ばれた。

　これはハミルトン卿の功績である。彼の努力によってイギリスは資金と海軍を提供し、ナポリ王国は陸兵を供出することになり、ハミルトン卿の要請によって戦艦アガメムノンがナポリに来航した。艦長はホレイシオ・ネルソン（Horatio Nelson）大佐である。

　ネルソンはハミルトン卿と面会し、夫人エマ・ハミルトンとも出会ったのである。時に 1793 年 9 月 11 日のことで、ネルソンは 35 歳、エマは 28 歳であった。

ネルソン提督のこと

　ここで、それまでのネルソンについて語らねばなるまい。

　ネルソン家はノーフォーク海岸の田舎町に住む代々牧師の家柄で、ネルソンは 1758 年に生まれた。母の弟は海軍に入って提督となっていた。1770 年、僅か 12 歳のとき叔父に頼んで海軍に入った。翌 71 年には早くも海軍少尉に任官している。彼は非力でどちらかと云うとひ弱に見えたが、鋼鉄の意志と不屈の勇気を発揮し、忽ち同輩を抜いた。現代では考えられない異例の昇進である。

　歴史というものはその時代に遡って考えるべきもので、13 歳で少尉などはあり得ないという現代の考え方や慣習に照らして判断してはならないものである。

　ネルソンは 1787 年に 29 歳で結婚した。

　相手は伯爵家の子孫で、医師と結婚し男子を儲けたが間もなく未亡人となった 5 カ月年長のフランシス・ニズベットとである。

　1793 年には戦艦アガメムノンの艦長に任命され、前に述べたとおりナポリ

に来航しエマと出会ったのである。

　ネルソンはハミルトン卿の好意で大使館邸の一角に起居し、エマの心を込めた歓待を受けたが、「フランス艦隊見ゆ」の警報に接し、僅か5日のナポリ滞在を終えて出航した。

　ネルソンとエマの両人が取り交わした書簡の内容や、その後再会した時のエマのネルソンに対する態度を総合すると、この短い滞在時に2人は肉体関係を持ったに違いないと思われる。エマと再会するのは、この5年後のことである。

　ネルソンは、このナポリ滞在の間にハミルトン卿と肝胆相照らす仲になり、2人の親交はハミルトン卿が亡くなるまで続く。

　以下、ネルソンの業績を年表によって簡単に述べることにしよう。

　彼は1794年コルシカ島のカルヴィ攻略戦で敵弾を浴びて右目の視力を失った。翌年にはフランス艦サ・イラとの戦闘があった。

　1797年にはサン・ヴィセンテ岬沖でスペイン艦隊との海戦があり、スペイン艦隊は敗走した。ネルソンはこのとき七十四門艦キャプテンに座乗していたが、この戦闘の功により少将に昇進している。

　その後、カナリヤ諸島サンタ・クルーズ港を襲撃し陸戦隊と共に上陸しようとした時、右肘を敵弾が貫通し、艦上に戻ってから右腕は付け根から切断され、本国に帰還した。

　彼は4回の海戦で50隻以上の敵艦を撃破し、7隻の戦艦と6隻のフリゲート艦を捕獲し、120回も交戦して右眼と右腕を祖国に捧げた英雄だったから、隻眼隻腕（せきがんせきわん）の彼の肖像画は巷にあふれたという。

　1798年には戦艦ヴァンガードに提督旗を掲げポーツマス軍港を発し、アレクサンドリアに急航して同年は1月2日湾内に入り、集結していたフランス艦隊と夕刻から翌日早朝まで戦い完勝した。この戦いは後年、ナイルの海戦と呼ばれるようになる。

　ネルソンがナポリ湾に凱旋したのは、1798年9月28日である。

　ハミルトン夫妻はヴァンガード号に乗艦した。

　舷側で待ち受けるネルソンを一目見たエマは彼に抱きつき、彼の厚い胸に顔を埋めて嗚咽したという。エマとの再見は5年ぶりであった。ナポリ国王も21発の礼砲に迎えられて乗艦している。

　翌29日はネルソン40歳の誕生日だった。この夜、イギリス大使館で舞踏晩餐会が催された。

　この夜、爛熟していた33歳のエマは7歳年長のネルソンに再び肉体を捧げ

た。ようするに姦通であったが、老人のハミルトン卿は死ぬまで 2 人の不義を
知りながら三角関係を続け、ネルソンとの親交を絶たなかったという。

　翌 99 年フランス軍はナポリを占領したが、彼はナポリ王国を奪還、シチリ
ヤ宮廷からブロンテ公爵の称号を授かっている。

　1800 年にはマレンゴの戦いがあった。彼はハミルトン夫妻と共にウィーン、
ハンブルグなどを経てヤーマスに上陸している。

　1801 年ネルソンは妻と別居した。妻がネルソンとエマの不義に気付いて不
仲になったのである。しかし離婚には至らなかった。

　エマはネルソンの子、女児ホーレシアを出産した。しかもハミルトン邸で
だ。不義の子を産んだのに夫ハミルトン卿はどんな気持ちだったろう。ネルソ
ンはこの年に中将に昇進している。

　1801 年、コペンハーゲンの海戦の功でネルソンに子爵の爵位が与えられた。

　1803 年 4 月 6 日朝、ハミルトン卿が亡くなった。72 歳だった。死の枕元に
はネルソンとエマがいたという。

　エマは 2 度目の妊娠をし、女児を生んだが早産で 2 カ月ばかりで死んでい
る。ネルソンは地中海艦隊司令官に任命された。

　この年、ナポレオンは皇帝に選出され戴冠式を行っており、欧州大陸はナポ
レオンに席巻されつつあった。

　1805 年 9 月 15 日ネルソンは旗艦ヴィクトリーに座乗してポーツマスを出航
し、同年 10 月 21 日午前 11 時に有名なトラファルガー海戦が始まった。

　ネルソン指揮する英国艦隊は 27 隻、フランス、スペインの連合艦隊は 32 隻
と、隻数ではイギリス劣勢であったが、ネルソン・タッチと呼ばれる巧みな戦
術が功を奏して、敵艦隊を撃破し大勝利を得た。この戦いでイギリス側は喪失
艦ゼロという完勝だった。

　ネルソンは勝利の直前、至近に迫ったフランス艦の艦長からヴィクトリー艦
上で右腕のない士官を見たら狙えと命ぜられていた狙撃手の放った弾丸が左の
肩に当たって背骨を貫き戦死した。

　この戦いの結果、ナポレオンの欧州制覇、イギリス侵攻の野望は阻止された
のである。

　ラム酒が入った樽にネルソンの遺体を納めたヴィクトリーがポーツマスに到
着したのは 12 月 23 日のことで、エマは特に許されて遺体に最後の別れを告げ
ている。

　救国の英雄ネルソンは伯爵に任じられ、年金 5 千ポンドの他、議会から伯爵

領購入費と9万ポンドが送られた*7。ネルソンの姉と妹にはそれぞれ1万5千ポンド、妻には終生年金2千ポンドが与えられた。ネルソンの財産である家と2千ポンドの年金及びブロンテ領からの収入年500ポンドはエマに与えられた。エマが生んだ娘ホーレシアには4千ポンドの財産を遺した。1840年代のレートを1ポンドが邦貨で15万円とするなら、4千ポンドは6億円に相当する。

　ネルソンの遺体はセントポール寺院にプリンス・オブ・ウェールズ他多数の会葬者参列のもとに葬られたが、政府はエマの参列を許さなかった。

　夫に先立たれ、愛人ネルソン亡き後のエマは、ネルソンの遺産を贈与されていたから、普通に生活していたなら十分に体面を保って生活できるはずだった。

　しかし長年豪奢な生活に慣れて、浪費癖が少しも改まらず、悪人に騙され、しかも気前よく散財したから、忽ち持ち金が底をつくようになり、亡夫やネルソンの友人たちは彼女から離れていった。

　父親不詳の最初の娘リットル・エンマは13歳になると外国に出かけてそのまま行方不明になった。

　エマはネルソンの忘れ形見ホーレシアを育てるが、娘に父親はネルソンだと告げていたが、放埒な母の話をホーレシアは終生信じなかったという。

　浪費のため、貧窮し家やハミルトン卿の遺品はもとよりネルソンの遺品も手放し、遂にはネルソンが戦死時に着用していた血染めの軍服すら売却したのである。今ならオークションで億の値で落札されるものだろう。

　誰も援助の手を差し向けてくれず、放埒な生活を続けるエマにあきれ果てた政府は彼女への年金の給付を停止した。エマは上流社会からも忌諱されたのである。

　貧困の極みに落ちたエマは僅か50ポンドの金を持ちホーレシアを伴いフランスのカレーに渡り、借家で生活した。さしたる収入もないのに大量の酒を飲み、浮浪者と博奕をするなどの乱れた生活に明け暮れ、ついには娘のホーレシアからも見放され、1815年1月15日、50歳で他界した。英雄ネルソンの死から9年生き延びたことになる。

　ネルソンの遺児ホーレシアはエマの死後、ネルソンの妹が嫁いでいたマッチャム家に引き取られ、1822年にワード牧師と結婚し10人の子福者となり、1881年に81歳で亡くなった。

---

　　*7 正しくは、ネルソンは男子のないまま戦死したので爵位は兄のウイリアム・ネルソンが男爵位を継承し、後にこの兄は連合王国貴族爵位の伯爵に叙せられた。

　映画「美女ありき」はエマ役の美人女優ビビアン・リーの好演で知られている。この映画の冒頭はエマが貧民街で酒屋から酒瓶を盗もうとして、危うく捕まりそうになったところを売春婦たちに助けられ、彼女らに自分の生きざまを語ろうとするところから始まっている。

　エマの伝説が残っている。

　エマが住んだカレーは湊町だから、船員に春をひさぐ娼婦が多かった。夜露のなかを、厚化粧して客を待つ彼女たちの間に、エマによく似た女がいたという伝説がそれだ。

　ネルソンとエマの2人の結びつきは確かに純愛の関係から始まったものかもしれないが、世間からすると夫のある身で妻のいるネルソンと肉体関係を持ったことは不届き千万な不義密通の世界であり、両人共に指弾されても致し方なかろう。

　だが、そのような非難をしたとしても国難を救ったネルソンの偉大な功績は微動だにしない。

（注）この項は「美女ありき」（加瀬俊一著、文藝春秋）を底本にした。文中、通説と
　　　異なる点がままあろうが、ご容赦願おう。

《第7話》信号旗落穂拾い

ブルー・ピーターとＺ旗

　国際信号旗 P は青地の中央に白い方形のある旗で、在泊時に檣頭（しょうとう）に掲げるが、この旗は、俗にブルー・ピーター（Blue Peter）と呼ばれる。

　昔イギリス海軍で出動命令を受けて出港するときに掲げたもので、命令に対する応答だからブルー・

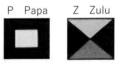

図7-1　ＰとＺ旗

レピーターと呼ばれていたものが訛ってピーターになったのだというが定説はない。

　ピーターそのものは聖ペドロにちなむ西欧諸国言語の一般的な男性名として用いられるが，出港とか命令や船とは全く関係がない。

　この旗は 1777 年（安永 6 年）からイギリス海軍で使用されたという。昔は旗旒（きりゅうしんごう）信号と書いたが、現在では「旗りゅう信号」と平仮名を用いることが多い。

　現在の国際信号書による正式な意味は「本船は、出港しようとしているので全員帰船されたい」であり、停泊中に用いる。ただし、洋上でこの旗を掲げる

と「本船の漁網が障害物に絡まっている」の意味になる。

音声通話表でPはPapaである。

この信号書は1855年にイギリスの商務院が刊行したものが始まりで、その後数次の改正が行われ、現在のものは1965年のIMO[*8]第4回総会で採択されたものである。1969年（昭和44年）以降、国際信号を行う場合は、この信号書に定めるところによらなければならないことになっている。

ヨットレースではPを「準備せよ」の意味にしているなど、同じ旗であっても国際信号書の意味とは異なる。国際セーリング競技規則に定めるレース用信号旗の意味はレース関係者の間で通用するだけのものである。NATO[*9]軍や海上自衛隊も特殊な信号旗を用いる。

Z旗のこと

Z旗は「本船は引船が欲しい」の意で、漁場で接近して操業している漁船によって用いられるときは「私は投網中である」。

日本海海戦で連合艦隊旗艦三笠は全軍を鼓舞するためZ旗を掲げた。

余りにも有名な「皇国の興廃此の一戦に在り各員一層奮励努力せよ」である。

この一文は、三笠の艦隊司令部で起草された文章で、参謀秋山真之中佐の筆になるものだというが、東郷はイギリスで学んだからトラファルガー海戦でVictoryが掲げた信号を知っていたに違いない。東郷が示唆し秋山が成文化したと考えた方が当を得ているのではないか。

Z旗だけ揚げても当時の一字信号の意味にしかならない。予め「三笠がこれを掲揚したら、このように読め」と全艦隊に予告しておいたものである。

これが後で述べるVictoryが掲げた信号の解読手段との大きな違いである。

ちなみに、この一文は日露戦役後、名文として国民に広く流布され、東郷は多くの人達の求めに応じてこれを揮毫した。現今、東郷の書は数多くのオークションに出品されているのは知られている。

思うに、東郷の初期の書体はどちらかというと拙劣で、このことは同文を書き続けた晩年の書体と比較すれば一目瞭然だ。

しかし、チャイナでは士大夫階級の者が、書かれたものを見て尊ぶか否かの

[*8] IMO（International Mritime Organization）：国際海事機関。海上の安全、船舶からの海洋汚染等、海事分野の諸問題について政府間の協力を推進するために1958年に設立された国連の専門機関。本部はロンドンにある。

[*9] NATO（The North Atlantic Treaty Organization）：北大西洋条約機構。ヨーロッパと北米の30カ国の政府間軍事同盟。

判断基準は、書かれた文体の巧拙よりも、書き手の地位や経歴、教養の度合いを重く見て評価する。

如何に著名な者の書であろうとも、芸術家や書家のそれは単なる技術家（字書き）のものとしか評価されないのである。これを思えば東郷の書は文体の如何にかかわらず価値ある書に違いなかろう。

大東亜戦争中の帝国海軍は米英豪軍艦隊と対峙したとき Z 旗を掲げた。皮肉なことに終戦が近づくにつれ Z 旗をやたらに掲揚した。この精神偏重主義は圧倒的な敵航空機と物量の前に抗することができず、霊験あらたかな筈の Z 旗は効なく、しばしば惨敗した。

図7-2　大正年間の書（左）と晩年の書（右）
（小笠原長生編著「東郷元帥詳傳」大正15年 忠誠堂から）

トラファルガー海戦時ヴィクトリーが掲げた信号

これは、「英国は各員がその義務を尽くすことを期待する（England expects that every man will do his duty）」である。

当時のイギリス艦隊はリチャード・ハウが考案し、ポッパムが改良した海事通信書を各艦に配布していた。この信号は零（ゼロ）から9までの数字を意味する信号旗を用い、数字に対応して単語、もしくは文字を表示した。

下手な解説よりも図7-3を見て頂こう。

例えば、「England」をコードブックで探すと「253」になる。

2 の信号旗は現在の P に似た旗で、次の 5 は黄色と赤の旗である。最後の 3 は青と黄色の旗で、これらを上下に連掲する。これを 253 と読んだ他艦の信号員は、コードブックから 253 を探して「England」と解読するというわけだ。

最初に創案された文章は、Confides（信頼する）であったが、この単語はコー

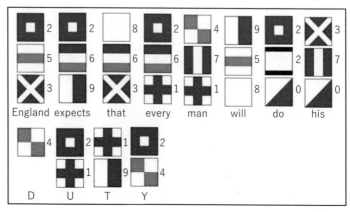

図7-3　ヴィクトリー掲揚の信号旗解読

ドブックにはなく、一文字ずつ信号旗を掲揚しなければならないから、旗数が多く面倒である。そこで、信号士官のジョン・パスコード中尉は、Expects ならコードブックにあるとネルソンに進言して、文案を England expects に変更して信号が掲揚されたのだという逸話が残っている。

降伏の旗

　日露戦争対馬の戦いで露国艦隊旗艦「ニコライ一世（司令長官ネガトフ少将）」は軍艦旗を半旗に降下し、当時の萬国信号旗「XGE」を掲揚して降伏の意を表した。

　現在の信号書には戦闘用語を意味する三字信号はない。

　「XGE」の信号は 1897 年に完成し、日本でも 1901 年（明治 34 年）に採用刊行された『萬国船舶信号書』に基づくもので、C から G までの 5 枚を除いては現行の文字旗と変わらないが、C、D、E、F、G の各旗はそれぞれ現行の数字旗 1、2、3、4、5 と全く同じデザインであった。

　図 7-4 には主檣の後部に三字信号が、後部マストには半旗が認められる。

　秋山中佐は露艦に降伏の信号が掲揚されたことを知り、司令長官東郷に対し敵艦に対する砲撃の中止を進言したという。しかし東郷はこれを許さなかった。

　秋山は重ねて「武士の情けである、砲撃中止を」と懇請したが、東郷曰くに「降伏なら停止すべきだ。しかし依然として遁走しているではないか」といって、敵艦が停止するまで砲撃を続けさせたという話が知られている。

図 7-4　降伏旗を掲げる露国戦艦ニコライ一世
（小笠原長生編著「東郷元帥詳傳」大正 15 年 忠誠堂から）

　ニコライ一世降伏の地点は島根県竹島の南南西約 18 海里であったという。

　この戦はトラファルガー海戦に比べて遥かに大規模で、歴史上かつてない大勝利の海戦であった。38 隻の敵艦隊中、戦艦 6 隻、巡洋艦 6 隻、海防艦 1 隻、駆逐艦 4 隻、仮装巡洋艦 1 隻、特務艦 3 隻が撃沈せられ、戦艦 2 隻ほか 5 隻を捕獲し、病院船 2 隻は抑留せられた。その他は中立国に入って武装を解除され、あるいは逃走の途中に破壊若しくは沈没して、目的港であったウラジオストックに入港できたのは巡洋艦 1 隻と駆逐艦 2 隻の僅か 3 隻のみであった。我が連合艦隊の損失は水雷艇 3 隻が沈没しただけである。

　ところで、以前は『安全なる航海を祈る』は WAY と掲げた。これに対し「ありがとう」は OVG であったが、現在は WAY が UW で、OVB は UW1 に変わっている。

　私は信号旗をコロナ対策のマスクに貼り付けている。

　CON は「コロナノー（駄目）」と読ませ、PS は国際信号書で「あなたは、それ以上接近しないようにされたい」の意味だから、「近寄るな」のつもりで自作したマスクだ。

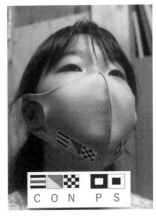

図 7-5　鈴木かれんさん着用の
コロナ感染予防マスク

《第8話》船乗りと壊血病

1750年代頃までの遠洋航路の船員たちは壊血病（かいけつびょう）に苦しんだ。壊血病というのは、伝染病ではないがビタミンCの不足からくる恐ろしい病だ。

16世紀から18世紀にかけての大航海時代には壊血病の原因が分からなかったから、海賊よりも恐れられていた。バスコ・ダ・ガマの航海ではこの病気で180人の船員中100人が死亡している。

多くの哺乳動物では体内でブドウ糖からビタミンCの合成ができるが、人間はそうはいかない。これは遺伝子の欠陥であり、万物の霊長だといっても自らビタミンCを合成できる子牛よりも劣るということになる。

1920年、ジャック・ドラモン（イギリスの化学者）はオレンジ果汁から抗壊血病因子を見つけ、これをビタミンCと名付けることを提唱した。

壊血病にかかると、徐々に身体が衰弱し、顔色が青くなり、眼はくぼむ。歯茎が柔らかくなり、筋肉痛が起こる。歯が抜けて内出血が始まる。昔に受けた傷口が開くこともある。そして、極度の疲労感、気絶、下痢、肺や腎臓に障害が起こり、遂には死に至る。

船員たちは、この死に様を俗語で「デイビー・ジョーンズの監獄（ロッカー）に入る」といったという。

デイビー・ジョーンズとは船乗りの仲間に信じられていた海底に住む悪魔のことで、海で死んだ者を死後の世界に送り届ける役目を持った「死神」のことである。アメリカ海軍の軍歌「錨（いかり）を上げて」の歌詞第二節では「♪彼らの骨をデイビー・ジョーンズの元へ沈めよ、ホーレイ！（And sink their bones to Davy Jones, hooray!）」と唄われる。

1748年、イギリス海軍のジョージ・アンダーソン中佐が自船「ソールズベリー号」の船員たちに新鮮な野菜や果

図8-1　デイビー・ジョーンズの監獄
（ジョン・テニエル作 1892年から）

物を与えると壊血病にかからないことを知った。新鮮な果物、塩漬けのキャベツ、レモンやライムを与えて壊血病を撲滅できたのだという。

当時は壊血病の原因がビタミンCの欠乏から来ることを知らなかったが、経

験的に予防法を知ったというわけである。

1768 年 8 月 26 日イギリスのプリマスを発したクックの第一回太平洋探検では、大量の食糧、水、アルコール類、酒などが積み込まれたが、それまでの航海で懸案となっていた壊血病対策として、モルト、塩漬けキャベツ、サループ、カラシ、ニンジンのマーマレード、ザワア・クラウト、固形スープ（乾燥野菜と煮込み肉の混ぜ合わせ）、砂糖漬けのレモンやオレンジの皮なども用意された。

サループというのは、いくつかのラン科の植物の根を乾燥粉末にしたものに牛乳、砂糖を混ぜて作った飲料のことである。しかし、ザワア・クラウト以外は壊血病の予防にはさしたる効果がなかったようである。

ザワア・クラウトとはドイツの漬物が原義で、キャベツを千切りにした酢漬けの漬物のことだ。

最初、水夫たちはザワア・クラウトを食べようとしなかった。

そこでクックは、これを食べさせようとして、「船乗りたちに実行すると必ず成功する」という巧妙な手段を弄している。それはこうだ。

まず、ザワア・クラウトを適当量だけ食卓に並べて置く。士官たちには必ず食べさせる。水兵たちには、食べようが食べまいが勝手にさせておくのである。このやりかたを 1 週間続ける。

船乗り気質というものは面白いもので、食卓に並べられた食物が自分たちに良いと分かっていても、初めて見るものはなかなか受け入れようとせず、それを提供した者の悪口を呟くものである。

ところが、士官たちが常食にしているのを見ると、それが世界中で一番いいものになってしまい、提供者を誉めたたえ、争って食べるようになるのだ。

この手法は、現代でも立派に通用する部下船員に対する人心 掌 握術の一つだろう。

ビタミン C の摂取で一番手っ取り早いのは緑茶で、緑茶には食品中一番多くビタミン C が含まれている。

1 日の摂取量は 100 ミリグラムとされているが、過剰摂取は良くないという。

特にビタミン C は加熱に弱いことに留意し、緑茶は常温より少し高い程度のぬるま湯で、根気よく混ぜて飲むのがいい。

日本人は、もともと菜食人種だから、明治期までの大和型帆船の船員は壊血病にかからなかった。航海が長期であっても沿岸航路の航海であり、しばしば寄港するから生鮮食品に欠乏せず、ビタミン C の補給ができたのである。

《第9話》海里についての雑学

　1海里は何メートルかと尋ねると、1852メートルと答えて平然としている者がいる。これは正しくは国際海里という。

　海里という単位が現在のような概念に作られたのは、緯度経度網が確立された大航海時代後期のことのようである。

　哩もマイルと読むが、海里とは異なった陸上の単位である。英語では statute miles（land mile）である。これは後で述べるように海里が可変長であるに対して、メートル、フィート、ヤードの単位で厳密に置換できるものである。

$$Statute\ mile = 5280\ フィート$$
$$= 1760\ ヤード$$
$$= 1609.344\ メートル$$

　海里をマイルと呼ぶことが多いが、混乱するようならカイリと呼べばいい。昔は海里を「浬」と書いたこともあった。

　カタカナでマイルと書くと陸上の単位になることは広辞苑を見ればわかる。だから日本語表記ではマイルとは書かず、海里または浬でなくてはならない。

　もちろん、海難審判裁決や海上保安官供述調書では海里としか書かない。マイルとカタカナで表記した裁決はない。

　英語表現なら a nautical mile であるが、sea mile、salt water mile とも表現する。略記は NM（または、N. mile）が多い。複数表記では miles である。欧米の書物では nautical miles と書くことが多い。

　海事関係書では mile とのみ書くこともあるが、定義で断っている。

　もともと海里の語源そのものが古代のラテン語の milia passum で、これは1000歩の距離から来ているので、人によって歩測が異なるから、かなり漠然とした値であった。現在、国際海里は1852メートルとされているから、1000歩が1海里なら、1歩が1.852メートルとなるが、こんな歩き方はできるものではない。

　江戸末期の著名な測量家であった伊能忠敬は日本全土を徒歩測量するに当たって自己の歩測を利用している。推歩先生と呼ばれた彼は敬称の通り「二歩で一間」となる歩き方を繰り返し練習して距離測定の有力な補助手段に用いているが、二歩一間なら1歩はおよそ90センチメートルとなる。

　海里の厳密な定義は次のようなものである。

　「与えられた緯度における子午線曲率円1分の長さ。またはその地の緯度1

分の長さ」である。そうすると、地球が真球なら、地球の半径を特定する限り、どの地においても緯度1分の長さは同じである。

ところが、実際は回転楕円体、もう少し正確な表現をすると、西洋梨型をしている。回転楕円体というのは、回転軸の方向（極の上空）から見ると真円であるが、回転軸に直角な方向（赤道の上空）から見ると楕円である形である。

このような形は楕円を短軸の回りに回転させることによって作ることが出来る。図9-1は子午線曲率円のモデルで、極端な表現で地球を楕円体で表現している。

赤道における子午線曲率円の半径は、極におけるそれよりも小さいことが解るであろう。

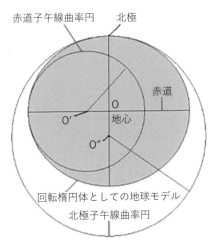

図9-1　回転楕円体概念図（筆者による）

従って、1海里の実長は赤道上よりも極の方が大きいことになる。

これがどのくらい差があるかは、地球の形と大きさをどのように決めるかによって異なる。例えば日本測地系2000（WGS84測地系）による赤道半径、楕円の偏率から計算すると次のようになる。

　　　赤道……1842.9メートル

　　　房総半島野島埼沖（北緯34度40分）……1848.9メートル

　　　極点……1861.6メートル

このように赤道と極では、1海里の実長の差は18.7メートルである。

緯度1分の長さ、即ち1海里は不定値であるから、海里をメートルに換算する必要があるとき、その地の1海里の実長をその都度計算しなければならず、面倒である。そこで、メートルに換算する為の便法として、変換係数を国際的に定め、1852メートルとした。これは1924年の国際会議（国際水路会議）で決められたもので、国際海里というのである。

船で使用する速力測定計器は、この単位を使用している。

では、なぜ1852メートルと決められたかであるが、赤道と極の平均である1852.3メートルを四捨五入したものである。

だが、二点間の実長距離を求めようとするなら、海図上で緯度尺を使用して

海里を求めそれに 1852 メートルを乗じたのでは駄目であって、実務的には海図のメートル尺によらなければならない。

さらに厳密なことをいうと、海図上で測った距離は航程線と呼ばれる長さで、図 9-2 に示すような極に巻き付く螺旋の一部であって最短距離ではない。

最短距離は測地線とよばれるもので、平面なら直線、真球なら大円（圏）である。我々が太平洋を進んで北米大陸に向かうときの航海計画時に出航地と到着予定地との距離を計算する。

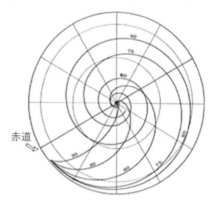

図 9-2　航程線（筆者による）

このときの最短距離の計算で求められるのは、この大圏（真球）上の距離である。野島埼沖（北緯 34 度 40 分、東経 140 度 20 分）から桑港沖（サンフランシスコのこと。北緯 37 度 50 分、西経 123 度 30 分）の大圏距離を分単位で求め、便宜上これに 1852 メートルを乗ずると、8199.915 キロメートルである。

一方、厳密な計算をすると 8223 キロメートルであるから、差は 23.085 キロメートルになる。

これらの事から、航海学の普通教科書が示す大圏距離は最短距離ではなく近似値であることと、漸長海図上で測定した距離は航程であり、測地線（近似測地線（最短距離））は単に距離と表現する。これらは峻別しなければならない。

緯度 1 分の実長（子午線弧長の実長）は計算で求めることができる。

計算式は省略するが、面倒な式であり、コンピュータによって計算した方がいい。

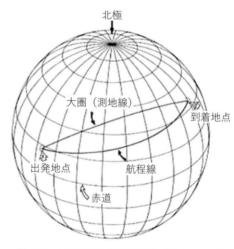

図 9-3　大圏航路と航程線航路（筆者による）

　任意の緯度における緯度 1 分（1 海里、NM：Nautical mile）の実長を 1 セ
ンチメートルの精度で求めるとき、電卓レベルで計算できる四次の近似多項式
と係数は拙著「究極の天測技法」に書いてある。これは筆者が開発したもので
ある。

　なお、WGS84 測地系による緯度 44 度 23 分 44 秒における 1 海里の実長
は 1852 メートルである。わが国では北海道西岸羽幌港の少し北の位置付近で
ある。

　海上の単位として、海里の他にリーグ（英語では league だが、フランス語
では lieue、スペイン語では legua である）があるが、これはもともと地方差が
あって、一般にヨーロッパの南部では 1 リーグは 3 海里だったが、これがデン
マークやノルウェーなどの北欧の諸国では 4 海里として数えられる。キャプテ
ンクックの日記にはこの単位が頻繁にでてくるが、この日記にいう 1 リーグは
3 海里である。

　海里について知っているといえるためには、最小限、以上の雑学を含めた定
義を理解していなければならないのである。

　私を含めて、知ったかぶりはいけない。

《第 10 話》不埒で常識のない乗組員とは

事故を起こす不埒な船員の日常の態度や言動

　常日頃、以下に示す言動をしたり、それを何故してはならないかが理解でき
ない者は船乗りとしての常識に欠け、ひいては事故を引き起こす。それぞれ理
由あってのことだ。重複している項があるが、ご容赦願おう。

1. 接岸したら、すぐに無断で上陸してパチンコ、競馬競輪、飲酒に耽る。生
　活態度として好ましくない。船長の許可なく船舶を去らないこと（船員法
　第 21 条第 4 項（船内秩序））。
2. 船長・機関長を助けない。船機長といえども万能ではない。繰り返しの助
　言が必要。分かっているだろうとの思い込みが諸悪の根源。
3. 口笛を吹く。
4. ポケットハンドをする。
5. レーダーから離れた場所に椅子を置いて座り、ほとんど動かず当直する。
6. 飲酒して呼気 0.15 ミリグラム以下にならないのに当直に就く。
7. やらなくてはいけないアルコールチェックをしない。記録もしない。
8. 船長操船（指揮）義務区間であるのに部下に操船を放任する。

9. 船首尾楼にいる者が、離岸直後から船首・船尾の見張りを怠る。

10. 視界制限状態や船舶が輻輳（ふくそう）する海域に接近したのに、そのことを船長に報告しない。

11. 船長は先ほどまで当直だったから、起こすのは気の毒だという。

12. 船長（上長）の職務上の命令に従わない。

13. 上長に反抗したり、小理屈を云う。

14. 無断で勝手に上陸する。

15. 帰船したことを上司に報告しない。

16. 上長を脅迫する。暴行を加える。（罰則を知らない）

17. 復唱（ふくしょう）をしない。

18. 休暇下船した者の交代に乗船した者（初めて自船に乗船した者）の技量や資質を確認しない。

19. 特に本船に初めて乗船した若年船員の技量を確かめない。

20. 当直中、テレビを見たり、携帯電話やスマホを使う。

21. うるさいからと VHF の音量を下げたり、電源を切っている。

22. 当直中、特段の理由がないのに、海図台に長時間向かって書類整理や、文書を見る。中には雑誌を読む者もいる。

23. 同僚・部下の不安全行動を指摘しない。

24. 不安全な行動をしているが、いつもやっていることだから問題ないと思っている。

25. ギャレーで火気を使用しているのに、火元から離れる。

26. スリッパを履いて当直する。

27. 離着岸時にマストと、岸壁のクレーンとの上下の間隔を確認しない。

28. 見知らぬ人間が自船に乗っているのに誰何（すいか）しない。（自宅でなら誰何するだろう）

29. 全員が上陸して船を無人にする。

30. 吸っている煙草を灰皿に置く。

31. 灰皿に水を入れていない。

32. 居眠り防止装置の探知機能を妨害する。

33. 初めて商船に乗船した者が「自分は本船の船長と同じ海技免状を受有しているから、船長と同等だ」と公言する。（学校教育に問題がある）（かいぎ）

34. 船橋内に漫画や雑誌を持ち込み、読み耽（ふけ）る。

35. 操舵室内がゴミ溜めのように雑然としている。

36. ブルワーク、ハンドレール、ドアの入口にもたれかかったり、腰を掛ける。

37. 保護具を使用しなかったり、使用方法を誤る。

38. 階段の手すりを持たず昇降する。

39. 朝の挨拶、当直交代時の挨拶ができない。

40. 上司や同僚の乗組員をあだ名で呼ぶ。

41. 上長に敬語を使わない。

42. 救命設備を検査用具という。

43. 航行中、船首楼の水密扉をしっかりと閉めない。

44. 発航前の点検をまともに行わず、各記録簿を数日先まで書く（捏造）。

45. 2人以上でやるべき作業を1人でやる。

46. 砂利採取運搬船で艙内に入るのに、バケットを伝って降りる。

47. 機関室で常時軍手を使っている。

48. 取扱説明書を読まない。（どこにあるかも知らない）

49. 当直中に船橋を離れる。（用便、食事、自室に行く、甲板、機関室作業を手伝う）

50. 他人にぞんざいな言葉使いをする。

51. 命ぜられた仕事を終えても、報告しない。

52. 夜間の出航時、船首楼から帰るとき航海燈の点燈を確認しない。

53. 俎（まないた）に包丁を放置して賄を離れる。

54. 階段で、手摺を持たない。（居住区の階段の手すりが片方しかないことに違和感がない。当たり前と思っている）

55. 乗下船時、舷梯（げんてい）や歩みを使わずハンドレールを乗り越えて乗下船する。

56. 岸壁や桟橋係留時に縄梯子を使って乗下船する。

57. 航海当直中、1分半以上を海図台に向かっている。

58. 食事のマナーが悪い。

59. 桟橋・岸壁係留中にデッキで放尿する。

60. 給油作業中、勝手に持ち場を離れる。

61. ラインをまたいで離着岸作業をする。

62. 進言と助言の区別がつかない。

63. 航海中、居室内で、入り口の扉を閉めきっている。

64. 当直時間に遅刻したり、当直の引継ぎをほとんどしない。

65. 夜間、当直交代5分前くらいに昇橋して交代する。前直者は次直者の眼が慣れる前に降橋してしまう。

66. 甲板上のスカッパーの掃除をしない。

67. ベーシン（手洗）を汚したり、便器を清掃しない。

68. 当直後船内巡視をしない。

69. 保護具を使わないで作業をする。

70. 衝突と接触の区別がつかない。

71. レーダーの ARPA 機能、ガードゾーン機能の使い方を知っているようなことを言うが、実際にやらせてみると、できない。

72. マグネトロンの劣化を気にして、有視界時にはレーダーを断にしている。

73. 室内と室外の区別がつかない。

74. 保護具は、荷役以外のバースに離着岸するときは使わなくてもいいと思っている。

75. 操舵室の出入り口に腰を掛ける。

76. 操舵室内、舵輪の前に置いた椅子に腰掛けて胡坐で、長時間動かず当直をする。

77. 操舵室内に椅子があっても悪くないが、どこに置くかが分かっていない。

78. 変針する前に変針側の後方を確認しない。

79. 変針すると、周囲の他船と衝突針路になるのに、それを確認せず漫然と航行する。

80. 霧中にレーダーで他船を避けるとき、右に変針するのが安全だと思っている。

81. 接岸直前まで船首に白泡が生じているのに、速力過大を報告しない。

82. 記録を 5 ないし 10 分単位で書く。

83. GPS の航跡を表示させない。（同じ航路だから航跡を表示させると紛らわしいという）

84. 今までに事故など起こしたことはないと、得意げに放言する者。

85. 渡鳥船員。船員手帳を見ると、乗船するごとに会社が変わっている者がいる。理由は様々だが、さして能力もないのに給与に不満を持つ者、他の乗組員との対人関係が下手な者が多い。これを渡り鳥船員という。

86. 自室から船橋に急いで行けば、どのくらいの時間がかかるかを尋ねると、1 から 2 分と答える者。

87. 船橋の敷居を踏む。

88. 当直の 15 分前までに船橋に行かない。（前直者から周囲の状況、本船の状態を聞き、当直に備えない）

89. 部下の人間性に関心を持ち、積極的に話しかけることがない。

90. 自身の職責において担当する装置、備品以外のものに、その状態について気を配ることがない。
91. 同僚、部下の私生活についてやたらに詮索する。
92. 部下の前で、航海士、機関士としての資質を大きく否定するように叱責をする。
93. 船内に出入りするとき風下側を通過しない。
94. 常に自室の整理整頓に努めない。
95. 船内の各部からの避難・脱出経路を把握していない。
96. 入れ墨、タトゥー、それに類するシールの使用をする。
97. 居室を出るとき常に施錠を心がけない。
98. 常に髭を剃らない、頭髪を清潔に保たない、身なりに気をつかわない。
99. 常に節水に努めない。（清水を浪費する）
100. 船内で油や水がこぼれているのを見つけても直ぐに拭き取ることをしない。
101. せっかく装備した AIS の電源を航海中に切る。これは活魚運搬船に多い。積地や目的地を他の同業船主に知られたくないからだという。
102. 当直中に船舶電話が鳴っても受話器をとらず、船橋を無人にして船長を呼びに行く者。

《第 11 話》3 人の女海賊

　18 世紀ころには海賊のことが盛んに記録されたが、この時代に生きたアン・ボニー（Anne Bonny、Bonney）とメアリ・リード（Mary Read）の 2 人はカリブ海を荒らしまわった女海賊として特に有名である。

　アンは 1700 年 3 月の生まれだと言われる。アイルランドのコーク県で、弁護士ウィリアム・コーマックと召使との間に産まれた私生児だった。下女と密通した父親は妻と職を捨て、アンとその母とを連れてアメリカはサウスカロライナ州チャールストン近郊に農園を購入して移り住んだ。

　アンは男勝りな女に育った。あるとき彼女は癇癪を起こして家で使っていた女中をナイフで刺した、などという話が残っているほどである。

　父はなんとかアンに良縁を見つけて結婚させようと考えていたが、アンは父に無断でチャールストンにいた船乗りのジェームズ・ボニー（James Bonny）と結婚してしまった。父は立腹し、娘を勘当した。

　父の財産を貰える当てがなくなった 2 人はバハマのニュープロビデンス島

ナッソーへ移住した。ナッソーは海賊共和国と呼ばれたほど無法者たちが群居していた島の港町である。

　1718年にウッズ・ロジャーズ総督が島に到着すると、多くの海賊たちは王の恩赦を受けて足を洗った。

　アンの夫ジェームズ・ボニーは、ロジャーズ総督の情報提供者（密告者）になった。ジェームズは近海の海賊についての情報をロジャーズに報告し、これによって多くの海賊が捕えられることとなったが、アンは夫がロジャーズのもとで密告者に成り下がったことを嫌っていたという。

　その後、アンはバハマの居酒屋でキャラコ・ジャックとして知られるジョン・ラカムと出会い、彼の恋人となった。ラカムはジェームズにアンと別れるなら金を払ってもいいと申し出たが、ジェームズはこれを拒否し、あろうことか妻の不貞をロジャーズ総督に報告したという。現代でもよくあるとおり、妻の密通を自分で始末できない駄目男の見本のようなものである。

　総督はアンを召喚し、アンの行為を破廉恥だと非難し、ラカムのような悪い仲間とは二度と関わってはならない、夫に貞節を尽くすよう諭したというが、アンは夫を捨ててラカムと共に駆け落ちし、男装して海賊船に乗った。ラカムは、この海賊船の首領になった。

　ところで、アンたちが乗った海賊船の乗組員の中に、捕獲した船から捕虜にした少年がいた。彼はアンたちと共に海賊として働くことを望み、乗組員の1人となった。アンはその少年が気に入り、誘惑しようとする。後で述べるが、それは男装していたメアリ・リード（Mary Read）だったのである。

　2人の関係を知ったアンの夫ラカムは妻を責めたが、逆に説得されて、他の船員には女であるとの事実を伏せることとし、女2人は共に海賊行為を続けることになったのである。

　しばらくして、航行中にアンが身籠っていることが分かると、ラカムは彼女をキューバに降ろして、その土地の知人に面倒を見させた。出産後、ラカムは再びアンを呼び寄せた。

　ところが夫の元に戻ったはいいが、彼女の留守の間に夫はメアリと出来ていたのである。しかし彼女は密通の2人を許したばかりか、その後は嫉妬なき三角関係を続けている。

　1720年10月にラカムの海賊船がバハマ総督から派遣されたジョナサン・バーネット船長に捕捉されたとき、怖気づいたラカムたち男性乗組員は船倉に逃げ込んだにも拘らず、アンはメアリと共に激しく抵抗した。しかし衆寡敵せずついに捕らえられ、同年11月16日、夫ラカムはセント・ジャゴ・デル・

ヴェガにおいて死刑判決が下された。

　ラカムとの最後の別れを許されたアンは失望から「あんたがもっと男らしく戦っていたら、犬みたいに吊るされなくてもすんだのに！」と軽蔑の言葉を投げかけ、顔をそむけて彼を死刑執行人の方へ追いやったという。

　アンとメアリの裁判も行われ、共に死刑が宣告されたものの、2人が妊娠を主張したため、母親を処刑した巻き添えで子供を殺害してはならないという法律に基づき、刑の執行は出産が終わるまで延期されることになった。

　メアリはその後、熱病にかかってしまい獄中で死んだが、アンは無事に子供を出産したとされる。一説によれば、アンは有力者であった父によって赦免を得て、1721年12月にジョセフ・バーリーなる男と結婚し、8人もの子供をもうけ、1782年にサウスカロライナ州で82歳で亡くなったという。

　次はメアリ・リードのことである。

　メアリは、1685年頃、ロンドンで私生児として産まれたが、父親は間もなく亡くなった。彼女の母は、亡き愛人の母から仕送りを得るために娘を男装させた。13歳のときフランス人女性へ下男奉公に出されたメアリはそこを出て、海軍に入った。

　もちろん男装の儘である。その後は陸軍の歩兵になり、そこで知り合った兵士と結婚後、除隊する。

　夫婦はオランダのブレダ城近郷で宿屋を開いて暮らしていたが、ほどなく夫が亡くなった。メアリは夫の死後、オランダの軍へ入り、西インド諸島行きの帆船に乗り組んでいた。

　1719年、この船が海賊によって捕獲されたとき、メアリはその海賊の手下となることを決意した。この海賊船はアンが乗船していた船である。

　アンを含む海賊たちは当初、メアリの男装に気付かなかった。アンはメアリを誘惑した。しかしメアリは自分が女性であることを明かし、以後2人は親密な友人となった。男装して武器を携えた2人の女性は、血塗られた襲撃の中で勇敢に戦い、船長のラカムよりむしろ有名になってしまったという。

　ラカムは、ニュー・プロビデンス島生き残りの海賊であったが、1720年10月ジャマイカ島から来たスペイン海軍のスループに追い詰められ戦闘になった。

　追い詰められた男性乗組員らは怖気づき揃って船倉に逃げ込んだのを尻目に、メアリはアンと共に激しく戦ったが抗せず遂に2人とも捕縛されたこと、その後の彼女たちの末路については既に書いたとおりである。

48

　ところで、アンやメアリよりももっと刺激的な女海賊、修道女中尉と綽名さ_{あだな}れたスペイン人カタリナ・デ・エラウソ（Catalina de Erauso）のことも書かねばなるまい。

　カタリナは 1592 年の生まれだという。

　富裕なスペイン船主ドン・エステバン・デ・エランツォの娘で、幼い頃は非常に甘やかされて育った。乗馬に優れ、射撃もうまく、最高の剣士であった。武術の多くは彼女の兄たちが仕込んだが、航海術を勉強し、船を操縦することさえできた。

　利かん気で有能なこの恐るべきわがまま娘も、父の後妻のため修道院へ入れられてしまったが、その束縛に耐えられず、髪を切り、男装して脱走を計った。そして、うまくピレネー山脈の山賊の一味に加わることができたが、女であることを見破られたため、気がついた相手を殺して姿を消した。そこで、ブラジルへ行く船の航海士となったが、反乱が起こったため、反乱者の方へ加担して船長を殺し、その代わりになったのである。

　しかし、ペルーの海岸で難破して上陸したが、彼女をきゃしゃな青年と勘違いした 2 人の兵士にからかわれて、挑戦し、2 人とも刺殺してしまったために牢に入れられた。

　ところが運よく牢番の娘に見染められて結婚することになり、祝宴が用意されている間に逃亡することに成功した。そのうえ、偶然にも兄ミカエルが歩兵大尉となってその地に来ていることを知ったのである。

　だがカタリナは、自分が名乗り出れば、兄は脱走修道女をかくまうことになり、スペイン宗教裁判所における致命的な危難の中に兄を立たせることにもなると考えた。

　そこで彼女は兄との再見を果たしたい気持ちを抑え、そのかわりに兄と同じ軍隊に入って、それとなく兄を見守ることにした。

　3 年間は無事に済んだが、カタリナが一将校と喧嘩し、決闘で相手を殺したため悲劇が起こった。

　決闘場からの帰途、その将校の親友に襲われたのである。

　激しい闘いの後、相手を刺し殺してから、それが自分の兄だと気がついたときはすでに遅かった。

　その場から軍隊を脱走したカタリナは、こんどは海賊船の航海士となった。

　海賊船の船長が死んで、船の指揮を任せられた彼女は、イギリス人とフランス人を目標に南米海岸を荒らし回っていたが、スペイン政府軍に捕えられ死刑

を宣告された。

　しかし彼女の海賊行為は、常にスペインの敵に向けられたもので、スペイン船を絶対に襲わなかったばかりか、スペイン船の危難を見ると、必ず救援に駆けつけたという事実が判明して危うく免罪となった。

　スペイン王フェリペ III 世は、この修道女あがりの海賊に興味をそそられ、カタリナを宮廷に召喚したが、その物語にいたく感動し、褒美として多額の年金とアンダルシアの土地とを与えたということである。

　彼女は 1650 年、58 歳で亡くなっている。

　晩年の彼女の容姿を書いた手紙によると「彼女は背が高く筋骨隆々ではあるが、小さな胸であった。カタリナは醜くはないが、かなり老け込んでおり、女というより宦官（かんがん）のように見える。彼女は女々しい宮廷の女性のような恰好はせず、常に剣を身に着けスペイン男性の兵士のように見えた」と書かれている。

　彼女を賞したフェリペ III 世は度重なる戦争を繰り広げスペインを疲弊させたことから怠惰王（たいだおう）と綽名された王で、1621 年に逝去している。

《第 12 話》スエズ運河での乗揚 EVER GIVEN

　2021 年（令和 3 年）3 月 23 日の朝のことであった。

　総トン数 20 万トン、全長 400 メートル、全幅 60 メートルの世界最大級のコンテナ船 EVER GIVEN がスエズ運河南口のスエズ港から 5 海里ばかり北方の運河内で乗り揚げた。

　スエズ運河の歴史中、最大級の大きさの船舶事故で、損害金額は邦貨にして 1100 億円であるとスエズ運河庁は主張した。この船は愛媛県今治市の正栄汽船が所有し、台湾の海運会社が運航して、チャイナからオランダのロッテルダム港へコンテナを満載して航行の途中であった。船長以下 25 人の乗組員は全てインド人である。

　スエズ運河はフランス人レセップスによって掘削され、1869 年 11 月 17 日に開通した。明治 2 年のことである。

　パナマ運河、キール運河（北海バルト海運河）と共に世界三大運河の一つであるこの運河の通航料（3 千万円から 5 千万円）はエジプト国の大きな財源になっている。

　1979 年から 1982 年の間に、大規模な浚渫（しゅんせつ）と拡幅が行われ、ポートサイドバイパスの完成を含む多くの改修工事が行われ、2015 年には、新拡張工事が完成している。

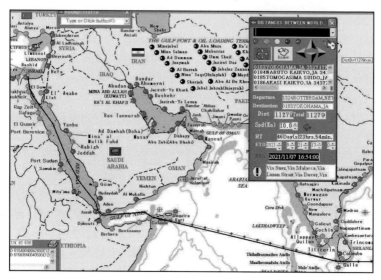

図 12-1　スリランカからスエズ運河への航路（筆者による）

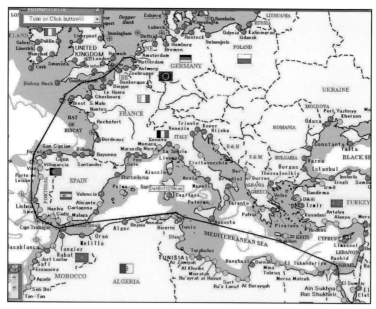

図 12-2　スエズ運河とオランダ・ロッテルダムの関係（筆者による）

　この運河の開通によって極東から欧州への航海は 3400 海里ばかり短縮され
たから、15 ノットの船なら 9 日半ばかりの節約になり、世界経済に限りない
恩恵を与えた。

　日露戦争（明治 37〜38 年）当時、この運河は大英帝国の所有で、日本と同
盟を結んでいた同国は北海から極東に向け航行しようとしていたロシアのバル
チック艦隊の運河通航を許さなかった。このため喜望峰回りの長期航海を余儀
なくされ、船底は汚れて速力は出ず、疲弊した艦隊乗組員の志気は低下してお
り、砲撃訓練も十分でなかったこともあって、対馬東水道でバルチック艦隊は
壊滅したのである。もし、この艦隊がスエズ運河を経由できていたなら、日露
戦争は変わった結末を迎えたかも知れない。

　乗り揚げた EVER GIVEN は 2021 年 3 月 23 日、朝 5 時 10 分頃、水先人 2
人の 嚮 導 の下、スエズ港沖合から運河に入った。しかし曳船を使用せず、制
限速力である 7 ノットを大幅に超えるおよそ 13 ノットで航行したばかりか、
運河内で蛇航を繰り返し、同日 5 時 42 分頃、その船首付近が運河東岸に乗り
揚げたのである。

　筆者は同船の AIS 情報を独自に入手して航跡を再現したが、NHK 松山放送
局は筆者の作成した速力変化、蛇航模様図を放映した。

　同船の速力の変化模様は図 12-3 のとおりである。最大速力は 13.7 ノットで
ある。

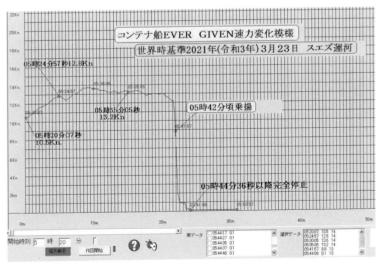

図 12-3　EVER GIVEN の速力変化模様（筆者による）

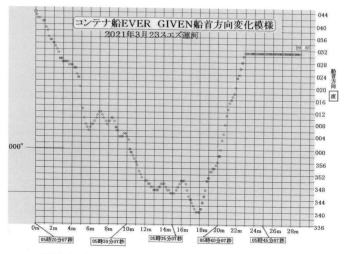

図 12-4　EVER GIVEN の船首方向変化模様（筆者による）

　英版水路誌によるとスエズ運河規則では 7 ノットで航行しなければならない
のであるが、この船は制限速力を 7 ノットばかり超過して航行していたことに
なる。

　船首方向は 5 時 33 分頃から左右動（ヨーイング）が始まり、5 時 39 分頃か
ら大きく右転して図 12-5 のように乗り揚げた。

　これは、当時起こっていたとされる砂嵐の影響があったといわれるが、砂嵐
の影響が急激に左右反対舷方向に繰り返し変化したから激しくヨーイングした
などというのは考え難いのであり、本船の異常な左右動は側壁効果^{そくへきこうか}*10 と呼ば

*10　側壁効果については平成 7 年に社団法人日本船長協会から発行された「操船参考資料（その
2）」、平成 23 年に発行された「操船通論」（本田啓之輔著）及び「操船の理論と実際」（井上
欣三著）には、以下の概要が記載されていた。
　ア　船の吃水、船幅に比べて浅く狭い水路では、側壁と船体に生じる吸引反発の相互作用が
側壁影響となって現れる。
　イ　船が進行方向右側にある側壁に接近して走る場合、側壁と船に挟まれた船側付近の水
位が低下して、船体を側壁に引き付ける吸引力が生じる。
　ウ　前進中は船首部の水圧が最も高いので、船首部が側壁との反発力によって水路中央に
押される左回頭モーメントを生じ、船体が水路を斜行し、斜行による横力が船体を水路中
央へ押すと同時に、斜行によって船体に前方から働く水抵抗の作用点が船の重心よりも
船首寄りにあるから、左回頭を助長することになる。
　エ　船が水路を直進するためには右舵をとり、左回頭モーメントを抑える必要があるが、船
が側壁に近いほど、また、速力が大きいほど必要舵角が大きくなる一方、浅水域では転心
が後方に移動するため舵効きが悪くなり、操舵のバランスが崩れたとき、船は水路を直進
できなくなる。

れる現象と見た方がいい。

　我が国の海難審判の先例では平成24年8月21日、三池港の水路で貨物船パーゼ・ウィズダムが側壁効果で乗り揚げている。

　2021年3月23日に乗り揚げて6日間運河を閉鎖したEVER GIVENは、懸命な浚渫作業と曳船の利用によって航行可能となり、曳船に曳航されて運河中部のグレート・ビター湖に移動して、しばらく碇泊を余儀なくされた。

　本船はスエズ運河庁によって差し押さえられ、航海を再開することができなかった。

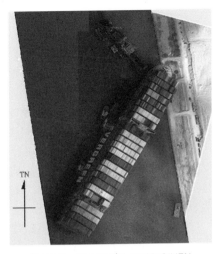

図12-5　乗り揚げたEVER GIVEN（BBC放送から）

　これはエジプトのイスマイリア裁判所が認めたもので、運河庁は船主が900億ドルの損害賠償を支払わない限り船、乗組員ともに解放しないと主張したのである。交渉は難航し、ようやく6月26日（土曜日）に賠償についての合意がなされたものの、合意書の作成ほか諸手続きに手間取り、6月一杯の航海再開は叶わなかった。

　合意された賠償金額は消息筋によると200億円ほどのようである。

　船主は停船によって毎日500万円ほどの損失を

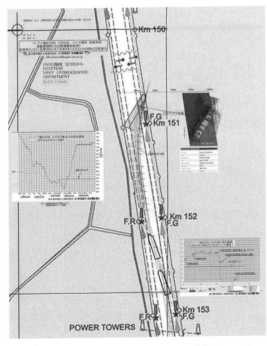

図12-6　運河航路内で蛇航しながら航行しているEVER GIVEN（筆者による）

被ったというから5億円以上の損害を受け、積荷主も莫大な損害を被ったはずである。

　英版水路誌によると、船長は航海や操船によるいかなる種類の損害や事故全てにおいて、直接的でも間接的にでも、昼でも夜でも、単独で責任を負わなければならない。つまり本船を嚮導（きょうどう）していた水先人の過失は問われないということであり、事故の責任は全て船長にあるということである。

　7月に入り、ようやく日本時7日18時過ぎ（以下、日本時）にスエズ運河庁による抑留から解放され、運河北岸のポートサイド向け平均8ノットばかりで北上し、翌8日1時半過ぎに運河通過を終えポートサイド港の北方で錨泊し、船底掃除と損傷有無の検査が行われた。船底のスラスタ室付近には破孔が生じ、同室には浸水していることが分かった。

　日本時7月12日17時半頃、ようやくポートサイドを抜錨（ばつびょう）してロッテルダム向け航行を再開した。途中、3日ばかり漂泊して後、7月23日早朝ジブラルタル港の東方に達した。7月25日早朝にはポルトガルとスペインの国境付近沖合を通過して北上した。当日のオランダ・ロッテルダム港への到着予定は7月29日早朝であった。なんとかオランダ・ロッテルダム港にたどり着いたのである。

《第13話》三大記念艦余話

　世界の「三大記念艦」とは、三笠、ヴィクトリー、コンスティチューション（Constitution）がそれだ。ヴィクトリーのことについては前に書いた。いずれも国難を救った軍艦であり、三笠以外は木造帆船である。

三笠艦

　昭和29年（1954年）、私は横須賀で三笠を見た。艦内を一巡して東郷大将（後の元帥）の司令長官室にも入ったが、驚いたことに艦はダンスホールにも使われていたと聞き仰天したことを覚えている。母校の図書館で「東郷元帥詳伝」（小笠原長生（ながなり）[11]編著）を読んでいたから、読書でのイメージとはあまりに異なる荒廃した三笠に驚いたのである。

　私は、旅とは知識の検証であるというところに限りない楽しみがあると思う。目的地に着いたとき、書物で得た知識のとおりの風物であったなら納得す

---

[11] 小笠原長生：江戸幕府老中・小笠原長行の長男、海軍中将で子爵。東郷の伝記の編者として有名である。

るし、違っていたなら、何故だろうと考え知識欲をくすぐる。初見して驚いた三笠は後者であった。往時の姿に復元されたのは昭和 36 年（1961 年）のことである。

終戦後、連合国が日本を占領していたとき、ロシア帝国の後継国家であるソ連の代表として日本に駐在していたテレビヤ

図 13-1　1905 年 2 月下旬、佐世保で撮影された三笠艦
（小笠原長生編著「東郷元帥詳傳」大正 15 年 忠誠堂から）

ンコ中将は三笠艦の解体処分を要求した。よほど日本海海戦の全敗や日露戦争での敗北が悔しかったのであろう。

露助野郎は敗北を逆恨みしたのだ。この恨みは終戦のどさくさに紛れて択捉、国後等、日本固有の北方領土を強奪し、いまだに返還しないところまで続く。

ロシアという国は帝政時代から伝統的に領土欲が強く、隙あらば他国の領土に侵攻して居座り、挙句の果ては自国の領土に組み入れてしまう国柄だ。

幸い、アメリカ陸軍のウィロビー少将らの尽力で三笠の解体は阻止されたが、艦上の切断可能な金属や甲板に敷き詰められていた高価なチーク材などは日本人の窃盗犯に盗まれてしまったのである。

この現状に激怒したのはアメリカ海軍のチェスター・ニミッツ元帥で、海兵隊員を歩哨に立たせ三笠を守ろうとした。彼は戦前に来日し、東郷と面談したことがあり、東郷を敬愛していたのである。

ところが横須賀港を接収していたアメリカ軍は、自国軍人のための娯楽施設である「キャバレー・トーゴー」を開設した。この惨状をイギリス人ジョン・S・ルービンは英字紙「ジャパンタイムズ」に投稿し、国内外に大きな反響を呼んだ。ニミッツ元帥は自著「ニミッツの太平洋戦争史」の売上の一部を三笠復元のために寄付してくれるなど、次第に三笠の復原保存運動が盛り上がり、戦後 16 年が経過してようやく三笠は復元されたのである。

三笠は敷島型戦艦の四番艦で、イギリスはヴィッカース造船所で建造され、明治 35 年（1902 年）3 月 5 日に竣工した。

排水量 1 万 5040 トン[*12]、全長 132 メートル、幅 23 メートル、吃水 8.3 メートル、速力 18 ノット、航続距離 7000 海里、主砲は 30 センチ砲 4 門、副砲 15 センチ砲 14 門、8 センチ砲 20 門、45 センチ魚雷発射管 4 門、乗員 860 人で、当時としては巨艦であった。

艦名は阿倍仲麻呂（仲麿）の詩[*13] で知られる奈良県三笠山にちなんで命名された。所属は舞鶴鎮守府で、明治 37 年（1904 年）日露の戦いが迫るころ連合艦隊旗艦となり、東郷平八郎大将（後の元帥）が座乗した。

ロシア・バルチック艦隊を殲滅

日露戦争勃発後、ロシア皇帝ニコライ二世はバルト海で太平洋艦隊（第二艦隊、第三艦隊）を編成し、日本海のウラジオストックに向かえと命じた。日本の補給路を断とうとするのが主目的だった。第二艦隊は明治 37 年（1904 年）10 月 15 日バルト海から出撃した。第三艦隊の出撃は翌明治 38 年（1905 年）2 月 15 日のことである。

日本の同盟国であったイギリスは両艦隊のスエズ運河通航を許さなかったので、ロシア艦隊はアフリカ南端の喜望峰回りを余儀なくされた。両艦隊は、ようやく明治 38 年 5 月 9 日、当時フランス領であったインドシナ（現在のベトナム）カムラン湾で合流したのち対馬海峡に向かった。しかし長

図 13-2　ロシア艦隊の旗艦クニャージ・スヴォーロフ
（小笠原長生編著「東郷元帥詳傳」大正15年 忠誠堂から）

期の航海で船底は汚れて速力が低下し、乗員は疲弊して、ろくな射撃訓練もできなかったから、乗員の練度は著しく低下していたのである。

朝鮮半島鎮海湾で満を持して待機中の連合艦隊司令部は五島列島北部の五島白瀬付近で哨戒中の仮装巡洋艦しなの丸（志なの丸、信濃丸）から「敵艦見ゆ」の警報に接し、全艦に対して直ちに抜錨を下令し、敵艦隊邀撃のため対馬東水

[*12] 「ジェーン海軍年鑑」1906 年版では排水量 1 万 5200 トンとある。

[*13] 阿倍仲麻呂の詩：和漢朗詠集、古今集にあり、百人一首七番歌「天の原　ふりさけ見れば春日なる　三笠の山に　出でし月かも」。

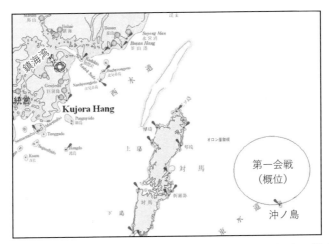

図 13-3　連合艦隊錨泊地（鎮海湾）と第一会戦地・対馬東水道の関係説明（筆者による）

道（沖ノ島付近）に向かった。明治 38 年 5 月 27 日午前 6 時ころのことである。

　東郷は決して後には退かない、気迷いのない勇将（ファイター、Fighter）であった。こんな逸話が残っている。

　ユトランド沖の海戦[*14] の勝敗について議論があった時、技術的にはドイツが勝ち、損害もイギリスの方が多かったから、いずれが勝ったかについて論争があったが、東郷はこういったというのである。「それはイギリスが勝って、ドイツが負けたんだ。ドイツは逃げたではないか。逃げたやつは負けなんだ」。

　「気迷いしない男だ。くどくないんだ」というのは東郷を連合艦隊司令長官に抜擢した当時の海軍大臣山本権兵衛伯爵の東郷に対する評価である。

　若き日の東郷は、なかなかの美男子だ。

　同年 5 月 27 日 13 時 39 分ころ、沖ノ島北西付近の位置で、北東に向かうバルチック艦隊を南西方向に初認した。14 時 05 分、敵艦の旗艦スワロフが 8000 メートルに迫ったころ、東郷は「取舵」を命じた。世にいう「東郷ターン」で、敵前における左大回頭である。

　回頭中は射撃ができず、三笠ほか各艦は被弾したが、回頭を終えた 14 時 10 分ころから我が軍の猛射が始まり、勝敗はおよそ 30 分で決した。これを第一

[*14] ユトランド沖海戦：第一次世界大戦中、1916 年 5 月末にデンマークのユトランド半島沖で起こった海戦で、イギリスとドイツが戦った第一次世界大戦中最大の海戦。

会戦というが、その後の十会戦までは掃討戦で、バルチック艦隊は事実上壊滅した。

図 13-4 は同日 14 時 08 分における彼我の関係である（国立国会図書館デジタルコレクション「明治 37・8 年海戦史第 3 巻」から*15）。

ロシア艦隊の先頭艦はジノヴィー・ロジェストヴェンスキー中将座乗の戦艦クニャージ・スヴォーロフである。

縮尺は示していないが、三笠から見て先頭艦まで 8000 メートルを切っているだろう。「東郷元帥詳伝」では彼我 6400 メートルに迫って「打ち方はじめ」を下令したと書かれている。回頭中、敵弾は三笠をはじめ後続艦も多数被弾したが、致命傷にはならなかった。

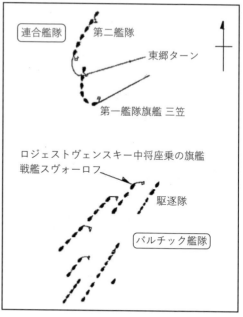

図 13-4　明治 38 年 5 月 27 日 14 時 08 分の彼我艦隊の関係

この幸運からであろう、連合艦隊司令部参謀であった秋山真之中佐は後年「天佑神助により完勝した」と回想している。この勝利には伊集院信管と下瀬火薬が寄与していることを忘れてはなるまい。日本海海戦での日本側の勝利は世界を驚かせ、ロシア皇帝の思惑は頓挫したのである。

南方の沖ノ島にある宗像神社の神官は殷々と鳴り響く射撃音に驚いたという。

近頃この東郷ターンについて、これは丁字戦法ではなく T 字戦法だといい、はたまた丁字でも T 字でもないと、鬼の首でも取ったように姦しい限りである。

だが我が艦隊が左大回頭を行ったのは疑いのない事実であり、その後同航戦

*15 明治 42 年に海軍軍令部編纂の「極秘明治 37・8 年海戦史」（防衛研究所図書館蔵）がもっとも信頼できる日本海海戦史だと云われている。「明治 37・8 年海戦史第 3 巻」は国立国会図書館デジタルコレクションで読むことができる。

となっているのであるから「敵前大左転同航戦」で、「東郷ターン」と呼んでも一向構わないだろう。

英米の書物では、この戦いを Battle of Tsushima（対馬沖海戦）といい、戦術（Naval tactics）の項では "Togo's U-turn（東郷の U ターン）" と書いている。

日本海海戦後から横須賀港に保存されるまでの三笠は何度も災厄に会っている。

明治 38 年 9 月には佐世保で後部火薬庫火災により爆沈し、殉職者 339 人がでた。その後、引き揚げられ修理されたが、大正元年 10 月には前部火薬庫で火災が発生している。大正 10 年にはシベリア沿岸航行中、アスコルド海峡で座礁した。大正 12 年 9 月には横須賀軍港で関東大震災に遭遇し着底している。

三笠保存

「三笠を保存すべし」の声は大正 11 年（1922 年）ころからのようである。

このころ東京朝日新聞は「東郷元帥語る」と題した記事を掲載しているが、そのなかで東郷は「三笠の保存は海軍大臣の腹一つで決まるんじゃ」と語っている。

イギリス人が「名誉あるヴィクトリーを保存せよ」と叫んで、ヴィクトリーはイギリス南部のポーツマス軍港に保存されたが、三笠はワシントン海軍軍縮会議により除籍され解体される運命にあった。

老朽化を理由に佐世保港外に標的艦として海底に葬られる予定だったともいわれる。

しかし、大正時代中ごろから、わが国でもロシア・バルチック艦隊を撃滅して国難を救った連合艦隊旗艦「三笠を保存すべし！」との世論が次第に高まった。

政府は三笠の保存についてイギリス、アメリカ、フランス、イタリアらの諸国と折衝した結果、いずれの国からも条約による廃艦ではなく保存艦とすることに異議なしとの快諾を得、東郷を名誉総裁とする三笠保存会が結成され、保存は閣議決定された。

大正 14 年（1925 年）には保存方法などを決め、横須賀軍港に保存された。

こうして三笠は世界的に有名なヴィクトリー、コンスティチューションに続いて世界三大記念艦の仲間入りをしたのである。

コンスティチューション（Constitution）艦

ヴィクトリーはイギリス海軍の戦列戦艦であるが、コンスティチューションはアメリカの木造 3 本マストのシップ型帆船でフリゲート艦である。

艦名はアメリカ合衆国憲法（United States Constitution）から名付けられた。

ボストンの海軍工廠で製材された弾力性のあるライブ・オーク材（生木）を
2000 本も使って建造され、1797 年に進水し、現在も現役艦である。

船殻の強度を上げるための工夫がなされ、舷側を守るため銅被覆も鋳造さ
れ、当時の標準的なフリゲート艦よりも大きく、武装も重装備であった。

主要目は排水量 2200 トン（改造後値）、乗員 450 人、全長 62 メートル、全幅
13.3 メートル、吃水 4.4 メートル、3 本マスト、最大速力 13 ノット、24 ポン
ド長砲 30 門、32 ポンドのカロネード砲 20 門、4 ポンド船首砲 2 門であった。

世界で最も古い航行可能な大型帆船であるといわれる。

ヴィクトリーは現役艦ではあるものの船渠（ドック）に入っているから動け
ない。コンスティチューションはボストンのチャールズタウン海軍基地 1 号桟
橋に係留されており、時には航海に出ることもあるという。

コンスティチューションの戦歴と保存

米英戦争（別名、第二次アメリカ独立戦争）は 1812 年 6 月から 1815 年 2
月にかけて行われた。

イギリスとその植民地であったカナダ及びイギリスと同盟を結んでいたイン
ディアンの諸部族とアメリカ合衆国との間で行われた戦争である。

この戦争でコンスティチューションは多数のイギリス軍艦を捕獲したり、
遭遇戦で勝利を得たが、少数艦と戦っただけであり、ネルソンのトラファル
ガー海戦や日本海海戦のような大艦隊同士の激突といった大掛かりな会戦はな
かった。

1812 年 8 月 19 日のノバスコシア沖の海戦でイギリスのフリゲート艦ゲリ
エールと接近して戦い、相手艦はフォアマスト、メインマストが折損し航行不
能になっている。

この年の 12 月、イギリスのフリゲートで 32 門艦のジャバとの 3 時間に
及ぶ遭遇戦で相手艦に修理不能なほどの損傷を与え、敵艦は後に焼却処分に
なった。

1830 年に行われたコンスティチューションの船体検査で老朽化が認められ、
これ以上の就役はできないとされ解体されようとしたが、この艦を保存に導い
たのはオリバー・ウェンデル・ホームズ[16] の詩である。

彼は愛国的な詩 Old Ironsides を書き、1830 年 9 月 16 日「Boston Daily

---

[16] Oliver Wendell Holmes sr、アメリカの詩人、作家、医師、教授。

Advertiser」に投稿してコンスティチューションの解体と破棄に反対した。この詩は国民の注目を集め、これによって多数のアメリカ国民はこの艦の保存を熱望したのである。

これを受けたアメリカ議会は再現予算案を可決し、再び就役することができた。

しかし、当時は既に鋼船が大西洋に就航していた時代であり、木造帆船の敵の砲弾に対する脆弱性も明らかになっていたから、1905 年には再び解体の危機に直面した。

しかしアメリカ国民はそれを許さなかったのである。

オールドアイアンサイズ

これはこの艦の綽名（愛称）である。"Old Ironsides" と書く。直訳すると「古い鐵の両舷側」ということになろう。

前に述べたようにノバスコシア沖海戦でイギリスのフリゲート艦ゲリエールとの接近遭遇戦があったが、このとき相手艦の発した砲弾をコンスティチューションの木造の舷側が跳ね返し、自艦にはさしたる損傷はなかった。木造ではあるが鉄の舷側のように強靭であるということから名付けられた綽名で、オリバー・ウェンデル・ホームズの詩の題名から、こう呼ばれるようになったのだろう。

読み方や片仮名書きとしてはオールドアイアンサイズが正しいのだろうが、私は昔から日本語英語のオールドアイアンサイドで通し、複数形で読んだことはない。

一節だけ拙い意訳をお許し願おう*17。

あゝ敵弾でボロボロになったあの旗を降ろそう
戦いの最中にそれは檣頭高くたなびき
空高い青空の中にあって我らを鼓舞した
大空に届かんばかりに見えるあの旗
その基で決死の叫び声をあげて敵と対峙した
大砲の轟音は身体をゆさぶり耳をつんざく
疾風が頬を刺すような戦いの思い出に浸りながら
これ以上の戦は望まず彼女を安住の地に休ませたい

*17 オリバー・ウェンデル・ホームズ・シニア著の原詩から最初の一節を意訳。

《第 14 話》後ろ向きに航行した帆船

　双頭船や円形の船は一見したところ、どちらが船首であるかの判断に迷うが、船主は、どちらが船首尾かをちゃんと決めている。このような特殊な船形は別として、一般の船が、船尾を目的地に向けて長時間後進のまま走るなどというのは余程のことがない限り稀有なことだろう。

　だが、実例がないわけではない。

　世界最大の戦艦、軍艦大和は大東亜戦争末期の昭和 20 年 4 月 6 日（1945 年）、徳山沖から豊後水道経由で沖縄特攻に出撃した。このとき大和に随伴していた第二艦隊第二水雷戦隊第四十一駆逐隊の駆逐艦涼月の例がそれだ。

　大和は翌 7 日 14 時 23 分、九州坊ノ岬沖合でアメリカ戦闘機の雷撃を受けて爆沈してしまった。アメリカの航空機が発した魚雷の初弾を被弾してから僅か 1 時間足らずで爆沈し、3 千余人が戦死した。

　当時、涼月は大和の右舷側を航行し輪形陣を形成していたが、空から襲いかかる多数の敵戦闘機に抗しきれず、駆逐艦浜風は撃沈され、初霜も沈没した。

　涼月も爆撃を受けて前部を損傷し、艦首が大きく沈下したため前進が困難になった。

　大和沈没の後、佐世保への帰投を始めたが、前進全速力 33 ノットのところ、やむなく後進 8 ノットばかりの平均速力で、しかも操舵機が故障していたから人力操舵のまま、およそ一昼夜をかけて佐世保軍港に帰還している。

　帆船の例ではアメリカの帆船ドレッドノート（Dreadnought、勇敢な人、勇猛の意）がそれだ。この船は 1852 年（嘉永 5 年）に建造された 1400 トンのクリッパー・シップで、スマートさを欠いた普通より太めの船であった。

　強風の最中ではロープ、スパー、セイルが破断する寸前まで突っ走ったから、大西洋の「荒くれ帆船」と綽名されたほど嵐に強く頑丈だった反面、軽風時には全く目立たない凡船だった。

　この船は 1862 年 1 月（文久遣欧使節出発のころ）、英国のリバプールからニューヨークへ帰る途中に北大西洋で暴風に遭遇し、巨浪に叩かれて舵をもぎ取られてしまった。3 日間、嵐の中を彷徨いながら仮舵を造り取り付けたが、忽ち波浪で壊されてしまった。

　帆船時代の舵は木造だったから、大波に叩かれて舵を失うことは珍しくなかったようである。仮舵の造り方、操作要領は古くから船長・航海士に知られていた知識で、筆者が運用術を学んだ頃の教科書にもちゃんと図示説明されていた。

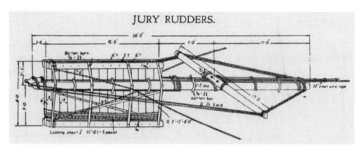

図 14-1　仮舵の例（神戸高等商船学校運用術図鑑から）

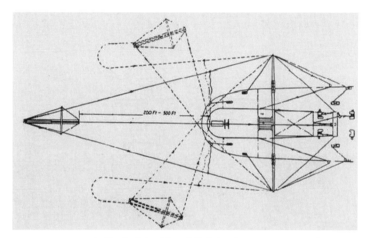

図 14-2　仮舵の操作例（神戸高等商船学校運用術図鑑から）

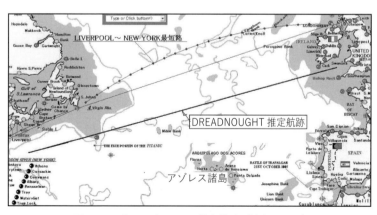

図 14-3　ドレッドノートの推定航跡（筆者による）

荒天の最中、仮舵を造り取り付けるのは命がけで至難の業だったろう。

ドレッドノートでは仮舵の取付け作業中に船長は骨折し、大工長が死んでいる。大工（Carpenter）というのは、現在は廃れてしまった役職名だが、木造帆船時代には船の補修や修理などの重要な作業に欠かせない専門職で、大工助手、船大工班という複数の部下がいた。船の修理に必要な木材を積んでおり、大工は外板材や釘などの取り付け金具、外板の隙間を埋める充填材のマキハダなどを格納している特別な倉庫を持っていた。鋼船の時代になっても、この職名は残った。

筆者が現役の頃は、出入港時には揚錨機を操作し、平素は清水やバラストの管理を任された者であって、甲板長、甲板庫手と共に甲板部三役の1人だったのである。

仮舵が使えない同船は、やむなくジブとフォアマストの全帆、メインマスト上部の帆を畳み、メイン・トップスルと片舷だけ畳んだメインスル及びミズンマストの全帆の裏に風を打たせ、船尾方向へ、最も近いアゾレス諸島を目指したのである。おそらく北寄りの暴風が連吹していたのであろう。

図14-4　逆走するドレッドノート
（杉浦昭典神戸商船大学名誉教授蔵から）

後ろ向きに走ること52時間、平均速力5.4ノットで280海里を走破した頃に風が収まったので、改めて仮舵を取り付け、前向きの帆走に復帰できた。

その6日後、ようやくアゾレス諸島へたどり着いたが、帆船史上類を見ない離れ業として語り草になったという。

《第15話》 小型船の錨

錨（びょう、いかり）を昔、「木猫」と書いた時代があった。これは木と石が組み合わさってできており、猫の爪のように海底を引っかくということから生まれた言葉なのであろう。しかし、錨が外力と呼ばれる、風波や潮流力に抗して船を係止させる力を生じさせるためには、底質が岩盤とか非常に堅い場合は

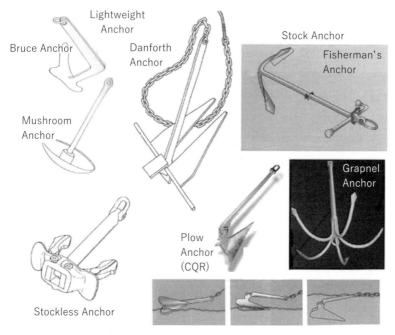

図 15-1 錨の数々（CHAPMAN PILOTING & SEAMANSHIP 66 版、
KNIGHT'S MODERN SEAMANSHIP 18 版から）

別として、爪だけが海底に引っかかったのでは駄目である。錨の一部や全体
が海底に潜り込んで初めて有効な船を支える力が生じるのである。これを
把駐力という。

だから錨地を選択する場合は、錨が海底に潜り込みそうな場所を探すのであ
るが、この便のため海図には底質が記号で示されているのであり、泥や砂のと
ころが好錨地とされるのである。錨はある程度の重さが必要ではあるが小型で
軽くて、錨全体が海底に潜り込みやすく、且つ潜り込んだ錨を更に引っ張った
としても錨の姿勢が安定しているものが理想的な錨である。

特に小さくて軽量というのは小型船の錨の必要条件なのであるが、全ての底
質に有効な錨は望むべくもないから、古来様々な形式の錨が数多く考案されて
きた。

小型船の錨としては、CQR、ダンフォース（Danforth）、ブルース（Bruce）、
フォールディングアンカー（Holding Anchor）、唐人錨などが多用されている
代表的な錨だろう。

　CQR はケンブリッジ大学教授の Geoffrey Taylor 卿が第二次大戦の少し前に考案したもので、安全な（Secure）錨ということから、CQR の略語を与えたものであるというが、アメリカでは、これを The plow（鋤型）と呼ぶ。クルーザーにはこれを装備しているものが多く、筆者の乗艇春一番 II 世号でもバウに 2 個の CQR を備え付けている。

　ダンフォースも第二次大戦前にアメリカ人の R. S. Danforth が考案したもので、軽量錨の代表的なもので、この錨は小型ヨットや遊漁船で多用されているが、総トン数 2000 トン級のアメリカの軍用上陸用船艇（LST、LCT）でも用いられた。ブルースは北海のオイルリグ用に開発されたもので、定置用錨として定評がある。

　唐人錨（日本型）はスコープ（錨索と海底のなす角度）に関係なく、最大把駐力に達した後、その力で安定的に引きずられるようで、この錨が漁船に多用されているのは「むべなるかな」といえるだろう。

　しかし、いずれにしても万能の錨は存在しないのであるから、状況に応じて錨を使い分けるべきで、このために異なる形状や重さの錨を複数装備するのが望ましい。

　事情の許す限り、泥、砂などの錨かきのいい錨地を選ぶべきだ。

　風圧力、潮流力、波力の計算式は知られているから、自船の風圧面積、水線下面積が船に作用する外力を計算し、使用する錨の推定把駐力と比較して、外力がどのくらいまでなら走錨しないかの目安をつけておけば、なんとなく安心できるだろう。

　唐人錨は投げ込んでいい。しかし、ダンフォースは投げ込むと、海中であらぬ方向に飛んで行くことがあるし、錨索が錨に絡んで効かなくなることもあるから、この錨は 2 階から篭に入れた生卵を地上に降ろす要領で投錨するなどの、様々な錨に応じた投錨方法も知る必要がある。

　錨の文字は「金」プラス「猫」の文字の偏を取り去って合成された名詞であるが、猫のように爪を海底に引っ掛けるだけでなく、錨全体またはその一部が海底に潜りこまなければ有効ではないのである。

　風で走るだけがヨットではあるまい。錨 1 つにしても用法や、錨種類、重さ、錨索の径と長さ、どの程度の径や長さのチェーンを組み合わせたらいいかなどを調べたり、Sentinel と呼ばれる錘を錨索に取り付けるなどして実船で試みるのも、限りない海での楽しみの 1 つではなかろうかと思っている。

《第16話》宝島イギリス坂の戦い

鹿児島県十島村宝島

諸書では日本には宝島が4島あるというが、筆者の知る限り日本に宝島と名の付いた島は5島だ。

鹿児島県奄美大島北西のトカラ列島の一島である十島村宝島とその北東の同村小宝島、福岡県博多湾の宝島、宮城県小泉湾の宝島[18]、北海道積丹町宝島である。この内で十島村の宝島が最も大きく、面積約7.1平方キロ、周囲約13.8キロだ。世界中で宝島と名が付く島嶼が5つもあるのは日本だけだろう。

鹿児島県の宝島、小宝島以外は接岸できない無人の小さな孤島だ。わたしはこの島にヨットで出かけたことがあり、前著「舷窓百話」で少し書いている。

この島には金鉱跡があるという。以前は金が産出したのかもしれないが鹿児島県史には記載がない。村の面積として日本一広い十島村の一島で、役場は鹿児島市にある。私が出かけた頃は月二回の便船（十島丸）があっただけで、台風時期に欠航すると1箇月は孤立していた島だった。

海底ケーブルがなく、電話は宝島郵便局から無線で諏訪瀬島に電波を飛ばし、後は海底ケーブルで繋いだ。わたしはこの島から自宅にハガキを送ったが、帰ってからようやく半月が過ぎてからハガキが届いたことを覚えている。小中学校もある。

今では奄美大島名瀬で快速艇をチャーターでき、一時間ほどで宝島前籠漁港に上陸できる。

昭和20年代に、この島にはスコットランド出身の海賊キッドの財宝が眠っていると報道されたことがあり、財宝を隠したという伝説の鍾乳洞も現存している。暇人達が、この島で海賊キッドの宝探しをやっているようだが、残念ながら令和3年までには発見されていないようだ。しかし好き者は後を絶たないだろう。

この島にでかける前には文政年間に起きた鹿児島県史に残る宝島事件を是非知っておいた方がいい。

イギリス坂での戦い

文政7年（1824年）旧暦7月8日（前年、ドイツ人シーボルトが来日して

---

[18] 宮城県本吉郡横山村、小泉湾の宝島は案外に知られていないので座標を示そう。国土地理院の地図には島名の記載がないが、海図にはちゃんと書いている。位置は北緯38度46分23秒、東経141度31分19秒。

いる）のことであった。この日、北方から来島した 200 トンばかりのイギリス
の武装捕鯨船があった。

　前籠漁港の沖合で漂泊し、7 人が乗り組んだ短艇が前籠港番所下の砂浜に接
近して彼ら蛮人達（イギリス人のこと）は上陸した。

　当時の番所役人は、藩から別命で派遣されていた横目・吉村九助貞翁、在番
の横目・中村理兵衛、在番の松元次兵衛、書役の本田助之丞であった。横目と
は目付、監察役で警官役と思えばいい。

　上陸した蛮人に対して在番の松元と横目の中村の両人が身振り手振りで対応
したが、こちらは日本語、相手は英語で会話したので通じる訳がない。どうや
ら放牧している牛が欲しいといっているようなので断った。鎖国法は交易を禁
じていたのである。彼らは、しぶい顔をして異国船に戻った。

　在番所では不安を感じたのであろう。島内各所にある遠見番所[19] に見張り
を厳重にするよう指示したという。異国船は北方に去り、夜に入って見えなく
なった。

　島中、大騒ぎで、女子供は山中に避難させたようである。

　翌 7 月 9 日の夜明けに遠見番所から異国船が再び現れたとの連絡が入った。
午前 11 時ころには前回のように前籠港の沖合で漂泊し、14、5 人が短艇 2 隻
に分乗して、2 回目の上陸をした。

　このときは薩摩藩側役人の先任である吉村九助が在番と共に対応した。

　両者は前回同様に、それぞれ身振り手振りを交えながら母国語で対応したと
ころ、異国船はイギリス船で 70 人乗り組みの船であること、蛮人は鯨の絵を
描き、それを捕る身振りをしたから捕鯨船であることが分かった。

　彼らは蛮人焼酎（ラム酒のことか）、麦の粉餅（パンのことか）、衣服、剃刀、
小刀、鐘（点鐘のことであろうか）、金貨、銀貨を見せて牛との交換を頼んで
きた。

　しかし吉村九助は峻拒したものの、米や野菜はあるかと尋ねてから、里芋、
唐芋、野菜を与えたので、彼らは丁重に礼を申し述べて短艇で立ち去った。

　ところが、2 隻が立ち去って間もなく、今度は別の短艇 3 隻が宝島西方海岸
にある大間泊地に向かったと遠見番所から知らせがあった。しかし、当時は南
東の風で大間への接岸を断念したのであろう、前籠に引き返してきた。

　島民の男達や番所役人が見守るなか、前籠港に漕ぎ入れた短艇の中から、3

---

[19] 日本各所にあった見張所のこと。高いところにあった。場所によると山頂に置かれ、見張
り番が常駐していたところもあった。

丁の鉄砲で、浜で待っていた役人達に打ちかけてきた。

彼らは歓声をあげながら、役人や番所に鉄砲を乱射し、その人数は23人だった。

船着き場から番所は250メートルくらいだが、こちらの武器といえば武士たちの大小刀と火縄銃の4丁くらいで、武器といい人数といい劣勢である。吉村ら役人は番所に避難し様子を窺っていたが、吉村らは協議して接近戦に持ち込み至近の距離から狙撃しようということになった。

そのころ、蛮人の別動隊は銃を乱射しながら原野の牛を追い回していた。

彼らは二面作戦だったようで、番所への攻撃は陽動作戦で、牛の捕獲が主目的だったようである。

牛を撃ち殺し、あるいは右往左往と逃げ回る牛をからめ捕って船着き場の方に3、4人が牛を引きずって行くなど、乱暴狼藉の限りを尽くしたのである。

蛮人達は船着場の方からは始終鉄砲を乱射し、本船からは大砲で撃ちかけてきた。彼ら英人達は、後にイギリス坂と呼ばれるようになった坂を3人が歓声を揚げながら攻め上ってきた。

満を持し伏して待ち構えていた吉村は至近に迫った先頭の英人目がけて火縄銃（4勾銃）を撃ちかけたのである。

底本[20]の記載には「吉村九助、木戸口の坂に出て伏し、銃を発して先頭の者を射殺す」とある。命中弾を胸に受けた英人は「叫ぶ声、牛鳴くの如く」であったという。

先頭が撃たれたことで、ほかの2人は遺体を放置したまま、蜘蛛の子を散らすように船着き場に走り去り、他の蛮人を呼び返し、奪い取った牛3頭をボートに乗せて母船に逃げ帰った[21]。

奪われた牛は生牛2頭、射殺牛1頭の、合計3頭で全て牝牛だった。

敵は6頭を船着き場まで引いて行ったが、慌てたのだろう、3頭だけを短艇に積んで岸を離れて母船に帰ったのである。

船に逃げ帰った彼らは数日、島の周りを巡っていたが再び上陸することはなく、姿を消したという。

底本によると、不可解なことがある。

島側では上陸者数、短艇で逃げ帰った人数を数えていたから、来ると帰るで一人合わないことに気付き、英人の一人が逃げ遅れていたことがわかった。

---

[20] 底本は十島村誌で、同村教育委員会安藤浩輝総務課長から提供を受けた。

[21] 射殺されたのは船長であったとの説もあるが底本に記載がない。

　捜索、聞き込みの結果、この最後の一人は短艇には戻れず、銃を捨てて上道を登り逃げていたことがわかったというが、その後、この男はどうなったのだろう。餓死したか、島内のどこかでロビンソン・クルーソーのような生活を送ったのかもしれない。短編小説の題材になりそうだ。

　射殺された遺体は樽に塩漬けにされ、長崎に送られ埋葬されたようである。

　応戦した場所にはイギリス坂由来の碑が建立されている。

　イギリス坂はその後、漢字を当てて「諳幾利須坂」と書かれるようになった。

　応戦した一人、本田助之丞は、この事件の詳細な記録を残している。

　この事件は、一箇月ほどの後に幕閣にも報告され、翌文政8年（1825年）2月に「異国船打払令」が発布された。

　異国船打払令を現代語に翻文するとこうなる。

　「イギリスに限らず、南蛮・西洋の船は御禁制邪教（キリスト教のこと）の国の船だから、我が国沿岸のどこでも、異国船が近寄ってきたのを見たら、その場にいた者共は、有無をいわせず、打ち払うこと。逃げたなら追跡には及ばない。そのままにしていていい。しかし、強いて上陸するようなことがあれば、絡めとり、または殺害しても構わない」。

　異国船打払令は宝島事件が引金になって幕閣が布告したのである。

　この戦いは日本人が近代戦を初めて経験した銃撃戦だった。

　蛮人どもは日本人を南洋諸島の原住民なみに、大砲や鉄砲で脅したら訳なく服従するだろうと舐めてかかっていたに違いない。そうはいかなかった。

　これを、宝島事件といい、またイギリス坂事件ともいう。

　生麦事件を発端とする鹿児島湾での「薩英戦争」は文久3年（1863年）8月のことで、宝島での出来事から38年後のことである。

諸外国の宝島

　世界各地に宝島と名が付いたホテルやコーヒー店・食堂・焼肉屋が多いが、わたしの知る限り、北米サンフランシスコ湾に宝島（1937年完成）があるだけだ。これは1939年のゴールデンゲート万博のために建造された人工島である。

　海洋冒険小説「宝島（Treasure Island）」はイギリス人ロバート・ルイス・スティーヴンスン（Robert Louis Stevenson）の作である。モデルの島としてイギリスで最も北に位置するUNSTがそれだという説がある。

　彼は自著の挿絵として宝島の絵を描いているが、尤もらしく描かれており、実在の島かと錯覚しそうな絵だ。

《第 17 話》 サンドウィッチ諸島

1660 年のイギリスにおけるチャールズ II 世の王政復古に際し、王の帰国を支援したエドワード・モンタギューは、その功により、ドーバーの北方にあるケント州サンドウィッチ地方の領主となり、伯爵に任ぜられた。サンドウィッチ伯爵家は、代々、イギリス海軍の重鎮(じゅうちん)だった。伯爵家はいまに続いており、2019 年現在の当主は第十一代サンドウィッチ伯爵ジョン・モンダギューである。

その 4 代目のジョン・モンタギューは 1748 年から 1782 年 3 月までの間に 3 度海軍大臣を務め、単なる熟練船員（AB）から累進して海尉や艦長を歴任したジェームズ・クックの有力な支持者としてクックの探検航海を推進させたことでも知られている。

ジェームズ・クックは、レゾリューション号による第三次世界周航で、南から北上して 1777 年 12 月末に見つけた島でクリスマスを過ごしたので、この島をクリスマス島（図 17-1 参照）と名付けている。

ちなみにクリスマス島はインド洋にもある。こちらの島の初見者は不明だ

図 17-1　ハワイ諸島付近（筆者による）

が、1643年のクリスマスにイギリスのロイヤル・メアリー号がこの島に到着したことで名付けられたことは確かなようだ。

更に北上して、彼がハワイ諸島で最初に見たのはオアフ島、ついでカウアイ島、第三の島としてハワイ諸島最西端のニイハウ島を認め、翌1778年1月30日のクックの日記には「5つの島々を、私はサンドウィッチ伯爵を記念してサンドウィッチ諸島と命名した」と書かれている。

クックの探検航海を後援した海軍大臣サンドウィッチ伯爵にちなんだ命名である。

サンドウィッチと名の付いた South Georgia and South Sandwich 諸島が南大西洋にもある。1502年4月にアメリゴ・ヴェスプッチによって初見され、クックは1775年1月17日この周辺を航海して、イギリスの領有を宣言している。

クックが見たハワイ諸島には原住民がいたわけだが、彼らはどこから移住したのだろう。クックは彼らがタヒチや、最近訪れた島々の住民と同じ民族であることを知って驚くと同時に喜んだと書いている。そうすると彼らは南方から来たのだ。

しかし、果たして彼らは南方からの移住民だけだったのだろうか。

手元に資料がないのでうろ覚えだが、遠い昔、日本人がハワイ諸島のどこかに漂着し、そのまま住み着き、原住民との間に子孫を残したという面白い話を読んだことがある。

補陀洛渡海という言葉がある。

補陀洛とは観世音菩薩が住まいする場所のことで、南の極楽浄土あるいは南の補陀洛世界ともいわれていた。足摺岬から食料を積みこみ、船室の出入り口を釘付けにした船内に籠って船出して極楽浄土に向かうとき、見送る人々は「足摺しながら悲しんだ」という故事からこの岬を足摺岬というが、この渡海の風習は紀伊半島にもあった。

これらの人々や漂流漁民がハワイ諸島まで絶対に漂着しなかったとはいえまい。このように想像を巡らすと話として面白かろう。

話は逸れるが、サンドウィッチあるいはサンドイッチ（Sandwich）とはパンなどに肉や野菜、卵などの具を挟んだり、乗せたりする料理のことだが、この由来として、「サンドウィッチ伯爵は徹夜で公衆の賭博台に向かい終始ゲームに興じていたので、時間を惜しみ2枚の焼いたパンに挟んだ少量の牛肉をゲームを続けながら食べた。この新しい食べ物はロンドンで大流行し、発明者の伯爵の名でサンドイッチと呼ばれるようになった」というのは知られた話で定説

といってもいいだろう。

　ところが世の中には、他人の学説、主張や意見に必ず反対したり非難や中傷を繰り返す輩がいる。そしてこんな連中に限って、これを匿名や他人の名前を使う道理に反した違法な「成り済まし投稿」をする者が多い。

　曰く、「1765 年頃の伯爵は要職にあって多忙を極めていたから、徹夜の賭博に割くような時間はなかったはずだ」というものだが、では何故 Sandwich というかについては言及していないし、多忙の根拠も示していない。

　要職にあって多忙を極めたとしても、当時の英国の要人の仕事量はサミュエル・ピープス*22 の日記を読めば明白である。まして忙中閑あり、徹夜の賭博などあっても不思議ではあるまい。

　異を唱えるのは結構だが、もっと調べて実名で堂々とやるべきだ。

　個人情報保護法を隠れ蓑にして、いいたい放題は卑怯者のすることである。インターネット社会の弊害の一つであろう。

《第 18 話》航海暦の利用―星名を知る

　一昔前の航海士必須の技術の一つに、大空を眺めて恒星や惑星を特定することがあった。簡単には図 18-1 のようなものを使い星座から星名を知る。これを索星といった。

　このような図を全天に亘って持っておれば、星座や星名を習熟できる。

　推定位置から手計算で、目的の星がどちらの方向に、どれだけの高さに見えるかの手法や、その逆に、星名不明の星の高度と方位角を測って計算で星名を知る方法も知っていた。夜間に星空を眺めて星座や星名を覚えたものだが、習熟すると、パッと見ただけで常用恒星の星名が分かるようになる。

　今頃はどうだ。GPS 受信機を一瞥しただけで位置が分かる時代だから、計算をしたりして頭を働かせる機会がほとんどあるまい。

　星空を眺めて海のロマンに浸ることなど無縁だろう。大海原での航海当直は無味乾燥な毎日に違いないと憐れむことしきりである。

　PC が利用でき、Star Finder のソフトを使えば、太陽系実視天体や恒星の、ある日時のある場所での高度・方位角を高精度で知ることができるから、索星が容易にできる。

---

*22 サミュエル・ピープス（Samuel Pepys）は 17 世紀に活躍したイギリスの官僚である。一平民からイギリス海軍の最高位までに出世した人物で、イギリス海軍の父とも呼ばれる。詳細な日記を遺している。

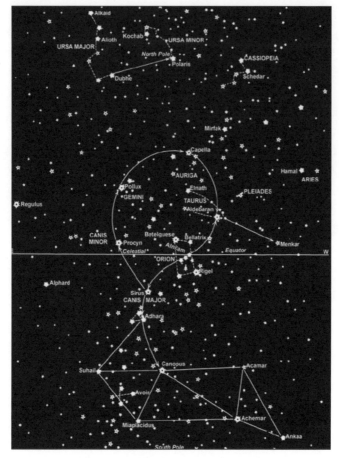

図 18-1　星座図（H.O. Pub. No.9 から）

　では、パソコンで索星のソフトが利用できなければどうするかである。

　図 18-1 の星座図を利用するのも一法だが、別な方法もある。これは、天測暦で簡単に星名を知ることのできる手法だ。

　天測暦の巻末には星図（恒星略図）が掲載されているのでこれを使う。

　図は 2 枚あるから、所在地によって北または南半球用のものを使い分ける。図 18-2 は北半球のもの、楕円で示す曲線は黄道で、その上に毎月 1 日の太陽の位置が示されている。以下、北半球用図で説明しよう。

① 　黄道上に観測日の太陽の位置を目算で求める。例えば 1 月 1 日なら図の矢印の付近である。この点と図の中心（天の北極）を結び、これを延長した線

が外周の赤経で、何時になるかを調べる（図の場合は A 点で 6 時 40 分頃）。

② この時刻に観測世界時（UTC）を加え、さらに所在地の経度相当時を加え、合計時刻（これで所在地のグリニジ恒星時を求めたことになる）に相当する外周目盛りに印を付ける（UTC ＝ 12 時、東経 120 度なら、経度は 8 時間（120 ÷ 15 ＝ 8 時間）であるから、6 時 40 分 + 12 時 + 8 時 ＝ 2 時 40 分のところ。図の M 点）。

（注）合計が 24 時以上になれば 24 を引く。

③ この点と図の中心（天の北極）を結び、その線上に所在地の緯度をとれば（北緯 40 度なら C 点）天頂が決まる。

④ 次に図の中心を北に向けて仰いで見る。仰いで見るのであるから、東西が逆になることに注意する。図では恒星番号 19 の Aldebaran と天頂間の距離は角度（赤緯の目盛りを使って）約 35 度（高度は 55 度）で南東の方向に見えることが分かる。

惑星の場合は、暦の毎日のページから赤経、赤緯を知り、図に記入して、恒星の場合と同じ取扱をすればいい。

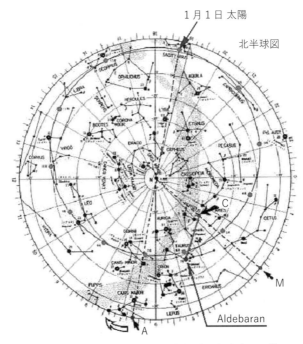

図 18-2　恒星略図（天測暦から、水路図誌複製 海上保安庁承認第 020009 号）

　この図は正距方位図法と呼ばれるもので、時圏は中心から放射状に延び、赤緯の圏は等間隔であって、非常に簡単な図法であるが、歪のため実際とは異なる星座が描かれている。検算してみると、世界時基準平成 4 年 1 月 1 日 UTC 12 時 00 分、北緯 40 度、東経 120 度における Aldebaran の真高度は 56 度 01 分、方位角は 125.3 度であるから、誤差はあるものの、この星図（恒星略図）を使えば索星の目的は達成できることが分かるだろう。

　この方法は、ある日ある時刻の星座を知るのに大変重宝なものだが、いま時の学生曰く「そんな面倒なことをして何の益になる」である。

破軍星と勝負に勝つ秘法

　「勝負に勝つ秘法」というのは民間の暦に出てくる秘法である。

　これは諸葛孔明の編み出した秘術といわれ、北斗七星の破軍星を使う。この星（固有名詞は Benetnasch、FK5 星表 509 番 αUMa、令和 2 年からは別名の Alkaid に表記が変わった）を背にして戦えば必ず勝つというものだ。

　民間の暦では戦いだけでなく、交渉事や、相手と対話するとき自分の意に従わせようとするなら、この秘法を使えと書いている。

　高島易断の令和 4 年高島易断運勢本暦を、同暦を出版している高島易断協同組合の許諾を得て引用してみよう、

　例えば令和 4 年旧暦の 8 月 20 日（太陽暦は 9 月 15 日）の日本時に午前 9 時から 10 時までの間に勝負や交渉事を、あるいは相手にわが意を認めてもらおうとしよう。

　午前 9 時半なら、図 18-3 左では「巳」である。

　次に図 18-3 右を見ると

図 18-3　勝負に勝つ秘法
（高島易断運勢本暦令和 3 年版から）

8 月は「十二目」とあるから、図 18-3 左で時計の針の回る方向に進んだ十二目は「辰」になる。この方向を破軍星の方向とする。

　この方向を背にして相手に対峙すればいい。つまり「戌」（105 度から 135 度）の方向、中点として 120 度の方向に向かえばいいことになる。

　ところで、この破軍星の方向が本当に高島易断の暦のようになるかどうかであるが、位置天文学的に検証してみると当てにはならない。

まず、この星を背にするという意味が分からない。この星は周極星だから、方位角なら話が合わない。日本国中、場所によって見え方が異なるこの星を所在地に関係なく同じと見做している。極点からの方位としても、時角で考えても、高島暦の記述と一致しない。

要するに大法螺ということになるが、却って面白い占いのようなものだ。一度は試されたらいい。わたしは、よくこれをする。自己暗示にかければ効用がある。新約聖書ヨハネの福音書20章29節「信じる者は幸いなり」というではないか。

令和4年の天測暦

天測暦（NAUTICAL ALMANAC）は天体の視位置について角度で0.1分の精度を与える航海暦であり、主として船舶用の天体暦である。太陽、月、実視惑星（水星はない）と45の常用恒星の視位置の他、日月食や主な短波UTC報時のスケジュールも掲載されている。

海上保安庁は昭和19年（1944年）創刊以来78年の長きにわたり航海者に限りない恩恵を与え、遠

新印章

図18-4　最後の天測暦（令和4年）（筆者蔵から）

洋・近海航路の船位決定に不可欠の書誌であった天測暦を令和4年（2022年）版を以って廃版にした。図18-4左は最後の天測暦の表紙である。表紙中央の印章は我が国海図の150年を記念した新印章である。

《第19話》海の怪獣クラーケン

烏賊の漁獲量が多い石川県能登町越坂の漁港海岸には巨大な烏賊のモニュメントが置かれている。長さ13メートルだという。

　これだけ大きいと烏賊というより海の怪物といった方がいい。泳いでいて襲われたら一巻の終わりに違いないが、幸いなことに、このような烏賊は深海に生息しているから襲われる心配はまずないだろうが、この程度の大きさの烏賊、蛸類は珍しくない。

　ダイオウイカ（Giant Squid）は深海で生活する世界最大級の無脊椎生物の一つで、大きなものは 20 メートルに近いのが実際に存在する。

　クラーケン（Kraken）とは北欧に伝わる海の怪物のことである。

　船を襲ったり、船の周辺を遊泳している大きな蛸や烏賊といった頭足類の絵画は多いが、大海蛇、大きなクラゲなどに襲われている絵もある。

　図 19-1 の絵はフランスの船乗りがアフリカのアンゴラ沖で遭遇したという海の怪物の話を基に画家が描いたもので、この絵は 1810 年に発表されている。船を襲っているのは烏賊か蛸の類のように見える。

図 19-1　18 世紀初頭の海の怪物の絵
（THE OXFORD COMPANION TO SHIPS AND SEA、PETER KEMP 1975 年 457P から）

　現代は船体が鋼鉄であり、定速力で航行するから、むざむざ絵のようなことにはなるまいと思うが、小型漁船が操業中であったり、穏やかな日のヨットの類なら、今でもありそうな話である。

　しかし、どう考えても法螺話としか思えない絵話も多い。歌川国芳が描いた「東海道五十三對　桑名」の海坊主と大和型帆船を描いた有名な浮世絵があるが、この手の絵は沢山ある。想像の産物だろう。

　筆者は、鯨以外にこのような大きさの海洋生物に出会ったことはない。

　最近は画像の合成や修正技術が発達しているからご用心。

海岸で原住民が群がっている写真に怪獣らしく見えるものを捏造して配置し、「これは南洋諸島で見つかった怪魚」などといって騙すのが好例だ。

クラーケンは神話上の巨大な海の怪獣で、ノルウェーとスウェーデンの沿岸沖に住んでいると言われている。一つの伝説として、クラーケンは海の底で、寝ている間に巨大なウミケムシを食べながら横たわっているという。海の底の水が地獄の火で温まると、怪物は水面に出てきて死ぬ。もう一つの伝説は、海の表面に上がってきては、まるで島のように横たわって、また海の底に沈むという。クラーケンは、しばしば大きなタコやイカの形で描写される。

クラーケンの存在が信じられていたのは、少なくとも 1555 年まで 遡 ることができるという。

スウェーデンの司教オラウス・マグヌス（Olaus Magnus）が描写したといわれるものには、男たちが海岸にいるクラーケンの表面が砂利のようだったので、島だと思い込んで上に乗り、食料を調理しようと火をつけたという情景が描かれている。

また、1700 年には、デンマークの司祭であるバーソリマス（Bartholimus）が、クラーケンの背中でミサを行ったという話もある。

《第 20 話》燈台守、アイリーン・モア燈台

アイリーン・モア島（Eilean Mor、大きな島の意）はアイリーン群島最大の島である。

1900 年 12 月この島で、いまだに解けない謎の中でも定番とされるミステリーが起こった。

この島には古くから奇怪な伝説があった。「生きる者を寄せ付けない悪霊の島」「侵入者を歓迎しない妖精がいる」というのがそれだ。

この島の付近には暗礁や浅所が多く、長い間、船舶にとって危険な海域であった。

図 20-1　アイリーン・モア島の位置

バット・オブ・ルイス岬（Butt of Lewis）やペントランド湾、スカンジナビアやバルト海の港に向かう船が次々と災難に見舞われたため燈台を設置するこ

とになり、1895 年、アイリーン・モア島に設置された燈台[23] は、北部燈台局によって運営されることになった。荒れ狂う海の中で資材を降ろさなければならなかったため、この地での燈台建設は困難を極め、完成したのは 4 年後の 1899 年のことである。

燈台局からは点燈を始める旨の告示が発せられた。

「次の 12 月 7 日木曜日の夜から、夕方の日没から朝の日の入りが戻るまでの毎晩、アイリーン・モアに建てられた燈台から光が照射されることをここに通知する。光は、まとまって点滅する白い光で、30 分ごとに 2 回の点滅が連続して行われる。標準的なロウソクの約 14 万本分の光が得られる。光は全周に渡って見え、春の満潮時には 330 フィートの高さになり、眼の高さは 15 フィートとして、晴天時には光達距離は 24 海里[24] だが大気の状態によっては光達距離はそれ以下になる」。

1900 年 12 月 15 日の夜、グリーノック港（Port of Greenock）に向かっていた船長ホルマン（Captain Holman）が率いる小型貨物船アーチャー（SS Archer）はアイリーン・モア燈台の光が見えなかったので、そのことを無線のモールス信号[25] で海岸局に報告した。後にこの日時がミステリーの始まりとされるようになる。

同年 12 月 26 日、燈台補給船ヘスペラス号（Hesperus）は、船長ハーヴィー（Captain Harvey）の指揮のもと、燈台の交代要員ジョセフ・ムーア（Joseph Moore）を乗せてアイリーン・モア島に物資を持って到着した。

荒天のため到着が遅れたが、交代要員のムーアは 3 人の燈台守の 1 人と交代して任務に当たる予定だった。ところが、ヘスペラス号が船着場に横付けした時、燈台長ジェームズ・デュカット（James Ducat）、第一助手のトマス・マーシャル（Thomas Marshall）、補佐のドナルド・マッカーサー（Donald McArthur）の 3 人の燈台守[26] は誰も現れなかったのである。

通常の状況では、ジョセフ・ムーアと交代する 1 人が、手紙や食料品などを運び出す手伝いをするために、船着場口で船の到着を待っていて、その後ヘスペラス号に乗り組み、ブレスクレット（Breascleit）海岸基地まで移送されるこ

---

[23] 「灯」の字は灯台表で使われているが、「燈」の字は現在常用漢字であり、本書では「燈」の字を用いた。

[24] 地理学的光達距離なら 25 海里になる。

[25] モールス信号はアメリカの発明家サミュエル・モールスが 1840 年に特許を得ている。

[26] この項では Light keeper を燈台守、Chief keeper を燈台長と訳した。燈台守は俗称で、わが国では公用語として燈台守という表現が使われたことはない。

とになっていた。

　ところが、誰も現れない。交代要員のムーアは、急いで回りくねった階段を上がって燈台まで行ったが、宿舎にも倉庫にも人影はなかった。

　暖炉の灰も冷たかった。不安と心配でムーアは船まで戻り、キャプテン・ハーヴィーにそれを報告したのである。

　燈台係のマクドナルド（Macdonald）は船員レイモント（Lamont）とキャンベル（Campbell）の２人を伴いムーアと共に燈台の回りを捜索した。

　彼らは、主要な建物や外壁をすべてくまなく探し回った。しかし、行方不明になった３人の燈台守を見つけることができなかった。続いて、島の崖や岩、洞窟なども調べたが、やはり異常はなかった。島の東側の船着場も、1990 年12 月６日の最後の補給時と同じように、きっちり整備されていた。しかし、西側の船着場は、補給船ヘスペラス号を遅らせた嵐によって、激しい波の影響を受けていたことがわかった。

　西の船着場の石段の下では、鉄製の手すりがねじれ、クレーン台のそばのロープやジブが外されていた。燈台守たちが持っていた防水服（オイルスキン）とブーツも宿舎には見当たらなかったのである。

　燈台長デュカットの日誌を見ると、最後に日誌が記入されていたのは12 月13 日で、激しい強風が吹いていたという記述と時刻が書かれていた。後に日誌に転記するつもりだったのだろうスレート板にはメモが残されており、1900 年12 月15 日午前９時の気圧と気温が書かれていた。これからみると悲劇が起こったのは、その後なのだ。

　悲劇に見舞われた日は、およそ確定できるが、実際になぜ、どのようにして燈台守が３人とも行方不明になったのか、その原因と経緯は謎のままであった。

　北方燈台委員会は総力をあげて公式な調査を行い、後に調査結果を公表した。それは次のとおりの見解であった。

　「調査による証拠や痕跡から、10 日に亘ってちょうど彼らが行方不明になった日まで荒天が続いたので、船着場が嵐によって損傷されてはいないか、または装備類の安全を確認しようとしたのかの、どちらかの理由で３人は燈台を離れて船着場まで降りて行き、そこで予期しない大波にさらわれ溺れ死んだのではなかろうかと推認する」。

　しかし、多くの燈台守達は、この公式の見解を受け入れなかった。経験ある３人の燈台守が３人とも大雨の中、アイリーン・モアの船着場という危険な場所に、不用意に行ったとは信じ難く、そのような行動は燈台守経験者の常識にも反していたからである。

　世の中というものは面白いもので、このような不可解な事件が起こると、根拠なき噂話や迷信話が必ず創作され、その後伝説になる。燈台守たちを死へと誘ったであろう西の船着場では、しばしば不思議な声が聞こえていたというのもそれだ。

　また、かつてロブスター漁師やトロール船の漁師たちが頻繁にこの地を訪れたが、多くは溺れて死んだ。海が荒れ狂うと、彼らの亡霊たちが、今でも助けを呼んでいるという言い伝えもある。1900年12月15日の夜、3人の燈台守も、この助けを呼ぶ声を聞いて船着場まで行き、アイリーン・モアの岩場の上で死を迎えることになったのではないかという話が伝えられているし、3人は互いに殺し合ったのだという説を唱える者さえいる。

　海の中の幻の声にまつわる迷信は、荒海であるスコットランドの北の島ではよく知られている。

　聖職者のアラン・マクドナルド（1905年没）が著した初期の民話集の中から、そのような声の伝説を紹介しておこう。

　1890年の終わり頃、バラ島（Barra）の南にあるリンゲイ島（Lingay Island）の方向にあるポラッチャラ（Pollacharra）海岸で溺れているかのような人々の叫び声が聞こえていた。あまりにもはっきりとした叫び声だったので、すぐにその方向に向かって進んだ。ボートに乗っていた1人が私に話してくれたところによると、しばらくして泣き声と叫び声が止んだので、ボートに乗っていた人たちは岸に引き返そうと思っていたところ、再び叫び声が聞こえてきたので、急いでボートを引き返して前進した。しばらくすると叫び声が止んだので、彼らは戻ろうと思い、その準備をしていると、またも叫び声が起こったので、彼らは前進して付近の海をくまなく探索したが見つからなかったので諦めて家に帰るしかなかった。乗組員は全員その叫び声をはっきりと聞いたというのだ。

　アイリーン・モア燈台は有人を廃し、現在は無人燈台になっている。

《第21話》海と十二支と羅針盤

　十干十二支というのはもともと暦法であった。このうち十二支は西暦前1400年頃から始まったとされる殷の時代には既に使われていたものだという。十二支の配列はこうだ。

子、丑、寅、卯、辰、巳、午、未、申、酉、戌、亥

　これは、十二ケ月の順序を示すために使われたもので、読みは、丑は「うし」ではなく「ちゅう」であるし、卯は「う」ではなく「ぼう」と読む。

　この配列は暦だけでなく方位にも当てはめて使うが30度毎の名称なので、もっと詳しく十二支、八卦、十干を組み合わせた二十四方位（15度毎）もある（図21-1 参照）。

子	癸	丑	艮	寅	甲	卯	乙	辰	巽	巳	丙	午	丁	未	坤	申	庚	酉	辛	戌	乾	亥	壬	子
北			北東			東			南東			南			南西			西			北西			北

図 21-1　二十四方位

　子は北、午は南とするから、子午線は南北の線ということになる。

　大和型帆船では逆針と称された羅針盤が使用された。現在の羅針盤は方位目盛板に磁針を取り付けたものであるが、逆針では磁針格納箱に方位を書いた。

　方位は図 21-2 のように時計の針の回る方向と反対の方向（左回り）に丑、寅、卯のように方位を刻字するのである。これを船上で用いるときは子と午を結んだ線を船首尾線上または並行に置き、船体に固定する。こうすると磁針の指す方向は船の進んでいる方向になる。つまり東（卯）と西（酉）を逆に書いているから逆針というのだ。

　図 21-3 は船首が北 60 度東を向いているとき磁針の指している方向に子を船首尾線に合わせて羅針盤を固定した状態である。

図 21-2　方位盤（大阪天満宮蔵）

　西洋では 360 度を 32 等分し、11 度 15 分を一点と呼称する。これを更に 4 等分するが、この最小単位は 2 度 48 分 45 秒で、北東微北 4 分の 1 北（30 度 56 分 15 秒）などと呼ぶ。これを点画法という。昔の船は針路を定めるときこれを常用していた。

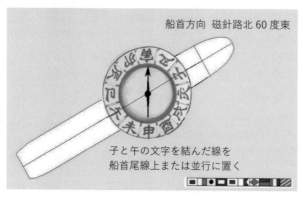

船首方向 磁針路北 60 度東

子と午の文字を結んだ線を
船首尾線上または並行に置く

図 21-3　大和型帆船で用いた羅針盤（逆針という）
方位が東西逆になっているところに注意（筆者による）

　筆者の若いころの船長は点画法を固持していた人が多かったから、全部で
120 もの呼び方を全て覚え、かつそれらの反方位を即座に答えられなければ操
舵手には登用されなかったのである。今の内航船では船長以下誰も点画法を答
えられない。まさに隔世の感がある。

　夜間の操舵は羅針儀をカバーで覆う。内部は照明があったが薄暗い。操舵手
は舵輪の位置から少し離れたコンパスカードを覗き、船首方向を「命じられ
た」針路に合わせて舵をとる。しかし、コンパスカードは薄暗いから、西南西
（WSW）が命ぜられた針路なら、実際は操舵手に近い、見やすい方の目盛、つ
まり、その反対（反方位）の東北東（ENE）を見ながら操舵するのである。

　「北東微東 1/4 東（NE/E1/4）」（約 59 度）といわれたら、反方位は「南西微
西 1/4 西」（約 239 度）を見ながら操舵することになる。

　点画法は、現在は気象用語で使われる北、北北東、北東、東といった主なも
の以外は殆ど死語になっている。針路や方位を表示するためのものとしての点
画法は近い将来完全に廃れ、技術史の中で生き残るだけだろう。現在の海図に
点画法の目盛はない。ただ、クック太平洋探検などの古い時代の航海書などに
は方位や針路が点画法で書かれているものが多いから、全く必要がないとは言
い切れない呼称である。

　話は逸れた。十二支の世界に戻るとしよう。

　この十二支に、鼠、牛、虎、兎、竜、蛇、馬、羊、猿、鶏、犬、猪を当てはめ
たのは、中国の戦国時代（西暦前 480 年から西暦前 247 年）頃のようで、当時
は文盲が圧倒的に多い時代だったから、なんとか衆愚にも字を覚えさせ、し

かも順序を間違えさせないようにと、こんな動物名を勝手に当てはめたというのが通説である。

　ではなぜ、子、丑、寅、卯のような字を使ったかである。図21-4を見て頂こう。

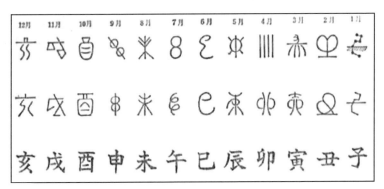

図21-4　十二支の文字の変遷（鈴木敬信著「暦と迷信」恒星社厚生閣から）

　1月は子の月である。数千年前、十二支の考え方が誕生したころには夕方の空では北斗七星が地平線から出かかっていて、地平線にほぼ垂直に近い形に見えていた。このことは古天文学の知識を使うと証明できる。

　私の計算によると図21-5のように見えたはずである。

　この北斗七星の形と地平線を合わせ「子」の文字としたのが甲骨文字で、これから図21-4のように変遷し1月の子の字ができあがったのであって、鼠とは全く関係がないのである。

　旧暦の2月は現在のほぼ3月に当たり、地中から草の若芽が出てくる時機なので、それが文字になった。3月は萌えてきた若芽が地中に根を張っている様子から来ている。

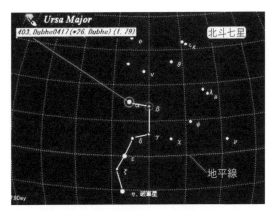

図21-5　北斗七星の配列（筆者による）

　4月の甲骨文字は、単純に棒を4本並べただけのものが図21-4のように卯の字に変化したといわれる。

　以下12月まで、それぞれ根源がある。

　このように、本来の十二支の文字なるものは我々が常用する鼠ではないし、虎や兎にも全く関係がないのである。

　3千年以上に亘って使われてきた十二支と動物の関係は人々の間に、すっかり定着してしまっているから、子は北斗七星の形ではなく鼠であっても一向構わないが、子（鼠）年の生まれはちょろちょろして、すばしこい性格であるなどという御託宣は迷信なのである。

　しかし、それが迷信であるといって目くじらを立てるまでもなかろう。面白いのだから、すんなり納得してしまって実害はない。

　ただし、子を鼠（ねずみ）と呼んではいけない。「ね」である。鼠族横行とはいうが子族横行とは書かないし、牛肉を丑肉とは書かないだろう。

《第22話》2度造り替えられた船首像

　船首像（Figurehead）は自船の安全航海と速やかな航海の成就を願って船首に取り付けられた飾りのことであろう。これは、古今東西の様々な船の彫刻の中でもひときわ異彩を放つものである。

　船首像の起こりは紀元前にさかのぼる。ツタンカーメンの墳墓から発掘された副葬品の石こう製模型船がカイロ博物館にある。

　紀元前1350年頃と推定されるこの模型船の船首と船尾はシリアの野生山羊の首をかたどっている。大英博物館にある紀元前数千年のエジプトの壺に描かれた船の絵からも船首や船尾の形に動物の首を想像できる。

　古代エジプトでは広範囲にわたって神々の壁画をモチーフとして船首像を作った。

　古代ギリシャ、フェニキアでは船を驢馬に見立てていたし、古代ギリシャから中国まで多くの国々では長年の間、船首に目玉が描かれてきた。船を生き物に喩えるなら、前に進むためには眼が必要だからである。現在でも各国の漁船で目玉を見ることができる。

　中世の北の民族は船を蛇や龍に見立てて船首像を造った。

　古代ギリシャ、ローマの戦船の場合は、雄羊や猪、あるいは象などの突進する獣の頭が用いられた。ローマ帝国の時代になると船首側面に人物や胸像が彫られ、時には人物の全体像が19世紀とあまり変わらない方法で彫刻された。

　スカンジナビア地方の船首の彫刻はバイキングのものを踏襲していた。この時代の実際の船首像として西暦800年ころのオーセベリ船（Oseberg）のものが一つ残っているが、この船の船首像の形は蛇である。

　その2世紀余り後のデンマーク船の船首にはライオン、雄牛、イルカや人間などの像が金箔や銅で装飾されていた。

　このように船首像は簡単なものから始まり、時代と共に次第に精緻なものになってゆく。

　後世の船首像はライオンや牛馬、あるいは乙女や妖精などを配置して、航海に幸運をもたらすようにと造られた。

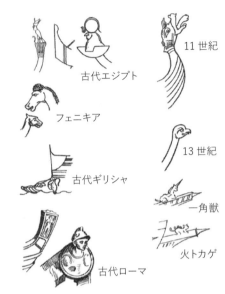

図22-1　古代の船首像
（OLD SHIP FIGURE-HEADS AND STERNS、
L. G. Carr Laughton 著 2001 NewYork から）

　ところで、スコッチウイスキー「カティサーク（Cutty Sark）」をご存じだろう。これは「短いシミーズ」あるいは「妖精の下着」を意味している3本マストのティークリッパーであったシップ型帆船カティサークの船名を借用して酒名にしたのだが、美味いかどうかは好みの問題だ。

　カティサークのそれは豊満な乳房を露出した女性（妖精ナニー）が顔を上げて馬の尻尾に見立てたロープ・ヤーン[27]の束を持ち、水平線の彼方を見つめている。

　指先を前方に伸ばしている船首像も見られ、馬や乗馬の姿を配置しているのも多いが、速く走れという意味なのかもしれない。

　戦列艦（せんれつかん）だといっても戦闘的な感じのする像は少ないようである。

　西欧の船首像では船首方向に向いて俯いた顔をしている像が少なくないが、日本丸、海王丸のそれは俯いているばかりか手を合わせて、いまにも入水する

---

[27] ロープ・ヤーンはロープをさばいて細索に戻したもの。これで雑巾を作ることもある。船首像の妖精ナニーが馬の尻尾を握っているのは故あってのことだが、読者の楽しみに残しておこう。

のではないかと思われ、私は不吉な感じがする。

　百四門一等戦列艦ヴィクトリーは 1759 年 7 月に起工され、1765 年 3 月に進水した。就航は 1778 年だという。

　図 22-2 は同じ船名のヴィクトリーの船首像であるが、この艦はトラファルガー海戦で戦ったネルソンの艦とは別の艦で、1737 年に完成した百門艦の船首像である。

　こちらのヴィクトリーは 1744 年 10 月 4 日、荒天の英仏海峡のフランス側にあるチャンネル諸島付近を航行していたが、同航していた他艦はヴィクトリーを見失った。

　夜間、岩礁に乗り揚げたといわれており、以降乗組員ともども行方不明になった艦で、遭難の模様を描いた想像画が残っている。

　ネルソンのヴィクトリーに先だって建造されたこの艦の船首像は、国章や王冠を配置し、既に完成度の高い見事なものになっている。

図 22-2　Victory の船首像（1737 年）
（OLD SHIP FIGURE-HEADS AND STERNS、
L. G. Carr Laughton 著 2001 NewYork から）

　新造時の彫刻はトラファルガー海戦前の 1801 年から 1803 年にかけて船体が大修理された際、1801 年に 50 ポンドの費用をかけてジョージ・ウイリアムスによって彫られた。新造時のものが腐ってしまったので造り変えられたのである。

　しかし、1814 年から 15 年にかけて再び大改造され、船首像も新たに手を加えられたが、これが今に伝わっているものである。このときの船首像作成費用は 65 ポンドだったという。

　トラファルガー海戦当時と現存する船首像との違いはキューピットの姿勢だけと云われている。初期の船首像では両足でしっかり立っていたキューピットは、現存する船首像では足を組んでおり、寛（くつろ）いでいるように見える。

《第 23 話》ハンモック

　大航海時代の初期には、狭い船内にベッドを設ける余地がなかった。

　大部分の船員はロープや貨物の隙き間で眠るほかはなく、並んでいる大砲の間さえ寝床にした。

　コロンブスが 2 度目の航海でアメリカ熱帯低地の原住民が寝具として植物繊維の丈夫なひもを編んで作り 2 本の樹木または支柱の間にかけて使用するハンモックのことをヨーロッパへ紹介し、またアメリカ大陸にその名をのこしたアメリゴ・ベスプッチも報告したことから、徐々に船内の寝具として利用されだした。

　マゼランの世界周航についての報告書には「彼らはボイオという大きな家屋に住み、アマカという木綿の網の中で眠る」とある。スペイン語のアマカが英語でハンモックになった。またある地方では、寝具として使うほか、人を運ぶ道具にも利用していたという。

　このように、ハンモックはコロンブスによってヨーロッパへ伝わったというのが定説になっているが、11 世紀と 14 世紀のイギリスの写本にハンモックだとはっきり分かる絵のあることから、イギリスでは早くから使われており、ただヨーロッパ大陸まで知られていなかっただけのことだともいう。イギリスの場合はキャンバス製だった。

　コロンブスがバハマで見たものは、hammacs と呼ばれており、スペイン語で hamaco という言葉に変化した。

　イギリスではハンギング・カボン（ベッド）と呼び、ハンモックと称するようになるのは 17 世紀末頃である。

　英国の海事用語は、エリザベス女王統治時代、スペイン語の読みを取り入れることが多かったため、ハンモック（hammock）となったのだろう。

　ハンモックは両端に木の棒を入れて広げて使うとハンモックが丸くならず居心地がいい。しかし、嵩張るし、狭い船内であるから起床したとき素早く畳むことができないから、イギリス海軍ではハンモックの幅が制限され、38 センチ以上広くしてはならなかったし、この支え棒はその都度取り付け、取り外した。図 23-1 の A で、男はこの棒 2 本を右手に持っている。

　ハンモックを広げるための横木を使用しないものもある。

　帆船でハンモックが多用されたのは左右どちらかに大きく傾斜したまま航行するからで、寝床を水平に保つことのできるハンモックが重宝された。それに就眠時以外は畳んで格納できるから狭い船内を有効に活用できたのである。

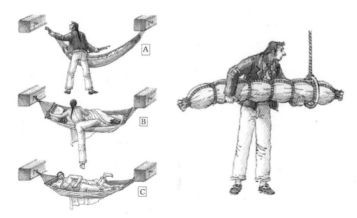

図 23-1　ハンモックの使用法（左）とハンモックの畳み方（右）
（「輪切り図鑑 大帆船」岩波書店 2014 年版から）

ハンモックは図 23-1 左のように使う。

　A　ハンモックを広げて 2 つの梁の間に吊るす。
　B　毛布を敷き、左足で立って右足をふりあげる。
　C　床を蹴って体を捻り、ハンモックに飛び込む。

勢い余って反対側に落ちないよう注意する。
　この動作は、難しそうだが直ぐに慣れる。むしろ起きるときの方が難しい。
　船では起床したらすぐにハンモックを巻いておかなければならなかった。
　図 23-1 右のように、しっかりと巻いているかどうか金輪に通して調べられることがあるので、おざなりに巻くことはできなかったのである。
　また軍艦ではハンモックを弾除けにも使った。これは戦闘時にはハンモックを固く巻いて縛ったものを船橋やその他、兵員の配置される場所に並べて巻き付けて弾除けにしたのである。これはマントレット（mantelet）と呼ばれたが、防弾効果はせいぜい機銃弾までで、大口径の砲弾には効果がない上に着火して火災が発生することもあったから、欧米では第一次大戦以降は使われなくなった。
　しかし往生際の悪い日本海軍はいつまでもこれを弾除けにしていた。
　帝国海軍で使用したハンモックには横棒はなかった。
　帆船時代の提督や艦長は釣りベッドを使った。
　汽船の時代になるとローリング（横揺れ）やピッチング（上下動）はするものの、ハンモックを使う必要はなくなり、固定ベッドが主流になった。

日本海軍では大東亜戦争が昭和 20 年 8 月に終決するまで兵員はハンモック生活であったが、軍艦大和、武蔵は例外で、彼らは三段ベッドが使用できた。

大和の場合、士官候補生は教育上の必要から、むしろハンモックを奨励したという。終戦以降、海上自衛隊の艦船からハンモックは姿を消している。

図 23-2 の上の図はキャンバス製の釣りベッドであるが、これもハンモックと呼ぶ。要するに寝床が床に固定されていないベッドをハンモックと云ってもいいだろう。

図 23-2 の下の絵は樹木のない島に上陸した時のハンモック使用例で、オールを 3 本使っている。

アメリカ海軍の退役海軍中将の Leland P. Lovette はその著書「海軍の慣習・伝統と用法」の中でハンモックにまつわる面白い話を書いている[*28]。

「Show a leg（足を見せろ！）」は呼び出し文句で、婦人が航海に同乗した時代に起源を持っている。自分が「海員の妻」である証拠にパーサーのストッキング[*29] を履いている足を見せる婦人は、早朝の作業の呼 集（こしゅう）に出なくてもよかった。

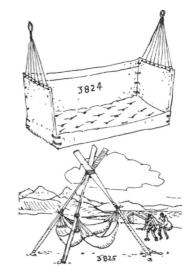

図 23-2　布製ハンモックと野外での利用
(THE ASHLEY BOOK OF KNOTS 1999 年版から)

R. N. Beckett 艦長の話すところによると、昔の早朝呼集では次のように呼びかけをしたという。

「出て来い、出て来い、全員、起きろ、起きろ、起きろ。釣り床を畳め、釣り床をたため、釣り床をたため、足を見せろ、足を見せろ、さもなくばパーサーのストッキングを見せろ。起床、起床。釣り床を片づけろ、釣り床を片づけろ、釣り床を片づけろ、夜が明けた。太陽が、血走った眼を焼き焦がしてしまうぞ（寝ぼけ面をお日様にわらわれるぞ）」。

[*28] Vice ADMIRAL LELAND P. LOVETTE 著 1959 年第 4 版 228 頁から。
[*29] ここでいうストッキングは Puser's Stocking と書く。昔の軍艦で乗組員の衣装箱に納められていたストッキングであって、引っ張れば長く伸びた。

この叫び声は、起こして回る boatswain's mate（水夫次長）や master-at-arms（先任衛兵長）[30] が寝ている船員を起こすために使った号令である。アメリカ海軍では、「Rouse and shine」（起きて靴を磨け）が、「Rise and shine」と変換され使われた。

Show a leg はイギリス海軍で夫人の同乗が許されていた時代に由来するという。

起こして回る叫び声に応じて、つき出された沓下の色合いや脛毛の有無などで釣り床に身を横たえているのが男か女かが一目で分かるから、このように呼びかけたのである。

そうすると兵員の妻たちは多数のハンモックが釣られた区画内で、夫と共にハンモック生活をしていたことになるのだが、夫と同衾する時はどこで、どうやって睦みあっていたのだろうかと気になる話である。

《第 24 話》3 回造り替えられた燈台

エディストーン岩礁（EDDYSTONE ROCKS）は英仏海峡西口、イギリスはコーンウォールのラメ岬（Rame Head）の南南西約 12 海里にある広大なサンゴ礁と岩礁で形成されたもので、地質は 5 億 4 千百万年前以前の古い地質時代のものであるという。

大潮時には海没するから、イギリス海峡に入りイギリス南部海岸に沿う沿岸航路船や、イギリスで最も重要な軍港の 1 つがあるプリマス湾に向かう船乗り達には恐れられていた。

英仏海峡を通過しようとする船は、フランス北海岸やチ

図 24-1　イングランド南西部 Rame 岬の位置

ャンネル諸島に接近して英仏海峡に入るのが常用航路であった。

ここに2年を要して最初の燈台が完成したのは1698年11月（わが国では元禄11年、元禄15年は赤穂浪士討入りの年）のことで、大きな釣りランプの他に60本の蠟燭[*31]が使われ点燈されたという。燈の基部は36本の錬鉄製ボルトで岩礁に固定されていた。

これは世界初の外洋燈台（World's first open ocean lighthouse）である。

アメリカの女流作家メアリー・エレン・チェイスはその著書「燈台物語」で、この燈台は「全ての燈台の中でもっとも有名である」と述べている。

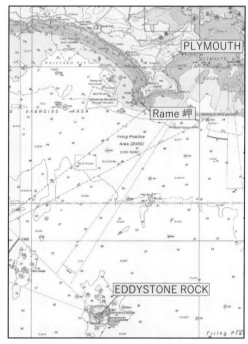

図24-2　エディストーン燈台とプリマス湾の位置関係
（筆者蔵の英版海図1613より）

最初の燈台は木造で上部は八角形であったが、1703年11月27日に起こった激しい嵐で燈台は跡形もなく流され、このとき、たまたま、この燈台を建設した建築家ヘンリー・ウィンスタンリーが燈台にいて、燈台守の5人と共に行方不明になっている。

1709年には2番目が構築されたが、最初のものと同様に木造であるが塔の形は十二角形となった。

1755年12月2日の夜、悲劇が起こった。

失火によって燈台が焼失したのである。光をともす蠟燭の一つから失火したとか、台所のストーブが火元であるなどといわれるが定かではない。

3人の燈台守達はバケツで水を投げかけ懸命に消火に努めたが、またたくまに火は塔の木造部分を焼き尽くし、彼らは岩礁の上に追いやられてしまった。

[*31] 蠟燭の本数は24本であったとの異説もある。

塔は焼け落ちてしまったのである。3人の燈台守達は後に来援したボートで救助されている。

　燈台守の1人ヘンリー・ホールは燈台の頂部屋根から溶け落ちてきた鉛を飲んでおり救助後に亡くなったが、12月4日に行われた遺体の解剖で、彼の胃から鉛の塊が見つかったとの記録が残っている。燈台が焼け落ちたなどという話は稀有なことだろう。木造が悲劇を招いたのである。

　1759年に3番目のものがコンクリートと花崗岩製の円錐形タワーの構造となった。このときの建築技師ジョン・スミートンは水の中で硬化するコンクリート「油圧石灰」を開発している。

　1878年から81年にかけて建設された4番目の燈台も円筒形で構築された塔で現在に至っているが、現在の燈台位置[32] は、前に建設された位置とは異なった岩礁上に建設されている。

　3番目と現在の形が円錐型になったのは、風と波に対する抵抗を少なくするためであり、現在のものは塔の上部にヘリポートがあり、ソーラー（太陽光発電）によって給電点燈されている。

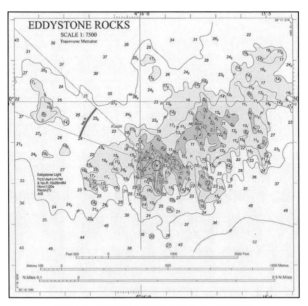

図24-3　英版海図1613分図から（筆者蔵）

---

[32] 現在のものは北緯50度10分48秒、西経4度15分54秒にある。

　現在の塔は高さ 49 メートル、10 秒毎に白色 2 閃光を発し、光達距離は 17 海里で、霧中時には 30 秒毎にフォグホーン*33 が 1 回鳴り響く。レーコン、AIS もある。

　燈台は付近の陸上信号ステーションにより遠隔操作で管理されている。

《第 25 話》船と時計―時辰儀の話

　昔こんな諺があった。「航海者は常に彼らの緯度を知るも、いまだ経度を知らず」。天文航海学を学んだ者なら誰でも知っているが、二点間の経度の差を求めるということは、両地の時刻の差を求めることに帰する。

　緯度は天体の子午線正中時（真南または真北に見えるとき）の高度を観測する。南面なら、このときは高度が最大になるから、六分儀で天体を見つめていると、その高度がだんだんと高くなってゆき、そのうちに逆に低くなってゆく。このことは、棒を地面に垂直に立てた日時計の影の動き（影の長さ）を想像してもらえば分かるだろう。影が一番短くなるのは視正午で、このときが最大高度である。緯度は、最大高度になった時の高度と天体の赤緯から簡単な加減算で求めることができる。つまり時計が無くても天体暦さえあれば最大高度を観測すればいいだけのことだ。

　だから高度を精密に観測できる測角機器、例えば四分儀、八分儀、そして六分儀などがあれば、最大高度を観測するだけで昔から緯度は特定できた。

　北極星の観測を晴天の早暁、薄暮に行うと、1 度以内の誤差が生じるものの時計がなくてもおおよその緯度を推定できるし、日出没時に推定緯度を使えば簡単に経度を推定することもできる。勿論誤差はある。北斗七星と北極星の見掛けの関係から、更に正確な緯度決定する手法もある。

　このように、15 世紀半ばから始まった大航海時代の初めの頃でも緯度だけは信用できたので、各地の緯度は古くから知られていた。

　だから緯度が知られている地に向かうときは、まず目的地と同じ緯度まで北上または南下する。そして目的地と同緯度に達したなら東航または西航して目的地に向かう航海が行われた。江戸初期に支倉常長が遣欧使節としてスペイン、ローマに赴いた時の太平洋横断でスペイン領のアカプルコに向かった航海も、これに近い航法を採ったのではなかろうか。ところが経度の決定はそうは

---

*33 フォグホーンは霧中号角のことで、昔は手動のフイゴのようなものだったが、現在は機械式である。霧笛、フォグベルということもある。わが国では平成 22 年 3 月末をもって全ての霧信号所（音波標識）は廃止されたが、宮城県気仙沼市大島では漁協が代替機を設置している。

いかない。

地磁気の偏差で位置の経度を知ろうとする試みもあった。

月と他の天体との合、木星の衛星食の利用、月と他の天体との角距離を測定する月距法など、さまざまな経度決定法が考案されたが、特に月距法は月の運動理論の改良と恒星の精密な位置決定を促した。

グリニジ天文台は 1675 年の設立であるが、設立の国王特許状には「各地の経度を求める航海術を完璧なものにするように」と記されている。

しかし月距法は同時に 2 天体の高度と角距離を測定しなければならず、原則として観測者 3 人、計算時間は熟練者でも数時間を要し、約束事の多い極めて面倒なもので、しかも精度が良くない。

咸臨丸が太平洋を横断するとき、実質的な航海長であった小野友五郎はこれを学んでいたから、出航地の浦賀で月距法による観測をしている。このとき、これを見た同乗者の米人船長ブルックは日記に「驚いた」と書き残している。

東郷平八郎元帥も英国留学中これを学んでおり、このときのノートも現存している。

図 25-1　旧グリニジ子午線を跨ぐ杉浦昭典先生（昭和 50 年、47 歳）

時辰経度法（Long by Chronometer）という経度決定法もあった。これは緯度とグリニジ時刻が分かれば経度を推定できる算法だが、推定緯度が異なれば異なった経度値になるし、時計が正確でなければならない。

子午線を挟んで天体が等高度に見えるとき、天体を 2 度観測して経度を求める方法も利用された。

1707 年のことである。英国艦隊はジブラルタルから英国への帰途の途中 12 日間の曇天で天測ができず、各艦の航海長が推算した位置の平均で艦隊を進めていたところ、霧中の暗夜、英仏海峡西口シリー諸島付近に乗り揚げ、二千人の乗組員と 4 隻の艦が失われた。英国海難史に特筆されている海難である。この年は我が国の宝永 4 年にあたり、宝永地震と富士山の噴火があった年である。

この事件を契機に英国海軍士官らは議会に陳情し、1714 年に経度問題を

解決した者に対する賞金の支払いについて審査する経度委員会（Board of Longitude）が設立されたのである。

議会が可決した賞金条例は西インド諸島の往復航海において、

経度誤差 30 分以内　　20,000 ポンド
40 分以内　　15,000 ポンド
1 度以内　　10,000 ポンド

というものであった。この条件を満たす航海暦は 1767 年にグリニジ天文台長が完成させている。

時計の方は、ジョン・ハリソン（John Harrison）が応募した。

彼は、ヨークシャー（Yorkshire）生まれで大工の子であった。20 歳のとき木造の時計を造っている。

天性の時計職人であった彼は第 1 号の時計を 1735 年に完成させた。これは真鍮の骨組みに木材の歯車を付けたゼンマイ式だった。しかし精度は今一で賞金条例を満たさなかった。賞金獲得までには長い年月を要している。

1 号機完成の 26 年後、1761 年にようやく第 4 号機が完成した。

更に 3 年後、第 4 号の試験航海には彼の息子ウイリアム（William）が 4 号機を携えて乗船し、バルバドスまでの往復 4 ケ月という長い航海で誤差わずか 54 秒、経度換算 13.5 分の成果を得た。

その後さらに改良を加え 1764 年には第 5 号機を完成させ、バルバドスへの 5 ケ月に及ぶ航海で誤差 15 秒という見事な結果を得たのである。

この値は完全に委員会の要求を満たしていたが、賞金全額を受け取ったのは更に 9 年後のことで、ハリソンは 80 歳になっていた。

当時、グリニジ天文台初代台長の年俸が 100 ポンド、1675 年に国王チャールズ二世が制限した同天文台建設費は 500 ポンドであったという。天文台長の年俸を邦貨に換算して 1500 万円と推定したとしても賞金 2 万ポンドは 30 億円に相当するから、いかに莫大な賞金であったかが分かる[34]。

アメリカの航海書（American Practical Navigator Pub. No.9、2014 年版）はこう書いている。「……この賞金は今日でもかなりなものだし、18 世紀には一

---

[34] 1 ポンドの邦貨換算は当時のグリニジ天文台長の年俸が 100 ポンドだったというから、同じ日本国立天文台長の年俸を 1500 万円とし、これが 100 ポンドに相当すると考え、1 ポンドは現在の邦貨で 15 万円とした。乱暴な考え方かもしれないが、本書では全て 1 ポンド 15 万円としている。天文台長の年俸については、American Practical Navigator H.O. Pub. No.9、12 頁の記載、「appointed Flamsteed the first Astronomer Royal, at an annual salary of £100」によった。

財産だった」。

キャプテン・クックは、第2回太平洋探検（1772年7月から1775年7月）の航海でクロノメーターの実験を行っている。

彼の船レゾルーションには、ラーカム・ケンドール製1台とジョン・アーノルド製の1台の、それぞれハリソンの時計を模倣して作成されたクロノメーターが積み込まれ、同乗した2人の天文学者に管理を委ねている。

1772年12月17日、喜望峰の南方で、月距法によって決定された経度は西経23度43分で、これらの時計によって求められた経度は23度28分であった。両者の経度差は15分で、実距離換算で8.6海里の差があったが、今になっては、どちらが正しいかは判断できない。

筆者が若いころのクロノメーター（時辰儀）*35 は手巻き式のもので、商船学校の航海計器の授業では、その構造、特徴、巻き方、始動方法、時辰儀日誌の記入方法、狂っていても絶対に針を触ってならないなどの時辰儀管理を学んだものだった。

当時は世界時のことをGMT（グリニジ平均太陽時）、あるいは単に世界時（UT）と称した。

私が船長になった1955年ころからは水晶時計が普及し、現在は航海計器の授業から時辰儀管理の科目は姿を消している。

〔補足説明〕うるう秒

地球の自転速度は厳密には一定ではない。従って世界時は一様の流れではない。そこで日常生活では、精密な歩度を刻む時刻系である国際原子時に整数秒だけ加減した協定世界時（Coordinated Universal Time、略記 UTC）が報時信号として世界各地から標準電波によって発射されている。

歩度一定のUTCは歩度が一定でないUTと異なる時刻を示すようになるが、その差が±0.9秒を超えないように「うるう秒」を適宜挿入または削除して調整されている。「うるう秒」は世界時12月31日または6月30日、ときには3月または9月の最後の秒にも、必要に応じて追加または削除される。

天測暦で用いる時刻系は世界時UTであるが、天測では報時信号のUTCをUと見做して差支えない。

---

*35 クロノメーター（Chronometer）は、わが国では時辰儀（一般商船での呼称）あるいは経線儀（帝国海軍での呼称）と呼ばれる精密な時計のことである。時辰は十二支（十二時辰）と関係があり、1日中の時刻を知ることのできるというのが語源のようである。「儀」の字は天体観測に利用できる機器で使う。六分儀がそれで、磁気コンパスも天体の方位を観測するから磁気羅針儀のように「儀」の文字を使うのである。

《第 26 話》報時球

　小さなボールを都市の広場の塔などの目に付く場所に掲げて、それを落下させて時刻を知らせることは古代ギリシャでも行われたようである。

　昔、大阪築港のビルの屋上に黒い球がぶら下がっていた。これは報時球（Time ball）といって、ラジオや無線で時刻を知ることができなかった時代に、船舶に正確な時刻を知らせるためのものだった。大阪と神戸の報時球は、その残骸を練習船から見た記憶がある。

　船が大洋を航行するとき、船位を知るには正確な時計が必要で、時計に狂いがあると経度の決定に大きな誤差が生じる。だから洋上における位置決定の精度は時計の精度如何によって決まり、時計の発達を促した。精密な時計が造られる前から、時刻を知ることによって経度を算出できることは解っていたが、理論を満足させる時計がなかったのである。

　1760 年代になると船上で使う時計は経度算出に問題のない程度の完成度になった。クロノメーター（時辰儀）である。

　この構造上の特徴は、螺子を巻いている間にも時計が止まらない装置、温度変化に対する補正装置、ぜんまいが緩んでも時計の回転力が一定である装置を内蔵し、かつ船が動揺しても時計が常に水平を保つ装置によって支えられているものである。

　有名なジョン・ハリソンの第 1 号クロノメーター（時辰儀）はロンドン国立海事博物館で見ることができる。

　この時計がさらに改良されて、経度がたやすく且つ正確に算出されるようになったものの、いくら正確とはいっても、当然狂いが生じる。

　このように当時の時計は必ず狂いを生じたから、船では複数の時計を積み込んでいた。どれが正しいか分からないから、長い航海では世界時を示す複数のクロノメーターの平均値を時刻とし、港に入るとその地の正確な時計と照合した。

　時計は必ず毎日決まった時刻にゼンマイを一杯に巻き、各時計の相対誤差を時辰儀日誌に記録する。これは航海士、通常は航海計器の保守管理を担当する二等航海士の仕事であった。

　時計の止まることを "Run down" というが、ねじを巻くのを忘れて時計を止めでもしたら航海士として失格とされたものだ。一旦止まってしまった時計の再起動方法も知っておかなければならなかった。

　ここでは昔、船で使用していた船舶時間について説明しておこう。

　航行中には必ず正午に太陽を観測した。このとき太陽は最大高度になる。この視正午をその日の始まりとし、翌日の視正午までが1日になる。例えば「6月10日」とは6月9日の正午から翌10日の正午までを言っていた。

　そして入航すると1日が零時から始まる陸上時間を使い、出航すると再び「船舶時間」に戻るという煩雑な時刻管理をしていたのである。これは1877年（明治10年）ころまで行われたようである。

　その後は、船内時計が正午を指すとき、その前の3分（ときには6分）以内に太陽が正中するようにするための船内時刻改正量を計算し、船内の時計を進めたり遅らせた。

　船には基準時計であるクロノメーターの他に船橋、機関室、公室、私室に時計があったから、毎日、計算で求めたその日の船内時に合わせたデッキウオッチ（甲板時計、Deck watch）という携帯時計を三等航海士が持ち、各所を回って時計を進めたり遅らせていたものである。

　ところが現在は、こんな煩雑な時刻管理についての知識もなし、知っていたとしても面倒だといって現在地が属する時刻帯の時刻をそのまま使っているのが実情のようである。

　港での時計の照合は、海軍の標準時計を港から港へ運んで行っていたこともあり、アメリカでは南北戦争のころになると主要港では電信による信号が伝えられ、黒球の「報時球」を落下させ時刻を港内の船舶に知らせるようになったのである。

　報時球は1829年、イギリスのポーツマス軍港に設置されたのが嚆矢だという。

　報時球による時計の合わせ方はこうだ。

　例えば12時丁度に鉄塔に吊り上げられている球が落下するものとする。正午5分前ころから港内在泊船の航海士は双眼鏡で、この球に注目する。そして球が落ちる瞬時に呼子笛を吹き、時計を見つめている者に知らせ、時計の誤差を記録するのである。

　落下は港（場所）によって異なり、落下させる5分前に塔の頂部に球が引き揚げられ、12時丁度（日本、アメリカ）または13時丁度（イギリス）に落下させた。この落下の瞬時が時刻である。

　こうして時計の誤差を知るのであるが、誤差があるからといっても針は動かさない。時辰儀日誌に誤差量だけを記録するのである。こうすれば、日々の誤差（日差という）も分かるし、不必要な力が時計に加わらないからである。

　その後、1909年ころになって初めて無線電信による時報が送られるように

なり、最初の信号はアメリカ、ニュジャージーにあった海軍基地から送信されたが、出力が弱く僅か50海里の範囲でしか利用できなかった。

　明治42年（1909年）ころになると無線による時報の利用できる範囲が倍増し、続いて先進国が時報の送信を始め、現在に至っている。

　洋上での時計の照合は短波にのせた標準電波を聞いて行い、わが国の標準電波（JJY）も短波を用いていたが、今世紀に入って長波で送信されるようになった。これは独立行政法人情報通信研究機構日本標準時グループの所管で福島県「おおたかどや山」標準電波送信所（北緯37度22分、東経140度51分）から40キロヘルツの電波が送信されている。利用範囲は図26-1のとおりである。

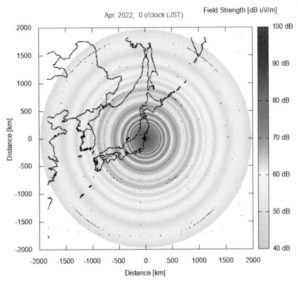

図26-1　福島県からの標準電波送信
（情報通信研究機構日本標準時グループHPより）

　佐賀県からは、「はがね山」標準電波送信所から長波帯標準電波（60キロヘルツ）が送信されている。

　市販の電波時計は1日1回から数回、この標準電波を受信する仕組みになっている。

　わが国では、短波から長波に変わり、有効利用範囲が狭められたが、アメリカ（識別符号WWW）などからは短波による標準電波が送信されており、太平

洋洋上でも時計の照合に不都合はない。

　僅か半世紀前までの航海士は、クロノメーターの構造、取扱の知識が必須であった。今では、それが安価で誰でも入手でき、腕時計でさえ時計の誤差を気にする必要はなくなり、航海士に求められる知識も変わってきている。

　日本における報時球は、まず横浜と神戸にできて、明治36年（1903年）3月2日正午から、東京天文台からの電気信号によって「報時球」を落下させるようになった。横浜は黒色の球、神戸のそれは中空の赤の球であった。

　門司に報時球ができたのは5年後の明治41年のことである。大阪、呉、長崎、佐世保にもあった。

《第 27 話》なぜ 2 海里以下が狭水道なのか

　海上衝突予防法第9条では「狭い水道又は航路筋（以下「狭い水道等」という。）をこれに沿って航行する船舶は、安全であり、かつ、実行に適する限り、狭い水道等の右側端に寄って航行しなければならない」とある。

　しかし、予防法には、それがどのくらいの幅員であれば狭い水道等とするのかについての数値表現がない。定義がなければ、ここを通過する2隻の船舶が、一方は狭いと考え、他方は狭くないと考えたら、忽ち両船の行動に齟齬を来たし、衝突の誘因になるだろう。

　このことから、各国は判例によって狭い水道の場所や幅員を示すようになった。

　高等海難審判庁は大正4年、幅員1.8海里の瀬戸内海男木島水道において発生した総トン数6607トンのイギリス船ハイソンと、総トン数6007トンのフランス船コールデイヤの衝突事件で、この水道を狭い水道と認定した。これ以降、この幅員とほぼ等しいか、それ以下の場所を狭い水道とするようになったのである。

　大正6年には、男木島水道とほぼ同じ幅員の瀬戸内海燧灘の高井神島、魚島間において総トン数1608トンの障州丸と、イギリス船との衝突事件の審判で、ここも狭い水道と判示した。

　また、明石海峡も幅員およそ2海里で狭い水道とされている。

　釣島水道には予防法第9条の適用がないとの先例裁決がある。

　しかし、第6管区海上保安本部では幾春丸事件発生後の昭和52年11月1日、海上衝突予防法第9条第1項に定める右側端航行を励行するための具体的基準として、釣島水道をこれに沿って航行する船舶は、推薦航路線から150

メートル以上離れた右側を航行するよう勧告し、同 54 年 2 月 26 日に同水道に水路中央燈浮標を設置したから、この水道も右側通航をしなければならないようになっている。

　以上のように幅員が 2 海里以下なら狭い水道等として右側航行が義務付けられる。

　この数値の淵源は 1883 年（明治 16 年）イタリアのメッシーナ海峡（Messina）で発生した汽船 Alsace-Lorraine と汽船 Rhondda との衝突事故でイギリス枢密院法務部が示した判例である。

　メッシーナ海峡はシチリア島の東端とイタリアのカラブリア州の西端の間の狭い水道で、海難の多発区域で激流域である。我が国の鳴門海峡、アメリカのセイモア海峡と並んで世界三大渦流の発生海域といわれているところだ。海峡名はシチリア島側の港町名から来ている。

図 27-1　地中海、メッシーナ海峡、イタリアのナポリの位置関係

　DAVID WRIGHT SMITH が 1910 年にスコットランド、グラスゴーで公刊した海上衝突予防規則（THE LAW RELATING RULE OF THE ROAD AT SEA）の解説書には第 25 条（ARTICLE 25）について解説がある（同書 220、221 頁）。

第 25 条[36]

　狭水路では、すべての汽船は、安全かつ実行可能な場合、当該船舶の右舷側にあるフェアウェイまたは中間水路の右側に沿って航行しなければならない。

　1883 年、メッシーナ海峡で発生したアルザス・ロレーヌ（Alsace-Lorraine）

---

[36] これは旧海上衝突予防法の規定で、現行法の第 9 条第 1 項に相当する。

号対ロンダ（Rhondda）号の事件では、ここを狭水路とみなすかどうかという問題について論議が交わされた。

反対意見では、ここは約2海里もの幅があるのだから、この海峡を狭水路とみなすことはできないと主張された。

何隻もの船が通過したり交差したりする余地のあるこの海峡を、狭水路として第25条を適用すべきではない。つまり意見が分かれたのであった。

いいかえると、この条文は、船舶が相互に行き来するとき、互いに右側を航行しなければ安全に航過ができないほどの狭い水路に限って適用される規定だから、幅2海里もある水路は十分に広く、狭いとは云えないという主張である。

しかし、このような意見があったものの、第一審の裁判所はメッシーナ海峡は紛れもなく条文の意味での狭水路に見做されると判断した。

その判決は枢密院の司法委員会によって上訴されて支持された。

「この事件で考慮すべき第1の問題は、メッシーナ海峡において、ここを通過する船舶に右舷側航行を行う義務が生じるかどうかということである。裁判所は、メッシーナ海峡は1880年3月18日にイギリスの枢密院で承認された海上衝突予防法第21条（現在では9条）が意味する狭水路であるとの見解を持っている。この海峡は右側を航行しなければならない場所であるということだ。アルザス・ロレーヌ号側は、自分たちに非がないことを証明するために、自船がカラブリア海岸（進航方向の右岸イタリア半島側）に沿って航行する必要がなかったことを証明しなければならなかったが立証できなかった。北上していたアルザス・ロレーヌ号は第21条に違反しており、その違反行為がなければ事故は起こらなかったということになる。アルザス・ロレーヌ号側は相手船ロンダ号側の不法行為を立証することもできなかった。この判例を考慮すると、これより幅員が少ない水路は狭水路になる。裁判所は、この海峡より狭い他の水路にもこの条文が適用されるという前提で多くの事件を処理している」。

わが国では、汽船アルザス・ロレーヌ号対ロンダ号の衝突が起こったメッシーナ海峡の幅員約2海里を狭い水道の幅員の基準とし現在に至っている。イギリスの判例を孫引きし、それに倣ったのだ。

《第28話》セントヘレナの秋に哭く

大西洋に浮かぶ絶海の孤島セントヘレナは小さな死火山島で、700万年前の火山活動で大西洋中央海嶺上にできた島であるという。最高峰はダイアナ山で標高813メートルであるから、理屈の上からの話だが、こちらの眼高が5メー

トルなら 64 海里の彼方に
山頂を望むことができる
だろう。この距離は神戸
からなら三重県尾鷲港あ
るいは徳島県日和佐港ま
での距離に相当する。

面積は 122 平方キロほ
どだから、大島商船高等
専門学校がある山口県周
防大島町の屋代島より少
し小さいと思えばいい。

図 28-1　セントヘレナの位置（筆者による）

時刻は世界時を使っている。つまり日本時から 9 時間を引く。

この島を欧米人が初見したのは 1502 年 5 月 21 日（文亀 2 年）、ポルトガル
の航海者ジョアン・ダ・ノーヴァである。初見の当日は古代ローマ帝国のコン
スタンティヌス一世の母でありキリスト教の聖女とされている聖ヘレナの誕生
日だったのでセントヘレナと名付けたのである。

現在は空港もあり、ナポレオンがこの地に幽閉されたこともあって日本から
の観光客も多い。百万円もあれば 10 日ほど滞在して楽しめるようである。

ここは付近の島を含めイギリス領土で、首都はセントヘレナ島のジェームズ
タウンにある。スエズ運河が完成するまでは欧州からインド洋への往復航海に
給水したり、汽船の時代に入っても石炭補給のために寄港するなど、船舶の補
給基地で交通の要衝であった。

1582 年（天正 10 年）、九州の大友宗麟らキリシタン大名の名代として同年
2 月 20 日に長崎を発しヨーロッパに向かった天正遣欧少年使節はインドのゴ
ア（当時はポルトガルの植民地）を経由している。そうすると、ゴアとリスボ
ン間の航海でセントヘレナを訪れたに違いない。この航海は歴史家が認めるも
ので、このとき初めて日本人がセントヘレナ島を見たといっていいだろう。

これより後、支倉常長を遣欧正史とする慶長遣欧使節の一行は 1613 年 10 月
28 日（慶長 18 年）、宮城県石巻市月浦を日本で最初に建造されたというスペ
インのガレオン船サン・ファン・バウティスタに乗船し、太平洋回りでメキシ
コのベラクルスに到着した。その後は陸路で大西洋岸に至り、再び海路でスペ
インに向かった。帰路も同様に太平洋回りだったから、往復航ともセントヘレ
ナには寄港していない。

　江戸末期になると、文久2年（1862年）11月2日、幕府がオランダに発注した開陽丸受け取りのためオランダ帆船に搭乗して長崎を発しオランダに向かった榎本武揚[37]ら14人の一行があった。

　彼らは南シナ海からスンダ海峡を経てインド洋に入り喜望峰を通過、1863年3月26日にセントヘレナのジェームズタウン港に入り3日間停泊した。

　長崎を発してからセントヘレナまで145日ばかりを要しているが、長崎からセントヘレナ間は9615海里ほどであるから、10ノットでの無寄港の直航路なら40日で到着する。このとき榎本と同行した1人に赤松大三郎[38]がいた。

　榎本は日記にこう書いている。

　「到着した一同はストアス・ホテルに泊まり翌日にオランダ人1人と馬車2輌を雇ってナポレオン一世の居住していたロングウッドに赴いた。途中、われわれ一行の異様な服装に島民は非常に驚き見物の男女子供が殺到して、しきりになにか叫ぶので実に喧騒を極めた。かつては全欧の天地を征服せる稀世の英雄の住居や墓地を弔って万感の情を禁じ得ず、直ちに一詩を誦して感慨を述べた」。

　島民は一行の和服姿に仰天したのだろう。榎本が誦した詩の冒頭2行はこうだ。

長林烟雨鎖孤栖

末路英雄意転迷

　長林はロングウッドのことである。

　最初、島はオランダが領有権を主張したようだが、イギリス東インド会社にこの島の行政権が認められ、イギリスから総督が着任し、北大西洋のバミューダについで2番目に古いイギリスの植民地となった。

　ところで、この島を語るとき、ナポレオンを疎外することはできないだろう。

　ナポレオン・ボナパルトがエルバ島脱出ののちワーテルローの戦いに敗れると、イギリスは彼を絶海のこの島に幽閉した。流刑ともいわれているが、名目は保護だったようである。彼は1815年にこの島に到着し、1821年、52歳足らずで亡くなるまでのおよそ6年間、島中央のロングウッドで少数の従者らと

---

[37] 榎本武揚は後、江戸幕府側に組し函館を占領し、五稜郭に立てこもり官軍側と戦ったが降伏した。黒田清隆の尽力で助命され、後に明治政府の外務大臣、農商務大臣、枢密顧問官を歴任した。

[38] 赤松則良（通称、大三郎）は後の貴族院議員、海軍中将、日本造船界の父と云われる。咸臨丸乗り組みの1人として渡米している。

共に暮らした。

　歴史というものは実験ができないものだから、一応もっともな証拠があれば認めざるを得ないが、幽閉、流刑、保護のいずれも確たる証拠はなさそうである。

　だがイギリスが彼を警戒していたことだけは確かである。島には部隊が駐留し、彼の住居の周りは歩哨が巡回し、海軍の艦艇が島の周辺を警戒したという。

　ナポレオンの死因については胃ガン説や毒殺説、はたまた腎疾患説と騒がしいが、最も説得力のあるのは胃ガン説のようである。

　1863年（文久3年）に伊藤博文は井上馨と共にイギリスに渡航しているが、2年後の1865年には19人の薩摩からの留学生も渡欧している。当時はスエズ運河がなかったから、彼らはいずれもケープタウンを経て、補給のためセントヘレナに立ち寄っていたに違いない。これ以外にも正史には残っていない日本人の渡欧者があったのではなかろうか。

　ちなみに1853年（嘉永6年）、幕末に来航して我が国に開国を迫ったペリー艦隊は、北米ノーフォークを発し、カナリア諸島からセントヘレナ、ケープタウン、シンガポール、香港、上海、沖縄と進み、浦賀に到着している。

海のロマンス

　帆船大成丸は東京高等商船学校の練習船であった。4本マストのバーク型帆船（全長82.3メートル、総トン数2224トン）で、1904年（明治37年）六代目の練習船として川崎造船所神戸工場で竣工した。

　本船は、1912年（明治45年）に第2回の東回り世界一周の練習航海にでた。実習生125人を含む180人が乗り組み、同年7月6日午後、品川を抜錨し、横浜、館山に寄港し、同月18日に世界周航の旅が始まった。サンディエゴ、ケープタウン、セントヘレナ、リオデジャネイロ、フリーマントル、南洋諸島を経て、1913年（大正2年）10月16日、15ケ月ぶりに3万6千海里の航海を終え房総半島館山港鏡ヶ浦に投錨したのである。

　実習生の1人であった米窪満亮（ペンネーム太刀雄）は、この航海の記録「大成丸世界周航記」を東京朝日新聞に連載、後に「海のロマンス」と改題して単行本として出版した。我が国海洋文学の傑作といわれる美文調の長編である。

　ところが、この書をクックの航海記（太平洋探検）に匹敵すると持ち上げる者もいるが、それはなかろう。片や学生、クックは艦長だ。冷静沈着に本国の秘密訓令を守りながら太平洋を探検しているのだ。船での立場も見る目も違う。

この「大成丸世界周航記」によって、セントヘレナの存在や練習帆船の航海の模様が大正年間の国民の間に広く喧伝され、高等商船学校や海軍兵学校への入学希望者が急増したというのは本当の話である。

手元の「海のロマンス」からセントヘレナの項を現代文に改めて見てみよう。

1913年（大正2年）3月16日、大成丸はセントヘレナのジェームズタウン港に投錨し4日間停泊した。ここでは日本からの手紙を受け取っている。大成丸より先に郵便船が寄港していたのである。

図28-2　誠文堂新光社刊「海のロマンス」の背表紙と同書所載の
セントヘレナ島ジェームズタウン港の風景（筆者蔵）

「この島では2月と10月に恐ろしい津波（ローラーという。）が来襲する。天気晴朗、穏やかな時に前触れもなく突然来襲するもので風が頼りの帆船ではどうすることもできない。本船が停泊したのは3月で危険期を少し外れていたが、まだ油断は出来ないということで、補助機関をいつでも使用できるようにボイラーを炊き、錨鎖に注意し、船位の変化に注意するなど警戒を怠らなかった。

昔、1846年2月16日、17日のこと、この日は極めて息苦しく、気温が高く、夜中には時々スコールが来襲して波浪は高かった。18日には波浪のため堤防は壊れ、港湾施設は跡形もなく破壊され、人畜にも大きな被害があったという。

港内はことごとく破棄され跡形もない惨状であった。停泊中の船18隻中、13隻までが覆没したという。無風時のローラー来襲であるから帆船は風を利用して沖合遥かに難を逃れることができなかったのである。当時、この修羅場

を目撃してスケッチした郵便局長トーマス・ブルースの絵をみると、多くの哀れな帆船が海に踊る海豚のようにもんどり打って、波の谷間に沈み去る様子が極めてグロテスクに描かれている」

この長涛ローラーの原因は諸説あるが定かでないと米窪は書いている。

米窪ら実習生は榎本と同様にナポレオンの旧宅、墳墓の地に詣でている。

また、同島では「君、妙齢な淑女が裸足でね」とか、「色の黒い中々の美人がシャナリシャナリと「百合の花」*39 式にやってくる」などとユーモアも忘れない筆法の書でもある。

米窪はこの「海のロマンス」を書いたことで一躍著名人になり、生涯この書の作者であるという肩書を背負い、悔いなき生き様を続けた。日本郵船勤務から全日本海員組合に身を投じ、戦後は片山内閣で初代の労働大臣を務め、1951年（昭和26年）1月、脳溢血で死去した。69歳であった。

大成丸は終戦直後の1945年（昭和20年）10月9日午前11時頃、神戸港で触雷し、実習生31人が死亡した。就航から沈没まで実に63万海里を走破、遠洋航海63回の海の子育ての親だったのである。

この項の表題「セントヘレナの秋に哭く」は海の愛唱歌「大成丸30年の歌」の一節である。

1936年（昭和11年）に東京高等商船学校の学生が作詞作曲した。作詞は102期生の岡田正明、曲は同期の菅原義蔵である。岡田は後に航海訓練所練習船船長を務めた。

筆者の頃の普通商船では入学後1カ月以内に数十もの愛唱歌を覚えさせられ、唄わされたものである。65年後の今日この頃、今も懐かしく、この詩を口ずさむ。最初の2節を示そう。

見よ藍青の海淵　息吹く暴風雨の浪を噛み
霧降りそそぐ水脈超えて　海豚は眠る北洋や
思えば苦闘奔放の　50万里の歩みかな

思いはろけき30年　夢をタヒチの春に追い
セントヘレナの秋に哭く　若きロマンの海の子の
覇業の綾を微笑みつ　かざす四檣の熱と血や

*39 これは妙齢、妖艶な美女の喩である「立てば芍薬、座れば牡丹、歩く姿は百合の花」からの引用である。

《第 29 話》新しい天測技法

GPS 衛星を利用する測位技術の発達によって天測による測位技術は廃れようとしている。天測は GPS による測位にくらべて精度が悪いうえ、面倒な手計算と六分儀の取り扱いに習熟していなければならないから、いつでも、どこでも、しかも誰でも簡単に精密な位置を知ることのできる GPS による測位は天測技術を駆逐したのである。当然の成り行きであろう。

しかし、GPS 開発国や主要海運国では自力の位置決定手段である天測技術は測位のバックアップシステムとして必要不可欠であるとし、天測技術の維持と伝承に向けて確たる姿勢を貫いている。アメリカ海軍兵学校では、天測関係の科目をいったん廃止したが、現在は復活しているのがその好例である。

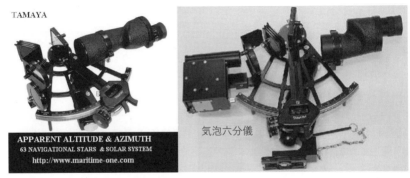

図 29-1　左は六分儀、右は気泡六分儀（水平線が見えないときの観測に使う）
（タマヤ計測システム提供）

だが、面倒なことは誰でもしたくないのが当然で、それが誤差を伴う手計算である限り天文航法の教育は危うい。

このことから、六分儀の用法に習熟するだけで簡単に位置決定が可能な計算技法を開発し、GPS 受信機と同様に天測計算もブラックボックス化すべきであるというのが筆者の主張である。

GPS の電波は弱いので、市販の安価な妨害装置、通称 GPS ジャマーを悪用すれば簡単に電波を妨害でき、驚くべきことが起こることを知るべきだ。それは、船橋内では警報が鳴り響き、GPS 利用の諸計器が誤動作してしまうということである。

1875 年以来、現在に至るまで長年使われてきた位置の線航法（修正差法）は

フランス海軍の Marcq Blond de St. Hilaire が考案
したものである。これは、天体を観測して得られ
た位置の圏を直線近似して位置を計算する極めて
巧妙な技法である。しかし、①推定（仮定）位置、
②天体暦、③計算表、④海図（位置記入図）、⑤
補助計算、⑥筆記用具、⑦三角定規、デバイダー
が必要で、熟練を要する面倒な手計算用の技法で
ある。

図 29-2　GPS ジャマー
（GPS 電波妨害機）

　だが、位置の圏を詳細に描ける地球儀があり、
この上に位置の圏を描き、その交点緯経度を読み
取ることができれば、従来の位置の線航法に伴う
誤差を全く無視することができるから、天測計算
は誤差を伴わない極めて簡単なものになる。この発想は、古くから知られてい
たものであるが、パーソナルコンピュータ（以下、PC という）が出現するま
では船上で巨大な地球儀を描く手立てはなかった。

　ところで、むかし小型の機械式天測計算器
が海軍水路部で開発されたことがあった。
戦前のことである。しかし水路部武官の
峻拒で普及しなかった。理由は計算の過
程が残らないから、後日に戦闘詳報を再検
討するとき重大な支障を来たすというもの
であった。救い難しというべきであろう。
重大な支障というが、計算器を操作すると
きの入力データ値を記録しておけば済むこ
とだ。

図 29-3　2 台しか造られなかった
天測計算器（筆者撮影）

　この計算器は現在、海上保安庁海洋情報部
の倉庫に眠っており、見ることができる。

　ここでは、天文航法を学んだ者なら誰でも知っている天測の原理をおさらい
してみよう。地心と天体とを結んだ線が地球表面と交わる点を地位と呼んでい
る。また天体観測によって得られた測定高度（測高度という）を地心から見た
高度（真高度という）に改め、この余角をとる。これを天頂距離という。

　図 29-5 では観測者（測者という）から見た天体の方向と地心から見た天体
の方向は平行線で描かれているが、これは恒星や外惑星までの距離に比べて地

球半径は無視できる程度であり平行光線とみなすことができるからである。もちろん太陽や太陰などの近距離天体では、平行光線と見做すことのできない量（視差という）を改正する。

　地心と地位を結ぶ直線を回転軸とし、天頂距離を頂角とする円錐が地球表面と交わる曲線は円になる。これは地位を中心とし、天頂距離を半径とする円であって位置の圏という。この円上では、どこで

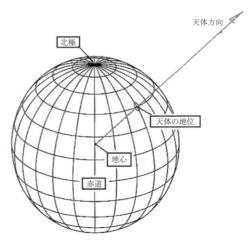

図 29-4　地心と天体の地位の関係（筆者による）

も天体は等高度に見える。船位は、この円上のどこかである。

　そうすると、天体の地位は天体暦あるいは略算式によって知ることができるから既知であり、真高度は観測から得られるから、図 29-6 左のように地球儀上で天体の地位を中心とし天頂距離を半径とする円を描いて位置の圏とすることができる。

　他の天体についても同様に行えば、図右のように位置の圏が交わる点が船位である。これが最も簡単かつ厳密な天測による位置決定法で、誤差は無視できる。

　図右では、交点は 2 つであるが、大凡の位置が分かっていたならどちらが実際の位置であるかは自明であるし、地球上のどこにいるか全く分からなくても天体を観測した時に方

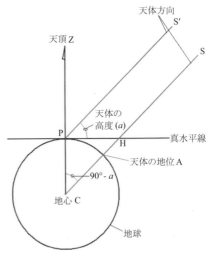

図 29-5　天体の高度、天頂角度の説明
（筆者による）

位を測っていたなら、方位角でどちらの交点を船位としなければならないかが分かる。

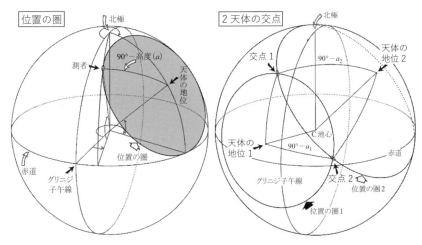

図 29-6　位置の圏と 2 つの交点（筆者による）

　以上が、昔から知られていた天測の原理である。

　PC を使用すると画面上に巨大な地球儀を描くことは簡単にできる。この地球儀を描く手法にはいくつかあるが、正射投影図法を用いるのが一番分かりやすいだろう。

　この技法は地球表面を平面に対して正射影して描くもので、無限の彼方にある光源、つまり平行光線で平面に投影したもので、十分遠い距離から地球を見た図といってもいいだろう。この図法は分かりやすく、図の中心つまり視点付近では歪が無視できるから、位置の線の交点を図の中心付近に描けば精度の高い交点位置を読み取ることができる。

　地球儀には地形図を表示すれば船位と陸地との関係がわかり面白い。このためのデータはアメリカ商務省から約 6 万 1000 点のテキストデータを入手することが可能である。

　地球儀は上下左右に自在に回転でき、1000 倍まで拡大できるようにする。

　位置の圏の交点を図の中心付近まで移動できるようにすると、精度の高い交点緯経度を画面上で読み取ることができる。1000 倍まで拡大できるようにするのは、いずれ近い将来、北極回りで欧州に向かう航路が常用されるようになろうから、その時に備えて北緯 80 度以北の地で経度間隔が非常に短くなっても読み取り誤差を無視できるようにするためである。

　図 29-8 は、図 29-7 の交点付近を画面中心付近まで移動させたのち、拡大ボタンを押して 450 倍まで拡大したものである。これは三天体の隔時観測の例

114

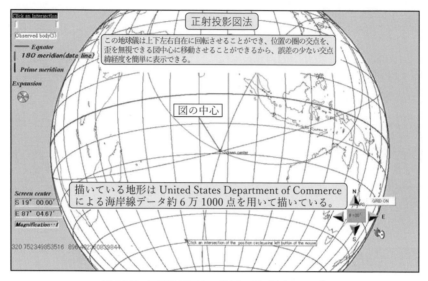

図 29-7　正射投影図上の位置の圏（筆者による）

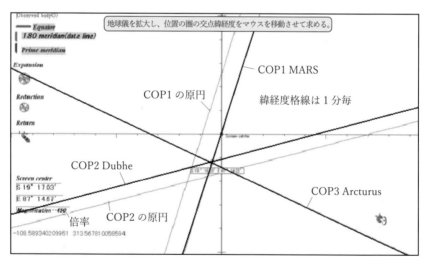

図 29-8　位置の圏の交点を 450 倍まで拡大した状態（筆者による）

で、観測時と転位した位置の圏が表示されている。

　この状態でマウスを移動させるとマウスの動きに連動してマウスの現在位置の緯経度を読み取ることができる。そして位置の圏の交点にマウスを移動させ

ると、緯経度ともに分の 100 分の 1 まで読み取ることができ、交点位置でマウスをクリックすると交点位置が PC に保存される。緯経度目盛は 1 分ごとに描かれている。

図 29-9 は位置の圏上の各点の緯経度を計算する算式を説明している。図の左上が緯度の計算式、左下は経度の計算で、これらは球面三角の簡単な解であるから算式の誘導を説明するまでもないだろう。

位置の圏上の任意の点で
M〜P0, M〜PX は高度の余角
極（N.P）〜M は天体の赤緯の余角
天文三角形（△M, N.P, PX）において
∠LX を与えると任意の点 PX の緯度は
$X_P = \cos^{-1}(\sin d \cdot \sin a_t + \cos d \cdot \cos a_t \cdot \cos L_X)$

hG がグリニジ時角（GHA）である。
天体のグリニジ時角はグリニジ子午線から西方に測る約束
経度はグリニジ子午線の東方を東経, 西方を西経とする
天体の経度 LB は $L_B = 360° - h_G$
この計算で, LB が 180° を超えると, 360° を引く。
任意の位置の圏上の経度 LP は
$$L_P = \cos^{-1}\left(\frac{\sin a_t - \cos X_P \cdot \sin d}{\sin X_P \cdot \cos d}\right) + L_B$$

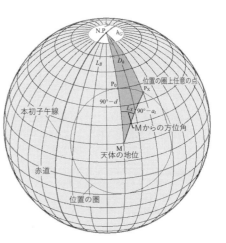

図 29-9　位置の圏上の緯経度を求める方法（筆者による）

計算は右の図の天体の地位から位置の圏を見て、時計の針の回る方向にゼロ度から 360 度まで 0.1 度（6 分）刻みに緯経度を計算し各点を結べば地球儀上に位置の圏を描くことができる。

位置の圏上の緯経度が計算できれば、それを平面座標に変換して地球儀上に位置の圏を表示させることとなる。図 29-10 にはこのための計算式を示している。図左上がそれであるが、算式の誘導は神戸大学名誉教授で令和 3 年現在、大島商船高等専門学校長の古荘雅生先生と筆者との共著である「究極の天測技法」（海文堂出版）を参照されたらいい。

また地球儀の裏側を表示させる必要はないから陰影処理が必要で、この算式は図 29-10 の左下に示している。

位置の圏の交点付近を画面中心付近に表示させる方法は、座標変換式を使えば簡単である。地球儀を拡大する手法も容易であるから、これらの技法はプログラミングの文法書を参照してもらいたい。

平面座標への変換

位置の圏の座標が計算できれば
それを画面上の平面座標に変換して地球儀を描く
北緯を +，南緯を −，東経を +，西経を −
画面中央の座標（視点）を (ℓ_E, L_E)
$L = L_P - L_E$ として次の座標変換式を解く。
$X = Dia \cdot \sin L \cdot \cos \ell_P$
$Y = -Dia\,(\sin \ell_P \cdot \cos \ell_E - \sin \ell_E \cdot \cos \ell_P \cdot \cos L)$
計算結果は画面中央の座標を $(0,0)$ とし
X 軸の右方を +，Y 軸の下方を + とする値が
計算される。

陰影処理

地球の裏側を表示させない陰影処理は
次の条件が成立すれば (X, Y) は地球儀の裏側になる
$X^2 + Y^2 > Dia^2$
実際の計算では次の式で判別する。
$0 \geq \sin \ell_x \cdot \cos \ell_E - \sin \ell_E \cdot \cos \ell_x \cdot \cos L$
ℓ_E は画面中央の緯度，ℓ_x は任意の地点の緯度
L は画面中央と任意の地点相互間の経度の差

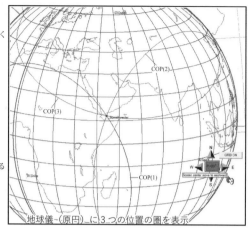

地球儀（原円）に３つの位置の圏を表示

図 29-10 位置の圏上の緯経度を平面座標に変換して地球儀上の位置の圏を描く算式
（筆者による）

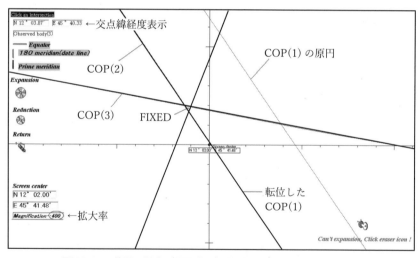

図 29-11 前図の視点（画面中心）付近を 400 倍に拡大した状態
（図において緯経度格線間隔は 1′ 毎）（筆者による）

　時間を隔てて天体を 2 回以上観測した時の船位は最後の観測時の船位（後測時という）を求めるのが通例であるから、最後の観測時以外の位置の圏は転位をしなければならない。転位は位置の圏上の各点を航行した航程分だけ進路方

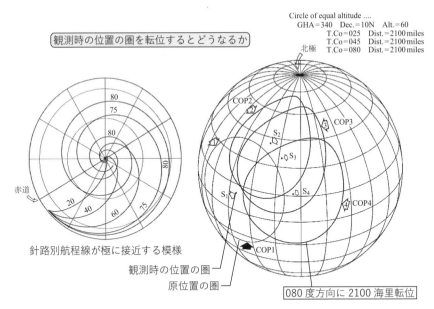

図 29-12　位置の圏の転位（筆者による）

　向に移動させ、各点を結んで転位後の位置の圏とする。

　これは本来、曲線である位置の圏を近似線分の群とするものであるが、非常な高高度や長大な転位、あるいは高緯度における転位であっても誤差は僅少で無視できる。

　以上の説明で位置の圏を地球儀上に表示させる方法は理解できると思う。後はどのようにプログラミングするかの問題が残っているだけである。

　なお、位置の圏の転位について補足説明しておこう。

　図 29-13 のように観測時の位置の圏は真円であるが、転位した途端、曲率半径が全て異なる曲線（卵型）に変形する。

　また、転位した位置の圏は両極に接近すると複雑な軌跡の曲線になり、元の圏（原円）と交差することもある。これらのことは天文航海学の普通教科書には説明がない。

　画面には地球儀を自在に回転させるためのボタンや回転量を変化させるボタンを配置すればいいだろう。

118

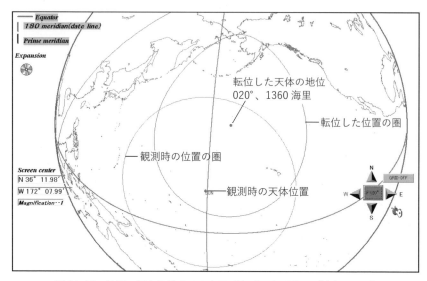

図 29-13　位置の圏を転位すると真円が卵形に変形する（筆者による）

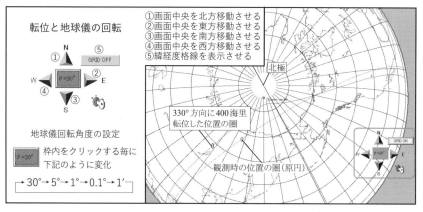

図 29-14　転位した位置の圏が極地付近で複雑に変形する模様（筆者による）

　ところで、天体観測に不慣れな者は目的の惑星や恒星を見つけるのに難渋するようである。このため索星のためのアプリケーションも用意した方がいい。太陽系の配列や全常用恒星[*40] を星座と共に表示させることができるようにす

[*40] 我が国天測暦では常用恒星を 45 星とするが、ここでは英米暦と我が国天測暦所載の全恒星 63 と、諸国の暦にはデータがない水星の観測も可能である。

る。図 29-15、図 29-16 がその例である。

　最後に、この技法の誤差について述べておこう。

　図 29-17 記載のとおり計算誤差は無視できる。

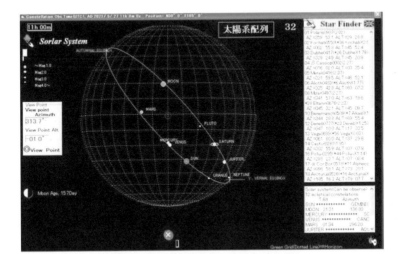

図 29-15　太陽系の配列（筆者による）

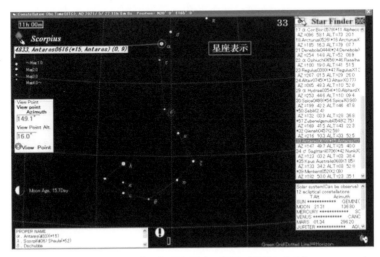

図 29-16　目的の恒星と星座の標示（筆者による）

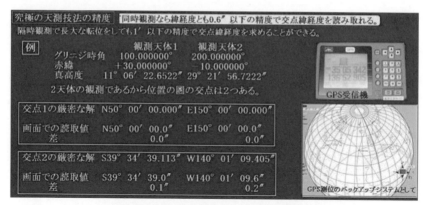

図 29-17　究極の天測技法の誤差（筆者による）

　以上の説明は図解によって位置の圏の交点を求める簡単かつ精度の高い技法であるが、筆者は 2 天体以上の位置の圏の交点を解析的に厳密に求める技法も開発している。しかし、この算式は極めて複雑で、ここで述べた技法には遙かに及ばない。

　令和 3 年 7 月、日本航海学会は筆者に航海功績賞を授与した。この学会賞は、航海の実務分野における顕著な業績を称えることを目的とし、これにより学術的研究はもとより海事及び関連産業の発展に寄与、さらには一般社会への「航海」に関する学術並びに実務の重要性を周知する褒賞である。

　筆者の場合は「コンピュータ時代に対応した航法計算の構築と新たな天測技法の航法への応用」が受賞の対象となった。1985 年（昭和 60 年）刊行の「コンピュータ航法プログラム集」と 2014 年（平成 26 年）刊行「究極の天測技法」（いずれも海文堂出版）の両書が、我が国における Computer Navigation に関する先駆けの航海書として評価されたのである。

《第 30 話》運河放談ートンネル運河

　運河というのは船を移動させるために人工的に造られた水路をいうのだが、形態は様々だ。

パナマ運河の閘門

　イギリスに運河は多いが、産業革命以前には運河を通航しようとする船舶を、馬などを使って陸上から牽引したこともあった。パナマ運河では運河中央

の人工湖の水位が海抜26メートルと高いため閘門を設けているが、閘門内では船を電車で牽引する。

太平洋側の最初の閘門はミラフローレス（MIRAFLORES）である。ミラフローレスというのはスペイン語で「千の花」という意味。太平洋側2番目の閘門ペドロミゲル（PEDRO MIGUEL）はアゾレス諸島のファイ島にある市民教区の名称でもある。大西洋（カリブ海）側がガツン閘門（ガトゥン、GATUN）で、これまたスペイン語で「大猫」の意味である。

1960年代、筆者がこの運河を通った頃は、この3つの閘門しかなかったが、現在は拡張工事が進んでいる。

クリスマスにこの運河を通過したとき、閘門には各国語で書かれたメリークリスマスの立札が林立し、誠に壮観であった。日本語のものは片仮名で書かれていた。閘門では電車で牽引されたが、三菱電機製の国産電車であったことを誇らしく思ったものである。

フランス人レセップスはスエズ運河を貫通させたが、パナマでは見事に失敗した。原因の一つはマラリアである。

パナマックスのこと

ここを通過できる最大級の船をパナマックスサイズ（Panamax）というが、これは全長366メートル、全幅49メートル、吃水15.2メートルであるから、令和3年3月23日にスエズ運河で乗り揚げ世間を騒がせた愛媛県今治市の正栄汽船所有のEVER GIVENはパナマックスのサイズを超えるからパナマ運河を通過できない。

スエズ運河を通過できる最大サイズ、スエズマックス（Suezmax）は全幅50メートル、吃水20.1メートルであるが、この運河にはスエズ運河橋があるので船の吃水線上の高さが68メートルに制限されている。

このほかマラッカ海峡のためのマラッカマックス、セントローレンスシーウェイ（海路）のシーウェイマックス、フラマックス、チャイナマックス、ケープサイズなどという様々な造語があるが、知らなくても「学がない」ことにはならないから気にすることはない。

日本の運河

ところで、日本にも多くの運河があるが、パナマと同じように閘門のある運河がある。最も古いとされるものは、さいたま市の南東にある芝川と見沼代用水の3メートルの水位差を通過するための閘門で、1731年（享保16年）八代

将軍徳川吉宗の時代に造られた閘門式運河で、見沼通船堀と呼ばれている。ここを通過できるのは、ごく小型の舟艇だけであるが、国の指定史跡になっており、さいたま市が毎年8月ころ閘門開閉実演を行っているという。

現在も使用されている閘門運河は名古屋市中川運河中川口閘門であるが、これまた小型舟艇用のものである。

福岡県大牟田市の三池港は干満の差が非常に大きいので港の入り口には閘門がある。これは干潮の時に港内の水深が浅くなるのを防ぐためで、運河ではないが、港の入り口が開閉できる我が国唯一のものだ。

我が国に運河は多い。北海道には小樽運河があるだけだ。東北には秋田、北上、貞山の3つ、関東には60、中部地方は4つ、近畿では9か所、中国・四国では5つある。九州では4つで、合計は86箇所である。沖縄には運河はない。陸地を掘削した運河に絞れば、大型船が通航できる運河は日本には存在しない。

愛媛県には3つの運河がある。いずれも小型漁船が通過できる程度のものだが、筆者は愛艇ヨット春一番II世で、いずれの運河も利用したし、何度も通航したことがある。

この内、船越運河は愛媛県宇和島市、宇和海の由良半島にある。高知県足摺岬方面から宇和島に向かう時、由良半島回りより時間が短縮できる。ましてヨットだ。数時間は稼げる。

ノルウェーのトンネル運河

北欧ノルウェーは古くからノルマン人が住みつき、デンマークやスウェーデンの統治下に置かれたこともあったが、1905年にデンマークから王子を迎え、独立した立憲君主国となった。正式にはノルウェー王国である。

運河の入り口から出口までが全て長いトンネルで、しかも高速旅客船が通航できるものは稀有だろうが、2023年にはノルウェーで世界初の船舶用のトンネルが完成予定だとBBC放送は報じている。

高さ37メートル、幅26.5メートル、長さ1700

図30-1 ノルウェー王国とトンネル運河計画地

メートル、建造費は 350
億円で、ノルウェー西部
に位置する最も狭い箇所
を貫通するものだ。完成
すれば貨物船や客船は強
風と高波を防ぐことがで
き、複雑な地形に悩まさ
れる従来の航路を迂回し、
航行距離を短縮できると
いう。

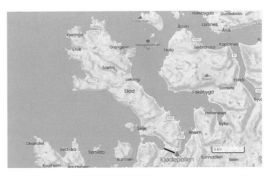

図 30-2　荒天を避け時間短縮を図れるトンネル運河

　運河掘削の過程で 800
万トンの岩石が爆破除去
され、1 時間に最大 5 隻が
通過でき、1 隻ずつ通過す
るように航行管制が行わ
れるという壮大な計画だ。

図 30-3　沿岸カーフェリーのトンネル通過アニメーション
　　　　（BBC 放送から）

　日本では江戸時代から
揖斐川と琵琶湖を利用し
て伊勢湾と敦賀湾を運河
で結ぶ計画があったが、
当時は機械力、技術力が
なく、荒唐無稽な計画で
あった。1960 年代になっ
て、ほぼ同じ経路の運河
が計画された。1 万トン
以上の船が通航できる仮
称「中部横断運河」である
が、いつのまにか計画は
霧散した。

図 30-4　快速旅客船がトンネルを通過するアニメーション
　　　　（BBC 放送から）

三机湾運河の掘削

　四国の佐田岬半島は八幡浜から速吸瀬戸方面に伸びる半島で、半島半ばに位
置する三机は八幡浜港からおよそ 7.8 海里（14 キロ）にあり、江戸時代には参
勤交代の一行が船旅で立ち寄った伊予灘側港である。付近に遠見山という見張

図 30-5　佐田岬半島最狭部 三机湾（国土地理院図から加筆、写真は筆者撮影）

所もある。大東亜戦争でハワイ真珠湾攻撃を行った特殊潜航艇の訓練基地でも
あった。

　三机湾は佐田岬半島の最狭部であり、瀬戸内海側の伊予灘と宇和海との距離
は僅か 845 メートルに過ぎない。いまの土木技術なら 1 年もあれば運河がで
き、潮力発電も可能だろう。

　慶長 13 年から宇和島藩主だった富田信高は、この三机最狭部の掘削を始
めた。運河を完成させて、参勤交代時の海路を短縮させようと目論んだので
ある。

　伊勢安濃津城主（後の伊予宇和島（板島）藩主）富田信高は関ヶ原の戦いで
東軍に属し奮戦したが、彼の夫人はそのとき女武者として夫を助けたことで知
られている。彼女の弟は、豊臣秀頼の正妻千姫（徳川秀忠の娘）を大阪城から
救出した坂崎出羽守直盛である。彼は直情的で愚直であり、云いだしたら聞か

ない石見津和野藩主であった。

　ある時、出羽守の男色相手の小姓が、信高夫人の甥である宇喜多左門とも密かに男色の相手をしていることに出羽守が気付き、彼は家臣に命じて小姓を上意討ちにした。

　ところがこれを逆恨みした左門は小姓を討った家臣を殺害してしまったのである。

　出羽守は激怒し、左門を手討にしようとした。出羽守の義父である宇喜多忠家が意を尽くして諫めたが聞くものではない。

　やむなく、忠家は左門を富田信高のもとに送り匿ったものの、まもなく出羽守の知るところとなった。しかし、左門を差し出せと迫る出羽守に信高は知らぬ存ぜぬを決め込んだのだ。

　怒りが収まらない出羽守は、左門の家臣殺害の一件を幕府に訴えたが、家康の裁断で門前払いになった。

　その後、左門は日向延岡藩で、左門を憐れんだ信高夫人からの仕送り米を受けながら密かに匿われていたのである。

　ところが、左門の居所は、ひょんなことから出羽守の知るところとなった。左門の仕打ちに意を含んでいた左門の従者が、信高夫人から左門に宛てた書状を盗み出し出羽守に送ったから、左門の居所が発覚したのである。

　左門の居所を知った出羽守は狂喜し、延岡藩が国制に反した罪人を匿っていると将軍秀忠に２度目の訴を起こした。

　幕府は協議して、宇和島藩主富田信高を改易にし、連座した日向藩主も改易、左門は斬罪になっている。後日のことになるが、出羽守は家老ら家臣によって殺害され、津和野藩主坂崎家は途絶えた。信高の改易の後、宇和島藩を引き継いだ伊達秀宗は三机運河掘削事業を放棄した。

　男色が、２藩を潰したばかりか、将来、計り知れない益をもたらすであろう三机横断運河の開発を頓挫させたのである。

　私はいつも３ノットで帆走計画をしているが、この運河さえあれば三机・八幡浜間の航海で10時間は稼げるのにと思い、出羽守を恨むことしきりである。

《第31話》海の媚薬（びやく）と船食随談

　船で、最大の楽しみは喰って、寝ることだ。仕事以外は「喰っちゃ寝、くっちゃね」といった。少しでも時間があれば、いつでも、どこでも、ゴロリと横になってすぐ寝ることに長けていた。常に寝不足ではない状態を保つのだ。こ

のような習慣を身に付けていたなら、いざという時にきっと役に立つ。これこそ熟練船員だ。

　この項では船で「喰う」方のことについての雑談をさせてもらおう。

海の媚薬（Marine Aphrodisiacs）

　Aphrodisiacs とは媚薬であり、性欲を喚起する。語源はギリシャ神話の愛の女神アフロディーテからである。彼女は愛と美と性の女神で、生殖と豊穣の女神で、最高の美神ともいわれる。

　媚薬として、河川、海や海岸で採れるものでは、海ヒイラギ（Eryngium maritimum）、アサリ、ハガツオ、ムツゴロウ、カキ、スッポンなどが有名である。昔の食生活では亜鉛の栄養が不足していたが、亜鉛を多く含む牡蠣などを食べることで体調が良くなり、性欲が高まる。

　また、亀の卵を塩とライム汁で生食すると媚薬になると言われており、多くの亀が密猟され、卵を採取するために切り刻まれている。キャビアはチョウザメの卵で、有益なビタミンを多く含んでいる。リンが豊富に含まれているキャビアは、神経細胞に栄養を与え、媚薬にもなると言われている。

図 31-1　アフロディーテ
（アテネ美術館蔵）

　動物の媚薬としては「馬プラセンタ」がある。これは馬の胎盤から抽出するもので、女性ホルモンの分泌を促進し、女性のオーガズムを促すという。

　「トンカットアリ」はハーブの一種である。これも女性用で、より積極的な欲望と興奮作用があると云われる。

　「大豆イソフラボン」というのもある。これまた女性が対象の媚薬だ。

　植物としては「マカ」がある。原産地は南米ペルーである。生姜もいい。

　「ニンニク」もそうだが、ただし胃に強い刺激を与えるから注意が肝要だ。

　「玉葱の外皮の粉」は古来滋養強精に効用があるとされ、各地の農家で生産され、通販で簡単に入手でき、常用しても害は全くない。

　明治 41 年 8 月 24 日午前 9 時半のことであった。

　蒸し暑い広島市内を流れる太田川の下流の地にあった広島監獄で 43 歳の男が絞首台の露と消えた。稀代の凶悪犯、池田亀五郎の刑死である。刑死の前に書いた自伝によれば、数十回も強盗を働き、一世中に女子三百余人と情交した

という。大多数が強姦だった。情婦を 3 人も抱え、常に同衾(どうきん)した。

　精力絶倫で強盗亀とも呼ばれた明治末期三大巨悪犯の一人で、明治犯罪史に特筆される凶悪犯である。

　強盗亀は一夜にして 20 里の山野を走破し、数十日も潜伏することのできる強靭な体力を誇ったが、彼は「玉葱粉」約 2 合（紙袋入り）を常時携帯し常食にしており、これが精力絶倫の源だったのである。

　玉葱粉に注目してもらいたい。これは健康食品として現在広く普及しているが、玉葱の外皮から作る。現代の分析によると、老化現象の抑制、動脈硬化予防、アレルギーの緩和、コレステロール上昇の抑制、便秘解消、抗がん作用、認知症の予防と改善、糖尿病の改善、白内障の改善といった結構ずくめの効用があるという。この粉にさまざまな薬用効果のあることは古くから経験則で分かっていたのだろう。

　玉葱粉を作るには大量の玉葱の茶色い外皮が必要で、粉末にするには手間暇のかかるものであるが、江戸期から農家では自家用のものが作られて

図 31-2　玉葱粉製品

いた。亀五郎は玉葱粉を常用して強靭な体力維持と逃避行に役立てたに違いない。握り飯にはこの粉を振りかけて喰ったという。

　読者も亀五郎に倣い、是非とも玉葱粉を常食とされたらいい。瓶に入れて船の食卓に常置する。振りかけのように使うのだ。

　あろうことか、皮肉なことに強盗亀の逮捕は愛媛県大洲市新谷の玉葱畑であった。

　これらを組み合わせた飲料、粉末、錠剤が何十種類も販売されているが、船員の食品として玉葱粉以外の常用は、ほどほどに願おう。

　まして船乗りだ。寄る辺も得られないのに、こんな媚薬ばかり食っていたら頭に血が上り、鼻血が出ることもあろう。

ネルソンによる船員のための食事（Nelson's Seamen's Diet）

　これは、ポーツマス、プリマス、グレート・ヤーマス、デプトフォード（ロンドン）の各イギリス海軍造船所から船団に供給された食事のことである。

　典型的な朝食は、塩、砂糖、バターで味付けしたオートミールを茹でたバー

グー（burgoo）[41] と、スコッチコーヒー、硬く焼いた船用ビスケットを炭火で焼き、それを砕いてお湯と混ぜたものだった。昼食は、塩漬けにした牛肉、豚肉、魚と、手に入る野菜（乾燥させて戻したものもある）を使ったシチューだった。夜になると、お腹をすかせた船員たちが湧いている虫を叩きながら、バターとチーズと共に船用ビスケットを食べた。また、船員は1日にラムを何杯かと約8パイントのビールを飲んだ[42]。

　毎日こんなに飲んだら、そのうちに痛風になるだろう。身体に一番いいのは体温と同程度の温めの燗酒がいい。

乗客の食事メニュー

　お金を持っている旅客船の乗客にとって、20世紀前半の海上での食事は、それなりの水準だった。いくつかのコースがあったが、カリフラワーのチーズ乗せは、フランス語で "choux-fleurs en branches au fromage" と表現すると、より美味しそうに聞こえるところが面白い。

　以下は、1927年8月1日、オリエント・ライン社のOtranto号がノルウェーのフィヨルドをクルーズしたさいのディナーメニューである。

緑の草原風コンソメスープ または
　　アルジェンティーユ風クリームポタージュスープ
小エビのバーベキューソース和え
骨付き鹿肉ミラノ風 または カリフラワーチーズ乗せ
メロンシャーベット
ポーチ・ド・チキン
カシスのプリン または 焼きバニラカスタード または 北極チョコレート
イワシのトマト包み
カンバーランド製ハムとローストサーロインビーフとサラダ

Great Britain[43] では、デッキ上の船室に牛を乗せており、乗客の紅茶用のミルクを提供していた。1864年に乗客が書いたメモには、他の動物も船に乗っていたという記述がある。

　そのリストによると、30頭の牛、150頭の羊、500羽の鶏、400羽の鴨、100

---

[41] シチューのような、肉・野菜のどれでも使用可能な濃くて辛いごった煮料理。

[42] 8パイントは、アメリカでは約3.8リットル、イギリスでは約4.5リットル。

[43] SS Great Britain：1845年建造の当時世界最長の旅客船。最初の鉄鋼蒸気船であったが帆走もできた。14日で大西洋を横断した。総トン数3400トン、長さ98メートル、旅客360人、乗組員120人。現在は博物館船である。

羽のガチョウ、50 羽の七面鳥、食卓に出されるまで、これらの獣鳥類に与えなくてはならない干し草、野菜の根、牛の餌なども積んでいた。

　肉を保存する氷室は、出港してから数日しか持たなかったからだ。牛乳などは飼育していた牛や山羊からとった。

　当時の法律では、乗組員と普通船客には、オート麦、乾燥豆、船内用ビスケット、パンなどの主食を基本的に与えなければならないと定められている。

　しかし、一等席の乗客はそれ以上のものが期待できた。1852 年には、ある乗客が以下のように書いている。「私は今日 2 回食事を取ったが、朝はコーヒー、肉、卵で十分満足だったが、夜は一流のホテルで出てくるような豪華な食事だった。スープ、ライチョウの肉、鳩肉、子牛肉のパイ、ポークハム、その他の肉、デザートとして多種多様なプリン、タルト、ゼリー、ブランマンジェ、チーズ、セロリなど充実していた」。

定期船の食料輸送

　大西洋を横断する定期船の食料を確保することは、非常に大きな物流上の課題であった。1899 年から 1914 年の間にホワイトスター・ラインのために航海した RMS オセアニック号は、1 回の航海のために以下の食料を必要とした。

　パンやパイ皮などを作る用の小麦粉 200 バレル（17.5 トン）、新鮮な牛肉と羊肉 5 万ポンド（約 22.7 トン）、それには 66 頭の牛と 283 頭の羊を必要とした。子羊肉、子牛肉、豚肉 1 万 2000 ポンド（約 5.5 トン）、食肉用の鳥肉と遊び用の鳥 4 トン、スモーク肉と乾燥肉 2 トン、バター 5000 ポンド（約 2.3 トン）、卵 2000 個、ミルクとクリーム 3000 クォート、アイスクリーム 3000 クォート、砂糖 1 万ポンド（約 4.5 トン）、オートミール 2500 ポンド（約 1.13 トン）、ジャガイモ 46 トン、野菜と果物数トン。その他飲料、陶磁器類、カトラリー、タオル、テーブルクロス等が運ばれた。磁器や銀の食器を洗ったり拭いたりする専門の乗組員が 20 人いた。

　1703 年、キンセール港で、キャプテン・ウイリアム・ダンピエールは、St. George 号で、一日の食料をパン、肉、チーズ、1 ガロンのビールを基本食糧として積み込んだ。海上で味が変わらないようにビールはより強いアルコール分で醸造され、ラム、アラック（蒸留酒）、ブランデー、クラレット（赤葡萄酒）も積み込まれた。水は、料理にだけ使われ、船倉の樽の中に入れてバラストとしても用いられた。バター、サフォークチーズを入れた樽もあった。固いチーズはスキムミルクから、6 か月は持つように作られた。牛肉と豚肉は 2 回塩を振り、桶に詰められた。その桶には肉汁をゆでて濾した赤い汁が上から入れら

れていた。生きた牛、鴨、ガチョウ、鳥、豚、羊などが新鮮な肉を提供するために乗船していたので、デッキは糞にまみれていた。

キャプテン・ダンピエールは、ネズミを撃退するために猫と、上陸時に追い立てる用の犬も乗船させていたが、犬や猫は喰わなかったようだ。

他にも、米、オートミール、ビスケット、乾燥豆と干し葡萄などがあったが、青物野菜と柑橘系フルーツは無かった。

《第 32 話》嵐の岬

1481 年にポルトガル王ジョン二世が即位すると、ポルトガルは西アフリカ沿岸の新たな探検と発展の時代に入った。その最終目的はインドや極東との貿易がヨーロッパ中で求められていた香辛料だった。香辛料は金になった。

17 世紀に入るまで、ヨーロッパの農家では慢性的な冬の飼料不足のために、毎年秋になると大量の牛を屠殺して、その牛を塩漬けにしたり、酢漬けにしたりして保存していた。そこで、このヨーロッパの冬支度には、インドの南西海岸に位置するマラバル海岸のコショウ（pepper）、シナモン（cinnamon）、メース（mace）、クローブ（clove）などの香辛料が牛肉の保存のために重要な役割を果たしていた。

香辛料は、アジアを横断して陸路で届けられるか、宗教対立で厳しい紅海／地中海ルートの海路で運ぶかのどちらかだったが、いずれもイスラム教徒に支配されていた地域であり、西ヨーロッパのキリスト教諸国にとっては、イスラム国の支配地経由の輸送は困難を極めていたのである。

こうしたことから、大西洋を経由して別のルートを探すことは、アラブの独占状態を打破するために必要だったし、東洋からの海路を利用することで、ポルトガルは当時のヨーロッパ諸国やイスラム諸国から牽制されることがなくなり、抜きんでた造船や航海者の国になるだろうと考えられた。

ジョン王が雇った多くの優秀な船長の中で未知のアフリカの南端の謎を解き明かし、インドへの貿易ルート確立の鍵を握ったのは探検家バルトロメウ・ディアス船長（Bartolomeu Dias）である。

彼はアフリカ西岸コンゴ河沖合に向けて出発し、アフリカ西岸に沿って南下した。まだ航海に使用できるだけの世界海図（地図）のない時代である。

期待していた大岬（great cape）を探していたディアスと小さな船団は、強風に巻き込まれて 13 日ものあいだ南下を余儀なくされた。暴風が収まり東に向かった。

　大嵐で視界不良の海であったから、陸岸から大きく逸脱し、船の位置を失ったのであろう。

　いつかはアフリカ大陸が見えるだろうと続航したが、なにも見えなかった。ひょっとしたら既にアフリカ大陸南端を通り過ぎたのではないかと思った船長は左舷開きに転じて北上していたところ左舷に海岸を見た。彼らはアフリカ大陸南端を「見通し距離」以上隔てて通り過ぎていたのであろう。

　1488年2月3日には、インド洋側であるアフリカ大陸のモーセル湾（Mossel Bay）に上陸できた。この地で彼らは水を補給できる泉を発見したが、原住民から散々に投石を受けて追い払われ、船隊は探検を諦めてポルトガルへの帰途に就いたのである。

図32-1　モーセル湾、アグラス岬、喜望峰の位置関係

　帰途は比較的平穏な航海だったようで沿岸沿いを航行することができたのだろう。ディアス船長はアグラス岬（大陸の最南端、後に大西洋とインド洋との境界とされる）と当初探していた岬（後の喜望峰）を初見できたのである。

　後にオランダはこの地を植民地とし、喜望峰付近のケープタウンは欧州からの中継地として栄えた。その後、完全に独立国となるまではイギリスの支配下にあった。

　この海域は暴風時なら怒涛逆巻く荒海であり、彼は往路で荒天に遭遇し難渋したことから、この岬をカボ・トルメントソ（Cabo Tormentoso）、嵐の岬（Cape of Storms）と名付けたに違いない。ある研究者によると、南アフリカ沖で、これまでに2000隻もの船が難破しているという。

　ポルトガルに戻ってからは、より親しみのある希望の岬（Cape of Good Hope）に変更された。この名前は、この発見がもたらすであろう将来の富を期待してジョン王が選んだものである。

　日本語では、この岬を喜望峰と、岬を峰としたのは誤解からであるという者がいる。希望を喜望とした理由は分からないというのが通説のようである。

　よく誤解されることであるが、喜望峰は最南端ではなく正確にはアフリカの最南西端である。本当の最南端は喜望峰から東南東78海里ほどにあるアグラス（Agulhas）岬である。この岬名はポルトガル語のカボ・ダス・アグラスか

ら来ており「針の岬」の意味だ。一説によると、当時この岬付近で真北と磁気羅針儀の北とがほぼ一致していたから、「針の岬」と名付けられたという。

この話は、冗談かインチキ話ではなかろうかと思ったので、念のためアメリカ海洋大気局（NOAA）による 1595 年ころの地磁気偏差図を調べたところ、当時この岬付近の偏差は 0（ゼロ）だった。偏差がゼロで磁気羅針儀に自差がなければ磁針は真北を指す。厳密なことを言えばきりがないが、この説はインチキ話ではなさそうである。

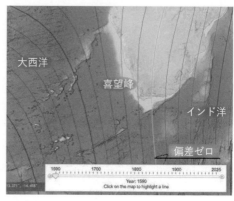

図 32-2 1590 年の南アフリカ付近の地磁気の偏差（NOAA による）

「針」というのは磁気羅針儀の磁石の針（これを磁針という）のことである。

アグラス岬は喜望峰と比べて世間受けがしない岬だが、帆船時代には難所として恐れられていた。この岬沖付近は冬の嵐になると猛烈な風波が起こる海域で、過去数百年の間におよそ 150 隻が、この岬付近で難破したという。

南アフリカ共和国ケープタウンから喜望峰までは約 28 海里である。キャプテン・クックは 1771 年 10 月 30 日、当時オランダ総督の管理下にあったケープタウンに寄港している。

私はケープタウン港の Dunkan Dock の岸壁に何度も接岸し、南アフリカ共和国の首都（立法府）ケープタウンの街並みを散策したものだった。テーブルマウンテンの絶景は今になつかしい。

《第 33 話》奴隷貿易

1562 年は我が国の永禄 5 年にあたる。徳川家康と織田信長が同盟を結んだ戦国時代である。

イングランドのプリマス生まれで、有名なアルマダの海戦[44] の指揮官であっ

---

[44] アルマダの海戦：1585 年から 1604 年にかけての英西戦争で、1588 年 7 月から 8 月にかけて、スペインの無敵艦隊（Spanish Armada）とイングランド艦隊とが戦い、スペイン側が敗れた。当時のイングランドはグレゴリオ暦を採用していなかったから、スペイン側とイン

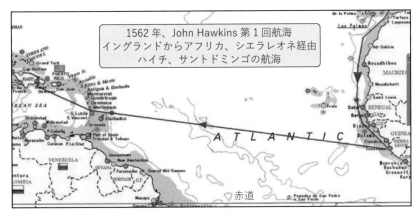

図 33-1　ホーキンズ第 1 回の推定航海図（著者による）
シエラレオネの港の一つに Free Town がある。

たフランシス・ドレーク（1543 年生）の従兄弟（second cousin）であり、海賊、
私掠船船長、奴隷商人、海軍提督、はたまた政治家と称されたジョン・ホーキ
ンス（John Hawkins、1532 年生）は、貴族や裕福な商人達と組んで奴隷貿易へ
の投資のためのシンジケート（企業組合）を組織し、1562 年、4 隻の船団でイ
ングランドを発し、アフリカ南西部のシエラレオネで奴隷を積み込み、カリブ
海に向かった。

　途中、ポルトガルの奴隷船から奴隷を入手し、合わせて 300 人ばかりの奴隷
をスペイン領であったハイチのサントドミンゴで引き渡した。

　当時のカリブ海はスペインに支配されており、他国船の航行を取り締まって
いたが、当時のスペインはイギリスと同盟国だったから、本来は許されない英
国船の奴隷売買を緊急避難と装い現地総督が承認し、奴隷の 3 分の 2 の売却が
許され、残りは体よく総督に没収されたともいう。

　船団 4 隻の内、2 隻が英国に戻り、他 2 隻はホーキンスの裁量でスペインに
商品を運ぶことになった。英国船 2 隻は奴隷の対価として真珠、皮、砂糖を得
てイギリスに運び、ロンドンの投資家達に支払っても余りある十分な利益を得
たという[45]。

　グランド側では記録上の日付が異なることに注意しなければならない。イギリスがユリウ
　ス暦を廃しグレゴリオ暦を採用したのは 1752 年で、スペインは 1582 年である。

[45]　ホーキンスの船団は 3 隻だという説がある。またポルトガル船を捕獲したという説あり、
　奴隷の人数にも異説あり、この航海が奴隷貿易の始まりと云うことについても疑問視され
　ている。

134

　これが、ホーキンスの航海の模様で、岩波の「大航海時代叢書 第Ⅱ期 17 イギリスの航海と植民」を読むとこうなる話だ。しかし異説も多く、否定にも肯定にも決定的な決め手はない。この話の方が一番巧妙につくりあげられた物語と云うだけのことであろう。

　このホーキンスの航海が英国における奴隷貿易の始まりで、これが原因でスペインは全ての英国船に対して西インド諸島での奴隷貿易を禁じたから、後のイギリス奴隷船はスペインに対して密貿易船となった。

　奴隷商人はアフリカの黒人部族に対して旧式の武器などを渡し他の部族を襲わせ、武器の対価として奴隷を獲得した。これは西欧、アフリカ、西インド諸島（カリブ海）を結ぶ航海であったから三角貿易ともいわれる[46]。

　奴隷には壮年の黒人男性が多かったから、現在のアフリカが貧困である原因の一つだと云われている。

　アフリカの西海岸には象牙海岸、黄金海岸、奴隷海岸と呼ばれる地域がある。コートジボワールが象牙海岸、ガーナが黄金海岸、ナイジェリアを奴隷海岸と呼ぶようである。西欧人は黄金海岸で黄金を争奪し、象牙海岸では象牙の入手に狂奔し、ナイジェリアでは奴隷を手に入れて巨額の利益を得たのである。

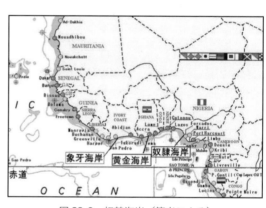

図 33-2　奴隷海岸（筆者による）

　奴隷商人（slave dealer）は西インド諸島のサトウキビ農園や、アメリカのタバコ農園で働くために捕らえた男女の奴隷を船で運んだ。これが奴隷船である。

　当時、奴隷貿易を独占していたロイヤル・アフリカン・カンパニー（The

---

[46] 貿易形態の一つに「沈黙貿易」と云われるものがある。これは交易をするもの同士が接触（直接に面談や会話）をしないで、互いに品物を置き、双方が相手の品に満足した時に成立する。取引する場所は中立地点や神聖な場所が選ばれた。この貿易の形態、呼称については諸説があり、景泰年間 1453 年に行われたものに「勘合貿易」というものもあった。これは足利幕府とチャイナ明との貿易のことである。南方熊楠の随筆には「無言貿易」という面白い一項があるから参照されたらいい（南方熊楠随筆集、筑摩書房 402 頁）。

Royal African Company）と、王室のパ
トロン達は、市場で高く売買される健
康な奴隷だけを輸送することを望んで
いた。

　しかし、奴隷船の船長たちは、過酷
な航海に堪え、生きて目的地に到達で
きる奴隷の人数を見越して、会社に無
断で沢山の奴隷を無理やりぎゅうぎゅ
うに詰め込んで、利益を得ようとした。
公式な人数以外に残った奴隷は船長の
報酬になったからだ。

　ロバート・ファルコンブリッジ
（Robert Falconbridge）は、彼の著書「奴
隷貿易の取引」（1788 年）で、輸送され

図 33-3　リバプールの奴隷船（William
Jackson 作、Merseyside 海事博物館蔵）

た奴隷の内、毎年半分から 3 分の 2 が死亡して、18 世紀後半には、約 4 万人
の奴隷が運ばれていたと書いている[47]。

　奴隷たちは輸送中、手首と足を鉄の鎖でつながれて、汚物や小便まみれの中
で、船倉に一塊に寝ており、酷い状況だったとも描写している。

　彼らは隣同士あまりに密接して寝かされたから寝返りを打つこともできず、
船倉上部の格子の真下にいる以外は、立つことさえできなかった。日中、奴隷
の健康維持のため体を動かす短い運動は許されたが、毎朝、海水がかけられ、
死ぬと海中に投げ捨てられた。食料を食べないと拷問を受けた。

　奴隷船の船長は、九尾の猫鞭をふ
るって奴隷たちを打ったから、痛さに
堪えかねた奴隷は鞭を避けようとし
て身体を捩じる。その有様は踊るよ
うに見えた。

　ジェイムズ・アーノルド医師によれ

図 33-4　九尾の猫鞭
（THE ASHLEY BOOK OF KNOTS から）

ば、気に入らない乗組員に対して生々しい肉の塊（gory mass of raw flesh）に
なるまで激しく鞭を振っていたという。

　医師が乗船していた理由は、乗せる際の奴隷や航海中の奴隷たちの健康状態
を判断するためである。

---

[47] 運ばれた奴隷の数には諸説ある。

最後の奴隷船

　アメリカに最後の奴隷を運んだ船と云われるクロティルダ号は、2 本マスト、長さ 26 メートル、幅 7 メートルのスクーナーである。奴隷は、しばしば 100 から 200 トン程度の小型帆船で運ばれたのである。

　この船はもともと貨物船で、1860 年（万延元年、桜田門外の変の年）5 月、110 人の男女子供の奴隷を積み込んで西アフリカからアメリカのアラバマ州迄の 6 週間の航海をした。船長はウィリアム・フォスターである。

　衣服は脱がされ全裸のまま、狭い船倉に押し込まれた、不潔で暗く暑い過酷な旅であったが、一人を除いて生き抜いた。奴隷貿易ではアフリカ人を全裸にするのが原則だった。

　7 月 8 日、陸地が見えた。クロティルダ号をモービル湾へと曳航するタグボートがやってきた。奴隷たちは蒸気船に乗り換え川を遡り、アラバマ州クラーク郡の農園に移動させられた。

　この間にクロティルダ号はフォスター船長によって火が放たれた。当時のアメリカでは既に奴隷貿易は違法化されていたから、証拠隠滅を図ったのである。船は沈没した。

　沈没地点はよく分からなかったが、2018 年 3 月、懸命な捜索によってアラバマ州を流れるモービル川の支流で発見された。しかし、そのことは確証を得るまでの 1 年ばかり秘密にされ、残骸が引き揚げられた後の翌年 5 月 22 日に、この船が発見されたと公表されたのである。

　アラバマ歴史委員会の事務局長によれば、クロティルダ号に乗せられた人々の子孫は何代にもわたり、この船の発見を夢見てきたという。

　西インド諸島では健康で丈夫な奴隷であってもサトウキビ農園の厳しい労働の状況では 10 年は持たないと云われていた。したがって、新しい農園で新しい奴隷によって耕された土地以外は、毎年 1 割の死亡奴隷と病弱になった奴隷の代替えが必要になった。

　亡くなった奴隷の代わりに送り込まれた奴隷だけで、ジャマイカでは毎年 1 万人、リーワード諸島で 6000 人、バルバドスで 4000 人に上ったという。

奴隷貿易の廃止

　メキシコ、ペルー、コロンビアの貴重な鉱石や宝石の鉱床を採掘するためには、鉱山で働く奴隷が必要で、当時この付近を支配していたスペイン人は現地の先住民を奴隷同様に酷使した。しかし、戦争、病気、過労、自殺などにより、インディアンの人口は激減し、史上最悪の集団虐殺となった。アンティル諸島

だけでも、1492 年には人口 30 万人だったものが、1514 年には 1 万 4000 人まで減少し、南アメリカ本土では、何百万人も死亡した。

白人以外の原住民や奴隷を人間と認めなかったヨーロッパ人の悪逆非道さがわかろうというものだ。この後遺症が現代アメリカにおける黒人蔑視の風潮である。

かつて、日本にも奴婢（ぬひ）といった一種の奴隷的な存在や、人身売買が存在したのは事実だろうが、女卑や弘安 4 年の元寇（げんこう）（蒙古来襲）で捕虜にした南宋人の奴（やっこ）に対して、例外はあろうが欧米の白色人種ほど非人間的な扱いはしていない[*48]。

この私見については、もちろん反論もあるだろう。しかし歴史上のことは物理や化学とちがって同一条件下での実験ができない。推理だけに頼らなければならない場合が多いのであるが、この推理というやつほど頼りないものはない。仮説の立て方次第では白にも黒にもなるのだ。つまり、南宋の捕虜に対して、これこれの非道なことをしているではないか、この著者（私のこと）は常識がないとか、話はインチキで法螺（ほら）であるという非難である。

しかし私なら、南宋人に対しては下男、下僕程度の扱いがあったとしても、結婚を認め、ある程度の私有財産も許し、技術のあるものはそれなりに優遇していた事実を示し結論を導き出すことだって容易にできるのだ。

ところで、このように迫害されるインディアンを絶滅から救うために、ある探検家がスペイン王に「4 人のインディアンより、1 人の黒人の労働の方がより価値が高い」と進言した。そこで 1517 年には 4000 人の黒人が 8 年に亘って西インド諸島に連行されている。当時の書物ではこれを輸入したと書いている。1540 年までに、アフリカからイスパニョーラ島だけで 3 万人の男女、子供の奴隷が運ばれたといわれている。1560 年からは、ホーキンス（Hawkins）、ドレーク（Drake）などが奴隷の人身売買を行い、奴隷貿易は 19 世紀初頭まで続けられた。

1807 年、ようやくイギリス、アメリカ合衆国は奴隷貿易を違法化した。その後 8 年が過ぎた 1815 年のウィーン会議で、スペイン、ポルトガル、フランス、オランダも奴隷貿易廃止に合意した。これは我が国の文化 15 年、11 代将軍徳川家斉の時代、杉田玄白が蘭学事始（らんがくことはじめ）を完成したころのことである。

エイブラハム・リンカーン大統領が奴隷解放宣言を行ったのは 1863 年のこ

[*48] 当時の日本人は南宋人を「唐人」と称し、やむなく侵略軍に加えられたのだと解しており、親しみを持っていた。元や朝鮮人は悪意をもって侵略軍勢に加担したものと考えていた。

とで、アメリカが奴隷貿易を違法化してから既に 56 年が過ぎた後のことである。この年は文久 3 年に当たり、鹿児島湾における薩英戦争の年で、この 5 年後が明治元年だ。[49]

日本人奴隷

最後に忘れてはならないことがある。

日本人もスペインやポルトガルなど、ローマ教国の奴隷貿易の対象になったことがある。ポルトガル人は日本からの帰航時に日本人男女を捕らえ、あるいは買い取って、ポルトガル本国や海外の様々な場所で奴隷として売りつけた。

天正少年遣欧使節は渡欧の途中「我が国民の、あれほど多数の男女、童男、童女が、さまざまな地方へ安い値段で攫われていって売り捌かれ、みじめな賤業につかされるのをみた」といっている。日本人奴隷は南アジア各地のみならず、遠くアルゼンチン、メキシコの南北アメリカ大陸まで売り飛ばされていたのである。

豊臣秀吉の言を伝える「九州御動座記」には「バテレン（キリシタン）どもは、諸宗を自分たちのキリスト教に引き入れ、それのみならず男女数百人の日本人を黒船へ買い取り、手足に鉄の鎖を付けて船底に追い入れ地獄の苦しみ以上に、生きながら皮をはぎ、あたかも畜生道の有様である」とある。

貿易船に乗って我が国に潜入したローマ教皇庁が派遣した宣教師は、難解な仏典に対して、ものわかりのいい聖書の甘言を弄して、衆愚のみならず高山右近などの大名、武士すらも惑わして改宗させた。

貿易で利を得たい幾人かの大名も改宗したし、改宗した大名有馬晴信は長崎の浦上の地をイエズス会に寄進している[50]。見方によっては、長崎の一部はポルトガルの植民地になった時期があったということだ。

宣教師たちの行動は日本を植民地化しようとする前哨戦だった。これに対して、日本の伴天連追放令、キリシタン禁令は我が国が植民地化されることを防いだ防衛のための邀撃戦に例えることもできる。鎖国の功罪についての論議は多々あるが、これによって日本人が奴隷化されるのを防ぐことができたことだけは確かである。

---

[49] 本稿は Breverton's Nautical Curiosities : A Book of the Sea、Terry Breverton 著、ロンドン Cuercus 社刊の奴隷貿易（Slave Trade）の項を参照した。

[50] 長崎、浦上の地をイエズス会に寄進したのはキリシタン大名有馬晴信で、彼は西洋の武器と資金援助を得ようとしてイエズス会に接近したのが改宗の始まりである。晴信は慶長 17 年 5 月 7 日（1612 年、徳川秀忠の時代）、幕命によって自害させられている（自害でなく家臣に首を刎ねさせたという説もある）。

　来日したローマ教（カトリック教国）のポルトガル人達は、カトリックの総本山のローマ教皇庁が全世界制覇の野望を持っていたから、宣教師たちは教皇庁の指令で布教に命を懸けた。一方、来日オランダ人はプロテスタントで、ローマ・カトリック教会や正教会のような全世界的な単一組織はもたず「布教をしない宗派」とされたから、ポルトガル、スペインがしたような布教をしてはならないこと、宣教師をオランダ船で来日させないこと、諸外国の情報を幕府に伝える（オランダ風聞書）ことの3条件で、鎖国日本において幕末に至るまで独占的貿易が許されたのである[*51]。

《第34話》海の七海放談

　「海の七海(ななうみか)駆けをも往(ゆ)かん」というのは海の愛唱歌の一節である。
　7つの海とは全世界の海を表す言葉であるが、時代によって異なる。中世のアラビアでは、大西洋、地中海、紅海、ペルシャ湾、アラビア海、ベンガル湾、南シナ海をいったが、当時航海者によって知られていた範囲を云っているだけに過ぎない。
　大航海時代になるとこうなった。大西洋、地中海、カリブ海、メキシコ湾、太平洋、インド洋、北極海である。
　現代では、北大西洋、南大西洋、北太平洋、南太平洋、インド洋、北極海（北氷洋）、南極海（南氷洋）の七海に分けるのが通説だろう。
　しかし、広さといっても、どこからどこまでが洋であるかは定義によって異なるし、最も深い場所だと云うが、未知の深所が見つかるかも知れない。IMO[*52]では大洋の境界を定義している。例えば大西洋とインド洋の境界は南アフリカ最南端アグラス岬から南極大陸に至る東経20度01分を境界と定義している。

太平洋

　ある表では太平洋の最深部は1万1033メートルと書かれているが、現在、国際的に承認されている水深は1万920±10メートルで、これは海上保安庁海

[*51] 鎖国時代、オランダは西欧国としては独占的対日貿易が許されたが、対外貿易はそれだけではなかった。チャイナ清は長崎、朝鮮人は対馬藩、琉球人は薩摩藩、アイヌ人は松前藩をそれぞれ経由して貿易ができた。この対外貿易窓口を「四つ口」といった。

[*52] IMO：国際海事機関（International Mritime Organization）。海事関係の国際条約（国際海上衝突予防規則、1974年海上人命安全条約など）がつくられる機関で、ロンドンにある。

洋情報部観測船「拓洋」とアメリカ海洋研究所のトーマス・ワシントン号の観測結果を検討して導かれた世界最深の水深である。場所はマリアナ海溝（かいこう）のチャレンジャー海淵（かいえん）にある。

北緯11度21分、東経142度12分
（日本測地系2000、概位）

図34-1　マリアナ海溝の位置

　ちなみに、エベレストはネパールと中国の国境付近にあって世界最高峰と云われる。1954年には8848メートル、2020年には8850メートルとされたが、地殻変動で毎年5ミリ上昇しているとの研究もあるし、1934年の強い地震で60センチほど低くなったとも云われる。

　いずれにせよ、今後も変動を続けるだろう。山頂の氷の厚みをどう考えるかで高さが異なるだろうし、平均水面からでなく、地球中心からの距離ということでは赤道に近いエクアドルのチンボラソ山の方が2100メートルもエベレストよりも地心から遠いという。

　このように、山高といっても変動するから断定は避けた方がいい。ある時はこうだったというだけのことだ。ただチャレンジャー海淵にエベレストを沈めるなら山頂は水面下に没することだけは確かだ。

大西洋

　大西洋（Atlantic Ocean）は英語の日本語訳で、これは伝説の大陸であるアトランティスに因（ちな）むものである。アトランティスは古代ギリシャの哲学者プラトンの著書に出てくる伝説上の大きな島で、繁栄した帝国であって、プラトンの時代から9000年前に突然海没したとプラトンは書いている。ところが、これがどこにあって、どうだったかなどと必死になって探し回る物好きが世界中にいる。彼らが書いたアトランティスに関する出版物は多いが、所詮（しょせん）は講談か小説の範疇（はんちゅう）で、想像の産物に過ぎない。

　古代ギリシャでは大西洋南部をアフリカ大陸の北西端に立つギリシャ神話の巨神アトラスが支配すると考えてアトランティコス（Atlanticos）と呼んだが、これがAtlanticとなったのかもしれない。ギリシャ神話によるとティーターン

神族の一族の一人であったアトラスはゼウス達との戦いに敗れ、アトラスは世界の西の果てで天空を背負うという苦痛な役割を負わされることになったという。ちなみに地図のことをアトラス（Atlas）というが、これは 16 世紀に漸長図（Mercator's chart）を作ったメルカトルが地図帳の表紙にアトラスを描いたことからであるという。

　古代ローマでの大西洋全体の呼称は「西の大洋」で、これは大きな西の海の意味である。西欧人の思考は常に自己中心である。経度しかり、海里の定義だってそうだし、東洋、西洋（西欧）の表現もそうだ。

　チャイナは明の時代、1602 年にイエズス会のマテオ・リッチが世界地図を作成したが、地名を漢訳して大西洋と書いている。これが日本に伝来し、1698年ころに渋川春海の表した「世界図」には大西洋と書かれている。幕末になってアトランティック・オーシャンの呼称が伝来したが、訳者によって様々に異なる表現がなされたものの、いずれも用語として定着しなかった。やがて明治期に及んで大西洋に統一され定着したのである。

　いずれにせよ語源に定説なしの 喩（たとえ）のとおりで、詮索すれば限（きり）がない。

　人は諸説あるうち、ある説を確信的に信じると、議論を発展させて、これこれで間違いないと主張するようになる。しかし反論者が必ず現れるに違いないから、確信的な主張をするときは反論に対応できるだけの論理を用意しておいた方がいい。

インド洋

　インド洋は結構深いが、つい 60 年ほど前に使っていたインド洋の海図にはNo bottom と記載されていた場所がいくつもあった。直訳なら「底なし」だが、底のない海底などあろうはずはない。当時の一般商船が持っていた音響測深機

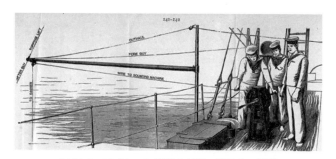

図 34-2　ワイヤーに測鉛を付けて測深中の模様
（神戸高等商船学校運用術図鑑、昭和 16 年から）

では深深度の海底を探知することができなかったから、私は「十分深い」という意味だろうと納得したものだった。これは、深さを深海測鉛とか重測鉛（そくえん）（deep-sea lead）と呼ばれるものを使って測深するのだが、海底に測鉛が届かなかったという意味なのである。

シナ海

　東シナ海は East China Sea の和訳に違いないが、昔は「支那」の字を当てていた。ところが戦後になっていつのまにか片仮名表記になった。この漢字表記はインドから仏教が伝来した際、経典の中にある梵語「チーナ・スターナ（China staana）」を当時の訳経僧が「支那」と漢字で音写したことで広まったという説がある。この「シナ」の発音が西洋に伝わり英語の "China" になったというのは通説だろう。

　そうするとチャイナは支那と同意語なのだから「支那」の漢字を使い、昔のように東支那海と書いてなんの憚（はばか）りがあろう。戦後の日本の似非文化人（えせぶんかじん）が「支那」は中華人民共和国（チャイナ）に対する差別用語であると勝手に憶断し、片仮名を使うようになったに違いないと思っている。

黒海

　色は加齢、疲労度、明るさ、先天的な視覚障害の有無などによって、人様々に異なって見えることがあることに留意して、以下読んで頂こう。

　黒海はヨーロッパとアジア間にある内海である。

図 34-3　黒海、バルチック海、地中海の位置関係（筆者による）

　これはトルコ語では Kara Deniz と書き「偉大なる海」という意味の他に「黒い海」という意味があって黒海というようだが異説も多い。黒海は、硫化水素の濃度が高く、黒っぽく見えるため、それで名付けられたという説もあるが、残念ながら見たことがない。

　現在、国際的には、Black Sea という英語の呼称が使用されている。

　海ではないが南米アマゾン川には黒い川、白い川、緑の川と呼ばれる支流がある。

白海
はっかい

　これもトルコ語でアク・デニズといって「白い海」のことであり、地中海のことだという説もあるが、White Sea（白海）はロシア北西岸のバレンツ海の南入口をいう。西にカレリア、北にコラ半島、北東にカニン半島に囲まれている海域で、海図にちゃんと書いている。

　この海は北緯 65 度付近にあり、冬季には氷結し、見た目で一面白色であるから白海と呼んだのだろう。

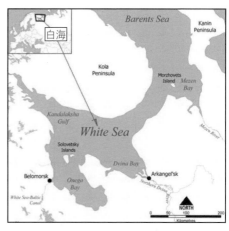

図 34-4　白海の位置

　比較的平穏な海を航海していると、夜間の海面が新聞を読めるほどに明るく輝き、暫く続くことがある。これは夜光虫の仕業であるが、白っぽく見えても白海と呼ばない。キャプテン・クックはその第 2 回航海で 1771 年 10 月 30 日、喜望峰の西方でこれに出会っている。舷側から海水を少し汲み取ってみると、普通のピンの頭くらいの昆虫がうようよしていた。船乗りはこれを「燃える海」というと日記に書いている。

　猛烈な嵐に遭遇すると海面が真っ白になる。図 34-5 は風力階級 12（颶風）で、大気は泡と飛沫で海面は白くなり視界が悪くなる。波の高さは 16 メートル以上に達し、波長は 200 メートルにもなる。一つ先の波の峰は見えない。

　風速は約 33 メートル以上、船が 15 ノットで風速 40 メートルの風に向かっていたなら 50 メートルに近い風を受けることになる。私は北米航路のアリューシャンで何度もこんな暴風に遭遇した。船体は風浪で激しく叩かれたよ

144

うにビリビリと振動した。怒濤逆巻くとはこのことである。

縦揺れは激しく、横揺れは最大40度にも及び通路の壁が床になる。余りのことに減速したこともあった。それでも、ちゃんと三度三度の飯を食い、通常通りの当直をした。

しかし、当直交代のつど船首楼の居住区と船橋楼との間

図34-5　大暴風時の難航（風力12）
(American Practical Navigator H.O. Pub. No.9 から)

を往来する甲板部員にとっては命がけだったのである。

英語、Before the mast（セーラーとして）という成語は水夫たちがマストの前、つまり船首楼付近が居住区であったことに由来する。現代の船員達は船体中央付近か船尾が居住区であり、個室を与えられているから、今昔の比較ということからすると幸せの限りだ。

ところが、船乗りというものは面白いもので、港に着けば荒天に遭遇した苦難の航海のことなど、すっかり忘れてしまう。

歌謡曲、港町十三番地の一節「♪海の苦労をグラスの酒に　みんな忘れる　マドロス酒場」は船乗りの心情を言い得て妙なる詩だ。

紅海

紅海はスエズ運河に向かう要衝だが、海が紅ではない。これも様々な説があるが、面白い説の一つはこうだ。昔は方角を色分けした。北は黒海で南は赤だから紅海としたというのだが、こじつけだろう。

紅海には、紅藻類が生息しているため、紅く見えるという説もある。

部分的にはそうかも知れないが、紅海全体が紅に見えるというのは法螺だ。すくなくとも私には紅には見えなかった。

黄海

これは黄河から流れる水の色が黄色であり、海が黄色になるから黄海となったのだという。これは異論がなかろう。

チャイナ東北部、渤海湾を囲む奥地に住み、海を見たことのない学童らに海辺の絵を描かせると、海の色は必ず黄色に塗るという。

緑海

海の用語で緑の海というのはなさそうであるが、月のクレーターには名付けられている。非常に空気が澄んでいるときには、水平線の彼方の日の出の直後または日没直前には太陽の上辺が緑色に見える現象がある。緑閃光（グリーンフラッシュ）と云われているが、非常に珍しい現象で、小笠原の父島にある展望台は日没時にグリーンフラッシュの見えることのある場所として知られている。

この光は僅か 0.5 秒から 2.5 秒程度の間しか起こらないし、これは海全体が緑に見えるという意味ではないが面白い。

海藻が一面に生えている岩礁が広がっている浅瀬では、岸辺の海が緑色や粘土色に見えることもあり、沖合の青い海とはっきり区別できることもある。

青海

これは海に対する色として最も一般的な表現だろう。

太陽の光は、赤、橙、黄、緑、青、藍、紫の虹色で構成されている。一部の太陽光が海面で反射し、青空の色を映し出す。曇りの日は、青空を映さないので、海はそれほど青く見えない。太陽の光の一部は水を透過し、水の中の波紋や粒子によって散乱される（海がその粒子の色に見える）。深海では、太陽光の多くが水中の酸素によって散乱され、青い光がより多く散乱される。水は太陽光に含まれる赤い光をより多く吸収するが、青い光は赤い光よりも曲がりやすく（屈折しやすく）、より散乱しやすい。水の中に入った時、回りの水が青く見えるのは、青い光が赤い光よりも多く散らばって、青い粒子が目に入ってくるからである。

ちなみに、海が塩からい理由はこうだ。

水が川を流れるとき、川底の岩や土から少量のミネラル塩が溶けだし、それが海に流れ込む。水は蒸発（および極地の氷の凍結）によって海から出ていくが、塩は蒸発しないので、海に溶けたまま残る。そのため、残った水は時間の経過とともにどんどん塩分を増していった。海水の標準的な比重は 1.025 だ。

海の色がどうだこうだと云っても、一般人にはあまり興味がないのではないか。しかし、船乗りにとっては関心事だ。

海図には「変色水」と書かれているところがある。洋上で色が変わっていたと航海者が報告した海域だが、こんなところには浅所か海底火山があるかもしれないと考えて、これを避けて航路を決めている。海面に白煙が見えるのは危

険の前兆だ。小笠原諸島南方沖にある水深約 400 メートルの日光海山では、昭和 54 年（1974 年）に変色水が報告されているが、緑色だったという。航行中に海の色が変わったらご用心。水温の変化にも注意したほうがいい。

　昔、GPS 衛星航法装置のなかった時代、シンガポール（星港）から横浜に向かう時、沖縄列島の南を経由すると、およそ 2880 海里くらいだが、私はこんな航路は選定しなかった。台湾の東岸に添った後、沖縄列島の北方を流れる黒潮の流軸を進んだ。流軸は水路誌にちゃんと書いている。

　こうすると距離的には 20 から 25 海里ばかり距離が伸びるが、5 ノット近い流れを利用できるから、航海速力 12 ノットなら、沖縄南方経由（10 日）より 2 日ばかり早く到着できた。

　黒潮の流軸を進んでいるかどうか、天測によって位置決定をし、常に水温を測りながら航路を修正して進航したものだった。現在では黒潮の流軸を GPS 装置に入力し、これに沿って進めばいいから、いとも簡単に流軸上を進航することができる。

　日本近海の太平洋には海山が多い。その殆どが、ここ 70 年ほどの間に海上保安庁の測量船によって見つけられたものだが、昔は太平洋を平坦な海だと信じていた。大学者と云われる人達でも真面目にそう主張していたので、私も鵜呑みにしていた。

　海山の直上というのは深いとは分かっていても、海山はすべて海底火山であるという研究もあるから、なんとなく気持ちが悪く、迂回して航行する。

　ある人曰く「太平洋を走っていて海底まで 4000 メートルもあると思えば気持ちが悪くないですか。恐ろしいとは思いませんか」である。

　私の返答はこうだ。「そんなことは全く考えたことがありませんね。底が見えないからです。船に水が入り浮力を失わない限り、沈没（海底に落ちる）しないのですから、そんなことのないように気を付けているので心配無用です。もっとも海が透けて海底が見えているのだったら別でしょうがね……」に対して、彼は分かったようだが不審な顔をした。

　海の色は様々だが、紫海というのは聞いたことがない。荒唐無稽な話だが海が紫色ならどうだろう。最も女心を擽るのは紫色だという研究がある。*53

---

*53 この項は、Jack Tar and the Baboon Watch、Captain Frank Lanier 著、2016 年アメリカ版を
　　底本にした。

《第 35 話》太平洋の鯨を乱獲したアメリカ捕鯨

鯨（Whale）

　鯨は云わずと知れた地上最大の哺乳動物で、それは 80 種に及ぶという。

　最大は白長須鯨で、知られている最大のものは体長 30 メートルに近い。体重は 199 トンもある。

　3 から 4 メートルより小さい鯨類をイルカと呼ぶようだ。外洋を航行しているとき随伴するイルカの群れは、周囲一面大海原の中で無聊を慰めてくれる風物詩の一つだった。

　クジラ、イルカ、ネズミイルカなどはクジラ科に属する。空気を吸う温血動物で、胎生で母乳を与えて育てる。クジラは頭の上にある吹き出し口から息をするが、これは泳ぎを妨げずに空気を取り入れるため適応したものである。これを塞ぐと、たちまち弱って、遂には死に至る。潜れる深度は 3000 メートルに達するという研究もある。

　魚の泳ぎ方の一つに体幹の後部を屈曲、伸展があるが、クジラはヒレを使って尾を上下に動かし舵を取って泳ぐ。古代には後肢があったというが、現在は筋肉中に埋もれて存在しているという。歯がある種類とないものがいる。

　雄には 2 メートルもの陰茎があるが、3 メートルという説もある。東京のある店ではこれを店内天井にぶら下げて客寄せ役をさせている。

　ちなみに雌の膣は 1.8 から 2.4 メートルくらいだというから、中に入ったら脱出できないだろう。入ったら、私の背丈では溺死するに違いない。

　昔、電気が普及する前は、鯨油が家の明かりとして多用され、鯨の脂身や肉を取るために、手当たり次第に多くの種が捕獲されていた。

　クジラは成長が遅く、完全な大きさになるまでに 50 年はかかるといわれ、雌は一度に 1 頭の子しか産まない。現在、アメリカの海には絶滅危惧種保護法で保護されている 7 種類の鯨類がいる。それは、シロナガスクジラ、ホッキョククジラ、ナガスクジラ、ザトウクジラ、セミクジラ、イワシクジラ、マッコウクジラである。コククジラは約 2000 頭しかいないようだが、絶滅寸前だった個体数が保護によって安定しているという。ホッキョククジラは 200 歳以上生きると云われており、大亀の長寿に匹敵するが、個体数が減少しているため、実際にそうなのかどうかは分からないという。このアメリカの大西洋岸、北太平洋での鯨の減少は、欧米による乱獲が原因である。日本人も鯨を捕獲したではないかというものがいるが、江戸時代の日本捕鯨など知れたものだ。

　諸橋大漢和辞典 12 巻にある鯨の項は面白い。

鯨猾は大悪人のことである。この悪人の額に刺青をすることを鯨面といった。手元に資料がないのでうろ覚えだが、江戸時代芸州藩（広島）では三度以上悪事をはたらいた悪人の額には「犬」の字を刺青したという。善悪はともかく、瞬時に悪人を判別できることだけは確かだ。

日本の沿岸捕鯨

「鯨一頭七浦潤う」、「一つの大きな鯨を捕らえれば、終生富貴となり、その富貴を子孫に伝えることができる」という言葉は、鯨の価値を言い表している。

日本人は古くは縄文時代から鯨を狩猟した。

鯨類は食用だけでなく骨やヒゲを手工芸品の材料とした。笄や櫛、毛は綱、皮は膠、血は薬用、脂肪は鯨油に、採油後の骨は粉砕して肥料にした。マッコウクジラの腸内にできる凝固物は龍涎香という名の香料として珍重されるなど、鯨は余すところなく利用された。日本の食文化であろう。

北海道で、アイヌはトリカブトの毒を塗った銛を使って南から北へ回遊する鯨を捕っていたようで、明治期まで断続的に捕鯨が行われていたことは確かなようである。

日本では、明治期になって西洋式捕鯨技術が導入されるまでは独自の技術で捕鯨が行われ、江戸時代に入ると鯨組と呼ばれた捕鯨集団による捕鯨が行われた。「突き捕り」、「網取り」、「追い込み」などが主な漁法だったようである。

欧米の捕鯨

ヨーロッパにおける大規模な捕鯨は、11世紀頃にバスク人[54]によって組織された狩猟遠征に始まり、19世紀に入ると蒸気を動力として、より高速になった船と、より強力で爆発性のある銛が発明されたことによって本格的に行われるようになった。

クジラは、ランプやロウソク、石鹸や香水に使う油、鞭やコルセットなどに使うヒゲ、そして肉を提供してくれた。

1850年以降、捕鯨は衰退していったが、元凶はアメリカの捕鯨だろう。

その後、一旦は衰退しかかったアメリカ捕鯨であったが、人工的なバターであるマーガリンが発明されたことで、動物性と植物性の両方の油脂が大量に必要となり、鯨の脂身が再び価値を持つようになった。20世紀に入ってからは、女性用化粧品から機械油まであらゆるものに鯨製品が使われるようになり、肉

---

[54] イベリア半島北岸のビスケー湾に住む人達。

はペットフードにも使われるようになった。

　捕鯨船は取れるだけ取って、利益が十二分にあったから、帰航すると港で休み、最長3年間も海に出る必要がなかったという。

　ヒゲクジラは、濾過摂食を行う顎にひげ板と呼ばれる、ケラチンからなる巨大な櫛を持っている。これらは、傘の留め具やバギーの鞭、コルセットやドレスの補強材などに使われたが、現在ではその用途の多くが、プラスチックに取って替わられている。

　アメリカの捕鯨産業は大西洋岸のニューイングランドから何百隻もの捕鯨船が世界中を駆け巡り、鯨を捕獲して莫大な富を得た。

　300トン前後の帆船を母船としてカッターで鯨を追い込み、銛で捕獲し、母船上で採油し樽詰めにした。長い航海は4年にも及んだという。このような長期航海であったから、焚木や清水を出先で補給しなければならなかった。

　そこで日本に寄港する必要が生じ、鎖国の日本を開港させようとして嘉永6年（1853年）、俗に黒船というペリー艦隊が日本に来航したのである。

　19世紀にはイギリス船も含め太平洋には500から700隻の捕鯨船が存在したと云われており、アメリカ船だけで1万頭の鯨が捕獲されたという。

　アメリカは1750年から1900年にかけて約40万頭ものクジラを捕獲した。北太平洋の鯨類を絶滅の瀬戸際まで追い込んだのはアメリカ捕鯨だったのである。

　ところで、アメリカバイソンというのはアメリカ合衆国、カナダに分布していた野牛のことで、西部劇の字幕ではバッファローと云っている。

　アメリカインディアン（ネイティブアメリカン）は農耕文化を持たず、衣食住のすべてをバイソンに頼っていたのに、白人は6000万頭もいたといわれるものを、牛の放牧場を荒らすだの、毛皮が欲しいからといって殺した。射撃して打ち殺すだけの楽しみのツアーもあったほどだ。乱獲したバイソンは肥料にされた。同じ牛類でも美味い方を繁殖させ、味の落ちる方は喰わず殺したなどというのは、得手勝手これに過ぎるものはない。

　インディアンの食源を奪い、彼らを非道に殺害した白人種が今頃になって捕鯨禁止を叫ぶのは、よく云えば崇高な種の保存のためであると抗弁するかも知れないが、満ち足りた者の身勝手な言い種だろう。インディアンも白人種を殺したではないかというが、自衛戦争のためにインディアンが使った鉄砲は白人である死の商人が供給したものである。

　捕鯨禁止の趣旨は理解できるものの、鯨を絶滅の一歩手前までに追い込んだ者が、鯨を食文化としてきた日本人や北欧の民族に対して捕鯨禁止を強要する

資格などあろうはずがない。

　中濱萬次郎（ジョン万次郎）が土佐清水中浜から鳥島に漂着していたのを救助したジョン・ホーランド号もその1隻の捕鯨船であった。

　中濱はウイリアム・ホイットフィールド船長に可愛がられ、北米東岸マサチューセッツ州の捕鯨船基地であったフェアヘーブンで教育を受け、長じてアメリカ捕鯨船の航海士も務めた。彼は漁民の子であったから姓はなく、後年、出身地の地名を姓にした。彼の顕彰碑（銅像）は足摺岬にあるが、土佐清水にある小さな集落である中浜にも生誕地の碑や復元された生家のあることは意外に知られていない。

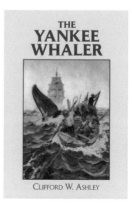

図 35-1　「アメリカの捕鯨」
　　　　　表紙（著者蔵）

　アメリカ捕鯨についてもっと知りたければ Clifford W. Ashley 著「THE YANKEE WHALER」（1926 年初版）が面白い。

《第 36 話》漂流瓶

　平成も終わりのころ、春先の穏やかな晴天の日のことであった。

　久々に、松山市沖合の興居島に係留している我が艇ヨット春一番 II 世にでかけてデッキの塗装をしていたときのことである。ふと舷側の海面を見ると、小さなガラス瓶が浮かんでいた。よくよく見ると瓶の中に白い紙のようなものが入っているではないか。すくい上げて、ふたをこじ開け、紙を取りだしてみたら通信文だった。

　「私は、岡山県牛窓の女子小学生です。この手紙を見た方はお返事ください」といった内容で、海に流した場所、日時、住所と名前が書かれていた。投入日は 3 ケ月ほど前だったように記憶している。

　早速返事を送ったが、1 週間ほどしてお礼のハガキが届いた。

　私の拾った瓶は夢のある子供のお遊びだったが、これは海水の表層がどのように動くかを知るために海に流すこともあり、漂流瓶という。

　だが、不思議な気がした。瀬戸内海は東は友ケ島水道と鳴門海峡、西は豊後水道と関門海峡とが外海とつながっており、流れは備後灘東部付近で図 36-1 のように東西逆の流れになるから、瓶が松山方面に流れてこないのではないかという疑問だ。

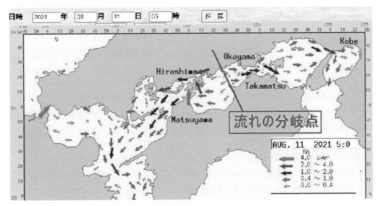

図 36-1　海上保安庁海洋情報部の潮流推算情報図から

しかし、牛窓からの便りであったのは確かだ。風向きなどによって偶然、備
後灘、燧灘に入り、松山沖の興居島に漂着したのだろうと納得したものだっ
た。牛窓から松山までの航程は来島海峡経由でおよそ 100 海里である。

日本では明治 26 年（1893 年）に和田雄治という人物が 400 本の瓶を三陸
沖に投じ、その後、数万本の漂流瓶で日本近海の海流分布を調べたという話が
ある。

人工衛星を利用して海流の流れる方向や速度が簡単に分かるようになった現
在とは違い、昔は世界中で漂流瓶が流され、世界の海での流れが調べられたの

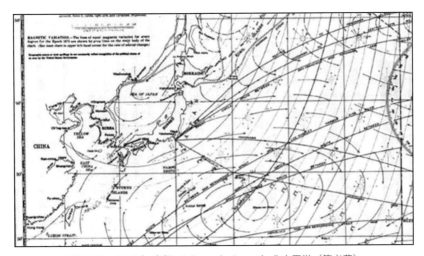

図 36-2　1916 年 米版 パイロットチャート 北太平洋（筆者蔵）

である。この成果が、海流や風向風速図などを示したパイロットチャートになり、船乗りに限りない恩恵を与えている。

私が拾った瓶は「便り瓶」であり、英語圏では Bottle message（message in a bottle）と呼んでいる。

西洋ではこの瓶の栓はコルクが用いられたことが多かったが、エリザベス一世は、拾った漂流瓶の栓を抜く役職（uncorker of ocean bottle）という珍奇な職名を創設し、その役職者以外の者が中味を見ると「機密漏洩の罪で死刑にすることもあるぞよ」と宣言したという。

ボトルメッセージは紀元前 300 年のギリシャ哲学者による水流の研究まで遡ることができると云い、これを題材にした文学作品も多い。

燈台守と初めてのボトルメッセージ

スモールズ燈台は、英仏間にある St George's Channel の西口にあり、ウェールズのペンブルックシャー（Pembrokeshire）から 20 海里（32 キロ）離れた小さな岩の上に立っている。ここに最初の燈台が建てられたのは、1775 年から 76 年にかけてのことである。

オーク材で出来た 9 本の柱を建て、燈台はその上にあったので、風波は燈台の下を通り抜けることができた。嵐にも強い設計になっており、波の力を分散させる、このオリジナルデザインは、他の海の構造物にも模倣された。揺れることはあっても 80 年もの間、燈台は何とか持ちこたえてきた。

1777 年に、建造者であるリバプールの楽器メーカー、ヘンリー・ホワイトサイド（Henly Whitedside）が修理業者と共にここを訪れたとき、彼らは 1 箇月に及ぶ強風を伴う悪天候で補給船は来ず、食糧、清水は使い果たされてしまった。

そこでホワイトサイドが思い付いたのは「便り瓶」である。

「これを取り上げた方は誰でも慈悲深く、宛先人宛て送ってください」と書き、手紙を同封し、瓶を海に投じた。

暴風が幸いしたのであろう。僅か 2 日後に瓶は宛先人に配達されたのである。

イギリスで、燈台からボトルメッセージが送られたのは、これが初めてだということで、何海里も海を越えて早々と相手に届き、ホワイトサイドを含む取り残された修理作業員らが救助されたことはよく知られている。

ところが、この燈台にまつわる話は他にもある。

スモールズ燈台の猟奇事件

これは、映画化もされた実話である。

スモールズ燈台である事件が起きた。この事件をきっかけに1801年、燈台守の員数が変更されたのである。

この燈台には2人の燈台守がいた。トーマス・ハウウェルと若いトーマス・グリフィスである。

彼らは仲が悪く、人前でも、いつも喧嘩ばかりしていることで知られていた。

あるとき、グリフィスが不慮の事故で亡くなった時、燈台に関する慣習では遺体を海に捨てるのが普通だったが、ハウウェルは、自分がグリフィスを殺したのではないかと疑われることを恐れ、簡易棺桶を造り、既に腐敗し始めたグリフィスを中に入れた。

棺桶は岩棚にくくりつけていたが、強風で飛ばされてバラバラになってしまった。遺体は棺桶から片腕だけを出して、不気味な手招きのポーズをとっていたという。次の定期船が来るまで数か月が経ったころ、ハウウェルの髪は真っ白になり、気が狂っていたというのである。

これを契機に、燈台に関する規定が改正され、1980年代にイギリスの燈台が自動点灯化されるころまでの170年余の間、燈台守は当番制の3人で当たった。

《第37話》朝鮮通信使、瀬戸内海の旅

朝鮮通信使のこと

これは、今を去る300年以上昔の物語である。

朝鮮通信使(以下、信使)というのは室町時代から江戸時代にかけて李氏朝鮮から日本に派遣された外交使節団で、最初の正式名称は朝鮮聘礼使といった。これは室町幕府足利将軍からの使者と国書に対する高麗王朝の返礼が始まりであり、豊臣時代にも2回行われたが、俗にいう朝鮮征伐で一時中断したものの、江戸期になって再開されている。

一行は、三使と呼ばれた正使・副使・書状官の他に製述官、輸送係、医師、通訳、軍官、楽隊の他450人から500人の人数に加えて、対馬藩からの案内、通訳、護衛など1500人余が加わったから、総勢2000人に近い大行列だったようだ。

江戸時代の信使は徳川将軍の代替わりの時に派遣されたが、全ての将軍の襲位に行われたのではなかった。彼らは儒教国朝鮮の代表としてわが国で歓迎さ

れ、それなりに優遇されたし、我が国文人との交流も盛んに行われた。

　彼らは、瀬戸内海をどのような経路を経て京都に至ったのであろうか。本稿は、それを詳細に見てみようとするのが目的である。

　ここでは享保4年（1719年）百十四代中御門天皇、八代将軍徳川吉宗の時代に吉宗の襲位を賀するために来日した信使の1人であった製述官の申維翰（以下、彼と云う）の日記[55]を引用させてもらおう。

　江戸時代の信使は、慶長12年、二代将軍徳川秀忠秀の時代をかわきりに文化8年（1811年）十一代将軍徳川家斉まで11回来日している。

　彼らは、どのような船に乗船したのであろう。韓国木浦で建造復元された正使が乗船したという「正使騎船」は、全長34メートル、幅9.5メートルの平底船である。定員72人というが、船形からして、もっと乗れただろう。

　朝鮮船の他、対馬藩や日本諸藩の護衛船が数多く随伴した。対馬藩からは速船という次の港に一行の動静を知らせる船や、朝鮮では導倭船と呼ばれていた水先案内役の船も対馬から釜山に行き、一行と船旅を共にした。

　この時代の瀬戸内海航路は、風と潮流、櫓櫂の3つが動力源だったから、極力潮流が激しい狭い水路を選んで沿岸を航行した。このことが現在の瀬戸内主要航路筋との大きな違いである。

　逆風に遭うと殆ど前に進めないから、そのときは主に潮と人力に頼った。潮はおよそ6時間後ごとに流れの方向が変わるから、順潮流に乗って進み、潮の流れが変わって前に進めなくなったら、潮待ちと云って次の順潮流を得るまで碇泊したのである。この潮の流れを知ることを潮見というが、これができない者は、当時はもとより現今でも船頭（船長）として認められないのである。

釜山から赤間関までの航海

　享保4年（1719年）6月20日に信使一行は韓国釜山を船出した。

　ようやく順風を得て6月20日[56]夕刻には対馬北西端の佐須浦に着いた。以降、対馬の北端にある豊浦（豊崎）、東海岸の西泊浦、金浦（琴浦）、船頭浦（小船越）、府中（厳原）の各地を経て壱岐島勝本に至り、8月初めには相島に着いている。この島は博多湾の北9海里ばかりに位置する小島である。

[55] 申維翰著、姜在彦訳注「海游録 朝鮮通信使の日本紀行」平凡社 2003年。彼は正使の船に乗っている。

[56] 日記に書いている日付の暦法が分からないので、6月20日がグレゴリオ暦でいつになるかは分からない。日記の暦法は当時朝鮮で用いた旧暦（陰暦）であろう。以下の日付も同様で、日記に記載されている日付をそのまま示した。以下のこの項で記載している日付も同様に考えてもらいたい。

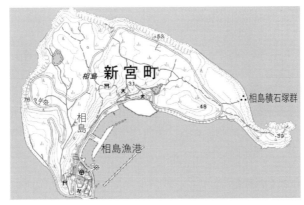

図 37-1　玄界灘 相島 朝鮮通信使寄港地（国土地理院図から筆者加筆）

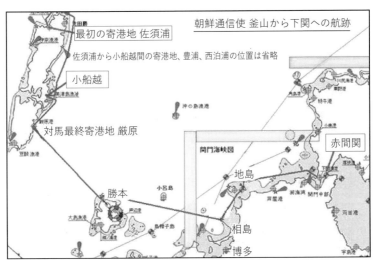

図 37-2　対馬、壱岐勝本、相島、地島、下関の位置関係（国土地理院図から筆者加筆）

　ここの港は島の南東側にあるから北西の風浪を防げる絶好の避難港で、万葉集や日本書紀に島名（阿恵島）が見られる。朝鮮征伐で武将たちが名護屋に向かうとき、ここを経由したというし、朝鮮通信使一行は必ずここに立ち寄っていたのである。島には黒田藩による客館、遠見番所があった。

　客館というのは朝鮮通信使が来島する情報を得て建築され、信使らが帰路のとき再び立ち寄った後に解体した。新築、解体を繰り返したというから、現在

は跡地が特定できるだけである。

　その後、倉良瀬戸の地島に悪天候を避けて碇泊し、8月18日には赤間関（下関）に到着している。釜山を6月20日に出航したから下関到着までおよそ60日余りを要したことになる。のんびりしたものだ。現在なら下関・釜山間はフェリーで12時間ほどである。

　下関には信使上陸地の碑がある。関門大橋に近い赤間神宮付近だ。ここで彼は安徳天皇陵などを訪れている。使館は上陸地に近い阿弥陀寺にあったという。

下関から蒲刈までの航海

　8月24日、赤間関を発し、瀬戸内海を本州沿岸に沿って上関に向かった。

　日記には晩潮に乗って櫓を漕いだとある。調べてみると関門海峡の潮流はこの日の午後には東に流れていたのは確かだ。本山岬を過ぎ、夕刻には三田尻西

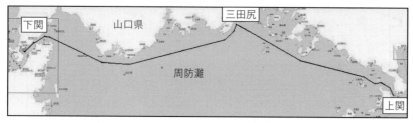

図37-3　信使一行、下関から上関への推定航跡（国土地理院図から筆者加筆）

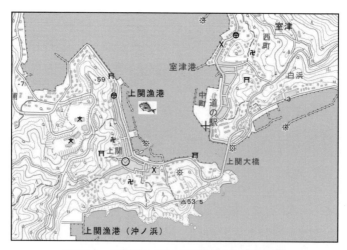

図37-4　上関海峡（国土地理院図から筆者加筆）

浦（防府市三田尻港）沖で碇泊した。

　25日未明に三田尻を発し、西風を受けて帆を張り、徳山、笠戸の村々を過ぎ

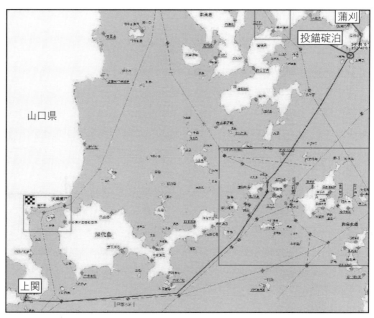

図 37-5　信使、上関から蒲刈への推定航跡（国土地理院図から筆者加筆）

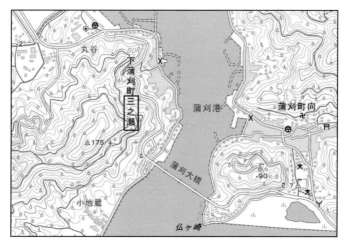

図 37-6　蒲刈港（国土地理院図から筆者加筆）

て夕刻に竈関（上関）に至り碇泊している。

26日は晴れで、明け方に帆をあげて出発したが、激流で航行に苦しんだ。

日が暮れて東風が起こった。舟人は疾呼して櫓を押したが進まず、目的の蒲刈まで2海里ほどであったがやむなく碇をおろした。27日朝、順流に乗じて蒲刈に達し上陸した。ここは下蒲刈島（三之瀬）である。

信使のための馳走（正使ら三使の食事）

ところで、正使らが饗応された食事の献立はどんなものだったのだろう。興味深い話に違いない。

一行の食事の内、正使らと上々官には七五三と呼ばれた食事を提供した。七五三とは七五三の字にちなんで、本膳に七菜、二の膳に五菜、三の膳に三菜を出す祝儀の膳である。

また、七つ、五つ、三つの膳部を馳走することを意味する。日本人はあまり食べなかった獣肉料理も朝鮮人が好むということで日本料理に加えている。猪、豚肉の南蛮料理、鹿肉、雉、鴨も食膳にだされたようである。

卵、鯉、スッポンの他に鯛、鮑、タラ、ニシン、海老、烏賊も好んだ。

鯨足という鯨肉を薄く切って干したものも二の膳に出されている。

使った調味料は、忍苳酒*57、味醂酒、酢、油、醤油、塩、味噌、黒糖である。その他に調味料や香辛料はなかったようで、淡泊にならざるを得なかった。

朝鮮人は熱いものを嫌がり、ぬるい料理を好んだという。

蒲刈での飲食器や皿は、すべて金色であった。酒は三使各人に1日当たり2升が給されるなど、羨ましい限りの最高の饗応だった。

蒲刈から鞆までの航海

28日、黎明のころ、順風を得て帆を展開し鞆に向かって進んだが、波高く難航した。三原を通過した。彼は、三原は銘酒及び佳紙の産地で知られている処だと書いている。続いて、現在の広島県福山市沼隈町にあり阿伏兎観音で知られる海潮山磐台寺の沖を通過した。

この寺の僧は世間とは行き来がなく、ただ船が通過するのを待ち、鐘をたたく。船からは、鐘の音を聞いて食物を海に投じ、寺僧はそれを拾い生活の糧に

---

*57 忍苳酒：忍苳は「忍冬」と書く酒のことだ。忍冬はスイカズラのことで、この花弁、茎、葉から作る酒は滋養強壮の効果があり、徳川家康も愛飲したという。この忍冬酒は浜松で作られたのが始まりで、長寿の秘訣薬草酒と称し、静岡県浜松特産として今も販売されている美味い酒だ。

した。これは同乗した倭人から聞いた話だという。

　そこで各船は、米穀を送ることにした。一人の男が崖を降りて小船に乗り、米を受けて去った。男は、その容貌が粗野で、文字も解しなかったと書いている。男は僧侶でなく、寺の下僕であったのではなかろうか。

　私は常石造船に出掛けたとき、この観音堂を訪れたことがあり、よく知っている。

　午後3時ころには鞆に着いた。風に乗って牛窓まで進もうとの意見があったが、帆を降ろし上陸して宿舎の使館のある福禅寺に行ったが、使館は荒廃し、見る影もなかった。やむなく近くに宿を取ったという。

　信使らは鞆の風景を称して「日本沿路之第一勝景」と絶賛し、船上から見ると山上の寺は、あたかも神仙の居るところのように見えたと感慨を述べている。確かに風光明媚な港ではあるが神仙は誇張だろう。

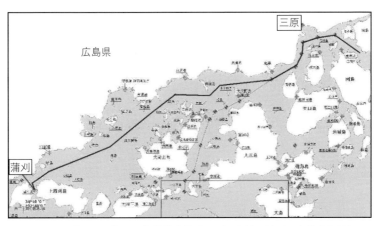

図37-7　蒲刈から鞆への信使推定航跡図（国土地理院図から筆者加筆）

鞆から牛窓までの航海

　8月29日、早めに朝食を済ませ、西風を得て帆を掛け、白石瀬戸、下津井瀬戸を通過したが、風雨激しく波浪は高く、船は進むことができない。やむなく日比港沖に碇泊した。

　9月朔日、晴れで昼前には穏やかになり、漕いで出発した。浅瀬を避けるため、各船は一直線になって進む。その有様は壮観であった。牛窓に近づいたころ、備前の国主（藩主）からの使いの船に出会い、藩主からの贈答品を受け取った。

日没前に牛窓に到着し碇泊した。付近には網船や釣り船が散在し、人家は数千軒あろうかと思われた。上陸して本蓮寺という使館に行った。港は絶景であった。現在の牛窓町の世帯数は合計 2400 である。

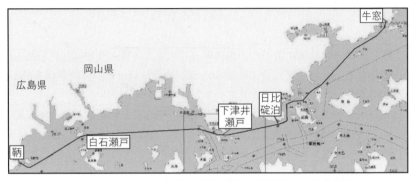

図 37-8　鞆から牛窓への推定航跡（国土地理院図から筆者加筆）

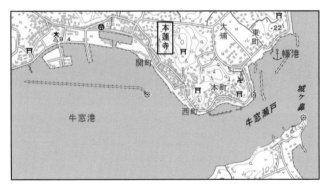

図 37-9　牛窓における使館 本蓮寺の位置（国土地理院図から筆者加筆）

牛窓から室津までの航路

　9月2日、潮に乗じて室津に向かった。途中に赤穂城を望見している。

　午後4時ころ室津に着いた。江戸時代に書かれた「日本航路細見記」（航海書）を見ると、室津はどんな向きの風でも防げる良港だと書いてある。避難港だ。ここは諸藩の本陣が6つもあったところで、参勤交代の一行はここから陸路で江戸に向かっていたこともある。

　現代の室津はなんの変哲もない小さな漁港に過ぎない。信使の一行は使館ではなく船で寝ている。

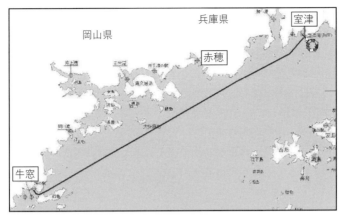

図 37-10　牛窓から室津への推定航跡（国土地理院図から筆者加筆）

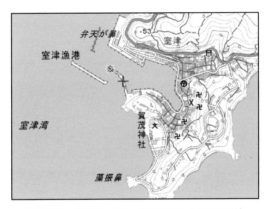

図 37-11　室津港（国土地理院図から筆者加筆）

室津から兵庫経由、大阪への航海

翌 9 月 3 日午前 2 時ころ、室津を発し兵庫に向かった。

倭の護行船は千隻に近く、それぞれ 4、5 の燈を燃やし、その燈光は海に満ちたというが、千隻は誇張だろう。

彼のような科挙合格者である士大夫階級の者は、漢籍の素養があり、八股文[*58]にも長けていただろうが、算術などは下層階級の者が使うものだと小馬鹿にしていた。殆どが四則算に疎く、数えることすら満足にできなかった者もいたと

[*58] 八股文は科挙の答案用に用いた特殊な文体で、約束事の多い難解なものである。

いうから、千隻は多数という表現であろう。

　このとき倭の小舟が使船と衝突し転覆した。舟子は舟腹に這い上がっていたが、やがて助けられたという椿事が起こっている。

　暫く進んでいたところ、暁の中に姫路城がかすかに浮かびあがって見えた。彼は、この城は一名「娘尼城」というのだと書いている。私は姫路城の異名として白鷺城[59]は知っているが、「姫尼城」などというのは聞いたことがない。これは倭人通訳の法螺話（ほら）だろう。

　明石城を過ぎると長い松原が北岸に見え、南を望むと大洋が広がり、巨船が見えた。倭人によると、これは陸奥州の船で、大阪に交易のためにきているという。

　北前船を見たのかも知れない。その帆は莞草（いくさ）で編んだ蓆（むしろ）であったと書いている。文政5年（1822年）ころ刊行された書物には、ようやく帆布を用いて帆にしたとの記載があるから、彼が見た帆が蓆だったというのはまんざらホラ話ではなかろう。3日の夕暮れに兵庫に着いた。

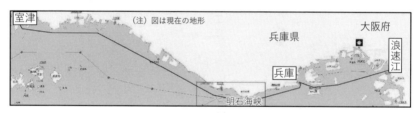

図37-12　室津から大阪への推定航跡（国土地理院図から筆者加筆）

兵庫から大阪までの航海

　9月4日には兵庫を発し、櫓を漕いで川口に達した。ここで海は尽きて浪速江となる。昼食を川口でとった。

　正確は期し難いが、到着地は図37-13の伝法水門と書かれた場所から西方、淀川と書いている付近ではなかろうか。信使らは、朝鮮船をこの地に留め、吃水の浅い京都向けの倭船（迎接船）に移乗している。先頭の4隻は孔雀丸、鳳凰丸、紀伊国丸、新土佐丸の順であった。

　図37-14は淀川を上り下りする際、信使一行が乗船した倭船の例である[60]。

---

[59] 白鷺城は「しらさぎじょう」の他「はくろじょう」という読み方もある。

[60] 図は宝暦14年（1764年）の通信使のものである。

図 37-13　信使 浪速江推定到着地（伝法水門から西方付近）（国土地理院図から筆者加筆）

国書船　　　　　宗対馬守御座船　　　　　副使船　　　　　正使船

図 37-14　川遡迎接船の例（大阪歴史博物館研究紀要第十八号より）

　大阪では上陸して街並みを徘徊しているが、蘆花町（ろかまち）には娼屋や妓院があり、女子は国中の美人が多いと書いている。

　このように信使一行は下関から大阪間のおよそ 240 海里を 10 日ほど掛けて風物を楽しみ、各地で饗応を受けながら海路の旅をしたのである。

　京都までの間では両岸に多くの見物人が犇（ひし）めいていた。時々小児が泣き、娘が笑う。娘が笑うときは必ず画紋のある手拭いで口を掩（おお）う。その笑い声は玉の如く、細きこと、あたかも鳥の声のようだ。そのほかは一人として横柄にふるまうもの騒ぐ者はおらず、莫蓙（ござ）に両膝をついて静坐していたと日記に書かれている。

　船ごとに 70 人ずつ両岸に立ち、帯剣した指揮者の監督下で陸上から船を曳き京都に至った。

彼は日本女性をこう見ている

　帰路の瀬戸内海の船旅は、往路とあまり変わらないが、津和地島に寄港している点が往路と異なっている。松山市の津和地島は江戸時代に大和型帆船がしばしば寄港したところで、妓楼もあったが小さな漁港だ。

　彼はこう書いている。「倭の女性の容貌は、多くのばあい、なまめかしくて麗しい。脂粉を施さなくても、たいてい肌がきめ細かくて白い。その脂粉を施して化粧した者でも、肌が軟らかくてつやつやしている。髪には椿油などを用い、髪は漆の如くに光沢がある。眉を画き、顔をいろどり、黒髪、花簪に五色紋の錦衣を着け、帯をもって腰を束ね、扇をいだいて立つと、これを望めば神仙女、仏画の如し」という。有難い評価だが今どき珍しい風情だ。

《第 38 話》白菊の歌談義

　亡母は明治 45 年の生まれで、筆者が弓削商船の入学式に旅立つ日の前夜、ささやかな宴席で母が唄ってくれたのが「白菊の歌」だった。

　この詩[61] は明治末期から大正年間にかけて流行したもので、後に東京高等商船学校の寮歌に採用され、今も愛唱され続けている。しかし、この唄が東京高等商船学校のために作詞作曲されたものと云うのは早計だ。

1. かすめるみ空に消え残る　朧月夜の秋の空
   身にしみ渡る夕風に　背広の服をなびかせつ
2. 紅顔可憐な美少年が　商船学校の校内の
   練習船のメンマスト　トップの上に立ち上がり
3. 故郷の空をながめつつ　あゝ父母はいま如何に
   我が恋人は今何処　少年右手[62] に持つものは
4. 月の光に照らされて　傍の友に語るよう
   元このものは故郷の　外山の陰に咲き残る
5. 遅れ咲きなる白菊を　吾れ故郷を出るとき
   君が形見と贈られし　真心こめしこの栞
6. 海山遠く離れても　彼が形見を思いいで

---

*61 海洋会、橘濤歌集から。
*62 この「右手」は「左手」だと主張する者がいる。また「右手」の読みとし「めて」と読んだりする。西南戦争時の民謡とされる「田原坂」では「右手（めで）の血刀左手（ゆんで）に手綱」と唄われる。「左手」は「弓手」と書くともいう。

　　　朝な夕なに眺めつつ　　云わんとすれば悲しやな

7. 涙のために遮られ　　そのままトップにうち伏しぬ
　　やがて少年身を起こし　遠き故郷を眺めつつ

8. 男子立志出郷関　　学若不成死不帰
　　（男子志をたてて郷関を出づ　学もし成る無くんば復た還らず）
　　去年今夜眺秋月　　更心身如大海

9. 満天雲なく月は澄み　風はそよそよ吹きわたる
　　秋の夜中の空とおく　折しも聞こゆるら喇叭の音

10. ああこの十時は今鳴りぬ　忽ち消ゆる少年の
　　姿は校舎に入りにけり　音するものは程遠く

11. 小松原に打ち寄する　岸打つ波の音高く
　　犬の遠吠えかすかなり　　犬の遠吠えかすかなり

　8節目は台詞である。この詩「男子志を立てて……」は江戸末期、山口県柳井から大島商船高専に向かう国道筋にある柳井市遠崎の寺、妙円寺九代住職で幕末尊皇攘夷派であった僧侶 釈月性 の作である。

　この漢詩は蘇東坡の詩「是処青山可埋骨」を参照したものであろう。

　学若不成死不帰の次は、

　　　埋骨豈期墳墓地（骨を埋める豈墳墓の地を期せんや）

　　　人間到處有青山（人間到る処青山あり）

と続くのだが、8小節目ではこの2行が省略されている。

　この漢詩の全文は昔の教科書では定番とされ、よく吟詠されたものである。

作詞作曲者は誰か

　白菊の歌は、しばしば作詞作曲ともに神長 瞭月であるといわれる。

　この者は明治21年6月熊本県生まれ、明治大正期の演歌師で、バイオリンを独学で学び、演歌の伴奏楽器として使用した先駆者として知られている。

　一説によると、この男は17歳のときに「白菊の歌」を作詞作曲共に自分がつくったと言い張っていた。17歳が数え年と解するなら明治37年、満年齢なら明治38年に作詞作曲したことになる。

　確かに神長のお蔭で白菊の歌が世に流布されたのはそのとおりであろうが、すべて自作だとの主張は「なりすまし」に違いないというのが私の主張だ。

　原詩は青山静純の作であると考えるのが相当であろうと私は考えている。

　青山の旧姓は村瀬または森永で、明治40年に青山と改姓している。

　彼は明治19年4月1日の生まれである。東京、旧制日比谷中学校を卒業後、明治38年に満19歳で入学した大島商船学校航海科第九期生である。卒業は明治44年7月20日で、全課程卒業まで6年余である。

　当時は社船（帆船）実習が義務付けられていたから、卒業まで早ければ5年のところ6年を要したとしても不思議ではない。

　彼には文才があり、同校練習船「山口丸」の歌の作詞者でもあるということだ。

　大島商船学校同窓会誌「小松会」に同校航海科31期生の三輪敏治が書いた「白菊の歌伝承」という一文がある。これによれば、青山は在校中にこの詩を文芸誌に投稿し入選したという。私はこの文芸誌に掲載された青山の詩を神長が攪（さら）ったとみている。

　白菊の歌の詩が青山の在学中の作品なら明治38年から同41年にかけてのものだろう。こうして見ると、明治37年か同38年に当時16か17歳の神長が書いた詩を、その1年から4年くらい後の間に青山が、ほぼ変わらない詩を書いたことになるのだが、俄かに信じられない話で、私は神長には組しない。

　作曲はどうだ。

　安藤紀一*63は明治34年、校名が山口県立萩中学校に変更されたときの同校教諭で、明治35年に同校創立記念歌として作詞作曲したものであって、その曲が白菊の歌に使われたという説がある。後で示す楽譜からすると曲のキー（調）は異なるが演奏してみればいい。これは昭和5年9月に萩中学校規程の末尾に「創立記念式の歌」という数字譜（別記数字譜2）が見付かった。これを当時の音楽担当 峠松子教諭が五線譜に直したものである。これを演奏してみれば安藤の曲が現在流布している白菊の歌に酷似していることは明らかだ。安藤の曲は確かに「白菊の歌」のメロディーに違いない。

　大正14年12月発行の校友會雑誌（第弐拾四号）に、安藤は次のような一文を寄稿している。要旨は次のとおりである。

　「……先年私が広島の街上でバイオリン演奏者が、この曲を弾いて、これが東京の某校の作とか云うのを聞いた。それは、大いなる間違いで、この曲は、正確に、萩中学校から生まれたものであることは、作った私がいうのだから、

---

*63 安藤紀一：明治元年1865年生まれ、1935年没。山口県萩の神官の子として生まれ、萩明倫小学校長、県立旧制萩中学校教諭を歴任、県教育委員会編纂の「吉田松陰全集」の編纂委員も務めた。郷土史に造詣が深く、関連の著がある。

これほど確かなことはない。作った私は、決して、他の曲の一節も剽窃して
いない。いちいち歌詞に合わせて作ったものである」

図 38-1　萩高同窓会報 19 号（昭和 47 年）から

そうだとするなら、この安藤の曲は神長の主張より 2 年も 3 年も前の作品ではないか。神長が独自で酷似したこの曲を作曲したなどと言い張ったとしても、安藤の作曲年からして、これまた信じられない話である。

さて、2 節目「商船学校の校内の練習船の」とあるが、当時陸上帆船は正門前にあった。直ぐ西方は海辺である。

8 節目の漢詩は大島商船から直線距離で僅か 3 キロの妙円寺住職の作だ。

11 節、「小松原」はこの学校の地名である「小松」と解することもできよう。「打ち寄する岸打つ波」については、東京高等商船学校の越中島キャンパス付近の波は、嵐でもなければ「岸打つ波」と表現できるような場所ではない。これは古地図で立証できる。

これら 3 節は状況証拠に過ぎないと云えばそれまでだが、いずれも大島商船学校の風物詩と解してよかろう。

以上を総合すると、白菊の歌の作詞は大島商船の生徒であった青山であり、作曲は萩中学校の安藤であると考えるのが合理的である。

ところで、この歌の歌詞は可笑しいといって騒ぎ立てる輩がいる。

それは、秋なのに、霞める空である。カスミは春の季語であるから可笑しいといい、用法として間違っているなどと重箱の隅を 穿(ほじく) ることしきりである。

そこまでいうなら「襟裳岬」はどうだ。この歌では「なにもない春です」と唄うが、春の襟裳岬はフクジュソウなどの高山植物が花盛りである。

「アカシヤの雨がやむとき」なら「青空さして鳩がとぶ（飛ぶ）むらさき（紫）のはね（羽根）のいろ（色）」とあるのだが、鳩の色は灰、黒ゴマ、黒、白、赤茶色の 5 種類だ。紫色の羽はないそうだから、この歌詞も嘘。

勇壮な軍歌「元寇」の最後の一節「底の藻屑と消えて残るは唯三人」ならどうだ。これは元軍（日本侵略連合軍）で生き残った者は僅か三人という意味だが、元史には確かにそうあるものの誇張だというのが定説だ。これまた非難ができることになろう。

詩の一字一句を 穿(ほじく) り出してなんの益がある。歌謡は雰囲気で味わえばいいものだ。

菊はチャイナからの伝来で、平安時代から広まったようである。

奈良時代末期に成立したと云われる万葉集に菊花を詠んだ歌はない。

古今集にあり小倉百人一首 29 番歌、

白菊の花をよめる　　凡 河内躬恒(おおしこうちの みつね)

心あてに折らばや折らむ初霜のおきまどわせる白菊の花

白菊の歌は、私にとって青春の時代を呼び起こす忘れ難い思い出の一つだ。

《第39話》お遊び北極星時計と日時計

日時計（Sundial）というのがある。水平式、垂直式なもの、あるいは球面内に影を作る日時計もあるが、いずれも太陽の影から時刻を知る道具だ。

棒を垂直に立てると朝なら太陽は東にあるから影は西にのびる。昼近くなると影が北に向いて、午後には東を向く。つまり影は右回りをする。だから普通の時計の針は右回りというわけだ。このことから人類文化は、この地球の北半球から始まったことが分かる。

地球儀も北半球で最初に造られたに違いないが、本来、どちらを上にしようがかまわない。宇宙に上下はない。勝手に定義しているだけだから、北半球を下にした地球儀でもかまわない。

ではなぜ、北半球が上であるかであるが、理由の一つはこうだ。北半球を下にすると、北半球に住む人が見て、地球から落ちそうで気持ちが悪いからだろう。地球儀の構成も人類文化が北半球から始まった証拠の一つになりそうだ。

南半球を上にした地球儀もオーストラリアなどでは売られている。

日時計は、一工夫すれば、日常生活に役立つ精巧なものを造ることができる。だが夜には日時計は役立たない。ではどうするか。

理屈の上では、どんな星でもいいのだが、全く道具を使わないなら、動きのよく分かる北斗七星やカシオペア座が北極星に近いので好都合だ。ここでは北斗七星のα星を使おう。

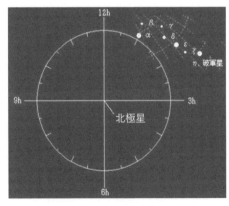

図39-1　北極星時計ダイアル

① まず北極星を時計の中心と考え、北斗七星のα星を時計の針と考える。図39-1を見ていただこう。まず北極星の周りに北極星の直下を6時とし、真上（天頂）を12時とした時計の文字盤を考える。これを北極星時計と名付けよう。北斗七星は、この時計の文字盤の周りを左回り、つまり東から西に巡っている。

② 次に、α 星が文字盤のどこに来ているかを視る。

③ 次の計算をする。

$$地方時 = 6.5 - (北極星時計の時刻 \times 2) - (暦月 \times 2)$$

④ 実例で示そう。図を 1 月のある日とする。α 星は 1 時の位置にあるから、③の計算は 6.5 - (1 \times 2) - (1 \times 2) = 2.5 である。よって 2 時 30 分である。

⑤ 答えがマイナスになると 24 を加える。

なぜこうなるかは、読者の楽しみに残しておこう。

この方法を繰り返し練習すると、実用に差し支えないほど正確に時刻が分かり、非常に 重宝（ちょうほう）なものである。

中世の占星術師は、これを門外不出（ふしゅつ）の秘伝としていたくらいで、このための道具も考案され使われていた。これは図 39-2 のようなもので、下の金具を掴んで垂直に持ち、真ん中の穴から北極星を覗き、腕の部分を α 星に向ける。これを Nocturnal（ノクターナル）という。

図 39-2 ノクターナル

日時計

昼間なら日時計を使えばいい。一工夫すると精巧なものが作れる。日時計の影は太陽の動きを示す。だから時計が 12 時（平均太陽時）を指しているとき、太陽が真南（視太陽時）に見えるかというと、そうではない。太陽は真南だが時計は 11 時 55 分かも知れないのだ。この差のことを均時差（きんじさ）というが、± 17 分を超えることはない。しかも、これは毎年同日同時刻には日時計レベルでは実用上ほぼ同じ値と見ていい。

図 39-3　ベルギーのビュートゲンバッハの精密日時計（誤差 ±30 秒）（http://www.precisionsundials.eu/ より）

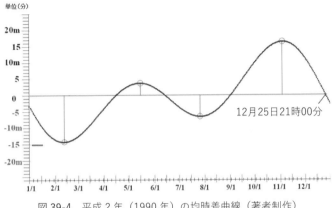

図 39-4　平成 2 年（1990 年）の均時差曲線（著者制作）

01月 01日	-3m 17S		04月 05日	-2m 55S		07月 05日	-4m 26S		10月 05日	11m 21S
01月 05日	-5m 09S		04月 10日	-1m 30S		07月 10日	-5m 14S		10月 10日	12m 48S
01月 10日	-7m 18S		04月 15日	0m 12S		07月 15日	-5m 52S		10月 15日	14m 03S
01月 15日	-9m 12S		04月 20日	0m 58S		07月 20日	-6m 17S		10月 20日	15m 04S
01月 20日	-10m 51S		04月 25日	1m 56S		07月 25日	-6m 30S		10月 25日	15m 49S
01月 25日	-12m 12S		04月 30日	2m 43S		07月 30日	-6m 27S		10月 30日	16m 16S
01月 30日	-13m 13S		05月 05日	3m 16S		08月 05日	-6m 03S		11月 05日	16m 24S
02月 05日	-13m 59S		05月 10日	3m 37S		08月 10日	-5m 27S		11月 10日	16m 08S
02月 10日	-14m 14S		05月 15日	3m 43S		08月 15日	-4m 36S		11月 15日	15m 30S
02月 15日	-14m 11S		05月 20日	3m 34S		08月 20日	-3m 32S		11月 20日	14m 31S
02月 20日	-13m 49S		05月 25日	3m 11S		08月 25日	-2m 17S		11月 25日	13m 12S
02月 25日	-13m 11S		05月 30日	2m 36S		08月 30日	0m 51S		11月 30日	11m 34S
03月 01日	-12m 30S		06月 05日	1m 41S		09月 05日	1m 04S		12月 05日	9m 40S
03月 05日	-11m 41S		06月 10日	0m 45S		09月 10日	2m 47S		12月 10日	7m 31S
03月 10日	-10m 29S		06月 15日	0m 16S		09月 15日	4m 32S		12月 15日	5m 11S
03月 15日	-9m 08S		06月 20日	-1m 21S		09月 20日	6m 19S		12月 20日	2m 44S
03月 20日	-7m 41S		06月 25日	-2m 27S		09月 25日	8m 04S		12月 25日	0m 15S
03月 25日	-6m 12S		06月 30日	-3m 29S		09月 30日	9m 46S		12月 30日	-2m 12S
03月 30日	-4m 41S									

図 39-5　1990 年の均時差（5 日毎）、平時＝視時（日時計）－均時差（著者制作）。
例えば 3 月 10 日に日時計が 10 時 30 分を示す時、当日の均時差は、マイナス 10 分
29 秒であるから、平時＝10 時 30 分－（－10 分 29 秒）＝10 時 40 分 29 秒。

　日時計には様々なものがあるが、ハイブリッド型の日時計は簡単に作成できる
るし、外周の目盛板を一工夫すれば均時差を改正して平時を求めることも容易
にできる。図 39-6 がそれだ[64]。
　中心に蔭針を取り付ける。月日に応じて Y 軸方向に移動できるようにして
おく。この円の外周の目盛は等間隔だから、円の直径を 1 メートルくらいにす

---

[64] 堀源一郎編「天文計算セミナー」（恒星社厚生閣）を参考にした。

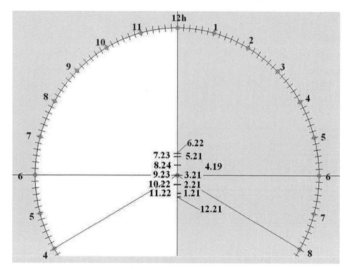

図39-6　ハイブリッド型日時計（筆者制作）
12時の方向を真北に向け、北緯34度付近で使用する。

ると2分以下の精度で時刻を読み取れるだろう。読み取った時刻を図39-4または図39-5で均時差を修正するか、外周を均時差だけ回転（移動）させれば平時が得られる。図39-6を拡大コピーして板に貼り付けたらいい。

　これは18世紀に考案されたものである。

《第40話》砂時計と船速

　砂時計（hourglass、sandglass）はガラスの円筒の中央部をくびらせて、上部に砂を入れ、これが下の部分に落ちてしまうまでの時間を知る道具だ。

　現在では結構正確なものが造られており、装飾品のようなものも市販されている。チャイナでは「沙漏（しゃろう）」、「沙鐘（しゃしょう）」という。

　正確な時計がなかった時代、どのようにして砂時計の時間間隔を決めたかというと巧妙な手があった。それは、春分、秋分は昼夜の間隔が同じであることを利用したのだ。

　令和4年の春分の日は3月21日である。この日の太陽の出没時刻を計算すると図40-1のとおりシンガポールでは日出から日没までは11時間59分54秒ほどである。

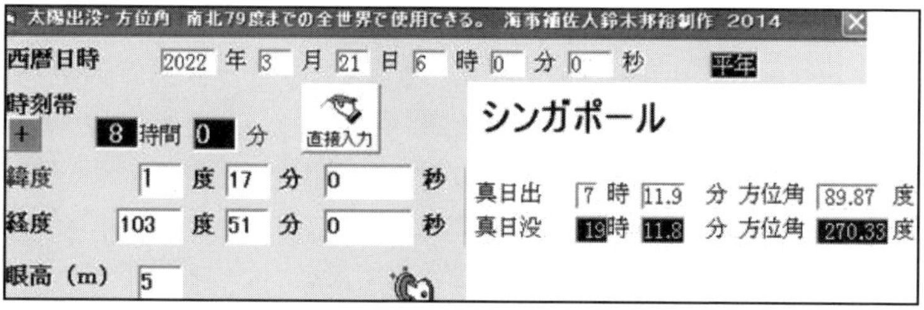

図 40-1　令和 4 年春分の日出と日没の計算（筆者の計算）

　そこで、この日の日出から日没までに砂時計から流れ出る砂の量を 12 等分し、1 時間分の砂量とする。その更に 60 分の 1 の量を 1 分とすれば 1 分時計ができる。30 分時計、3 分、6 分、1 時間の砂時計も造ることができる。

　島根県大田市仁摩町には 1 年間時計と云う高さ 5 メートルのものが現存する。

　マゼランは世界周航に際して 18 個の砂時計を積み込んでいたという。

　昔の船は、30 分経過すると砂が下に落ちてしまう瞬時に点鐘を打ち、船内に時刻を知らせた。操舵中の舵手が点鐘を打ったが、その際に砂時計を反転させ、次の 30 分後を待った。

　砂時計の中央の「くびれの部分」を温めると砂の落ちるのが速くなると云って、当直交代時間を早めようと「砂時計を抱く」者がいたという。「くびれ部分」を温めると、くびれ部分が広がって速く落ちるというわけだが、激しく振り回しても落ちる時間を短縮できる。

　砂時計の中味は、珪砂、砂鉄、シリカゲルを粉砕した人工砂、ガラスビーズ、貝殻や大理石を粉砕した砂、ジルコンサンド（オーストラリアなどで産出する落ちのいい砂）が使われる。

　本体はガラスなどの透明な容器で、中央がくびれた管でできている。

　砂の容量は本体上部の半量以下の砂が封入されており、くびれの部分のことを「蜂の腰」といった。種類にもよるがミツバチの腰はくびれている。

　砂時計は海賊旗の絵柄にも髑髏と共に用いられた。

　これは、相手の船に対する視覚的な威圧であり、「おれは海賊だ、降伏しろ。降伏すれば 4 分の 1 はくれてやろう！」の意味だという説がある。

　西欧では砂時計は死の伝統的なシンボルとして、命の刻限が次第に減ってゆくことへの暗示とされたことから、墓石の図柄として羽の生えた砂時計が用いられた。

オリオン座の形は砂時計に例えられる。

19 世紀初頭のイギリス軍艦の海洋スペクタクル・アクション映画「Master and Commander」（ラッセル・クロウ主演、アカデミー賞受賞）にでてくる砂時計では、釣り上げた状態で砂時計を反転させることができる。

砂時計は船で速力の測定にも利用された。

船の速さを知る原始的な方法は木材を流して推定した。木材（丸太）は Log であるから、現代でも速力測定装置をログといい、速力などを記録する航海日誌をログブック（Log Book）というわけだ。

固い扇方の板に紐をつけて流し、一定の時間に流出する索の長さを知れば速力が分かる。いちいち延出した長さを測らなくても、予め索に目印（結び目）を付けておけばいい。結びは節（Knot）であるから、結び目が何節かで速力を〇〇節、つまり〇〇ノットというようになったのである。

明治・大正期の書物では 10 ノットは、おしなべて「十節」と書いている。

このとき時間を測るのに、速力 5 ノット以下なら 28 秒砂時計（Long Glass）を、5 ノット以上なら 14 秒時計（Short Glass）が使われた。

28 秒間にログラインが 14.4 メートル繰り出されたら 1 ノットだから、その長さごとに結び目を付けたことから速力単位をノット（節）と呼ぶようになったのである。

コンピュータに GPS から正確な報時信号を受け、30 分毎に点鐘が鳴るようにプログラミングする。それに連動して砂時計を自動反転させる。加えて正午になれば読者の余命を厚生労働省の平均余命表から自動計算し、アナウンスさせる玩具のような装置など簡単に作れる。

貴方は、あと何日生きられるか、毎日砂時計が知らせてくれる装置だ。

《第 41 話》誤差三角形

クロスベアリング

沿岸航海の際、船位を測定する方法で最も多用されたのは交叉（差）方位法だった。これをクロスベアリング（cross bearing）という。

今どきの船乗りはレーダーや GPS などの電子機器に頼りきっているから、これを使って船位を測定することはない。

まして小型鋼船のジャイロコンパスは方位を観測できるように設置されていないものが多く、交叉方位法の原理といっても聞いたことがあるくらいで、測った経験もなく、この手法とは無縁の航海だ。

　この方法は燈台などの2つ以上の物標の方位を測定して、その方位線の交点を船位とする手法である。

　ある燈台の方位を測ったとしよう。その時に、船はその灯台の方位線上のどこかに位置している。方位と方向は異なる意味だが、ある固定物（燈台、岬、山頂など）の方位を測定したとき、その方位線を「位置の線」という。船はこの線上のどこかにいる。

　このとき、他の物標の方位も測定すれば両方位線の交点が船位である（図41-1 左）。2つの目標だけを測った場合は、どちらかの測定に誤りがあれば正確を期し難いから、3つの目標を選んで測定する。

　昔のように、方位測定用の原基羅針儀（げんきらしんぎ）が船橋上のフライングブリッジにあれば、操舵室から駆け上がり、方位を3つ以上測定する。観測値を暗記して操舵室に戻り、海図机で方位を記入し、船位を求め、前回の観測からの速力を計算する。これまでに要する時間は僅か40秒としたものだった。これは熟練を要する技術だ。

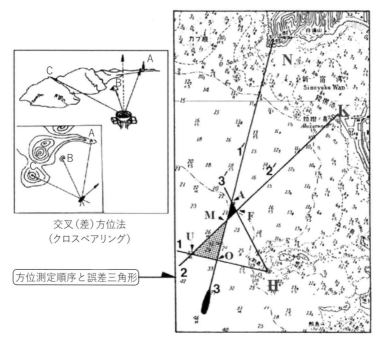

図41-1　クロスベアリングと誤差三角形（cocked hat）（筆者による）

　ところで、3 方位は同時に観測できない。測定している間も船は進んでいるから、測定した方位線が一か所で交わらないのである。

　図 41-1 右のとおり、1、2、3 の順に測ると U、M、O の三角形ができるから、船位がどこかを即断できない。

　そこで、方位の変化が少ないものから測る。図 41-1 右で N の目標は船首方向だから、船が進んでも見える方向は殆ど変化がない。これに次いで方位の変化が少ないのは目標 K である。右正横付近の目標 H が一番方位の変化が大きい。つまり船が進んでいる以上、コンパスが狂っておらず、正確に観測したとしても、大小を問わず必ず 3 本の線で三角形が形成されることになる。

　このとき 1′、2′、3′ の順に測定すれば、三角形 A、M、F のような、小さな三角形になる。

　この誤差を更に少なくするには、各方位の狂い（磁気コンパスの自差）を暗算して修正する。

　また、最後に観測した方位以外は、観測した時刻から最後に観測した時刻までに移動した距離分だけ方位線を針路（進路）方向に沿って平行移動（転位）しなければならない。

　更に、3 つの方位を測るときは各物標の交角が 60 度に近いような物標を選択できれば、誤差の少ない位置決定ができる。詳しくは拙著「ヨットマンの航海術」を参照していただこう。

　天測計算でも 3 つの位置の圏（線）は必ず三角形を形成するが、そのときにどこを最確位置にすればいいかは、私と神戸大学名誉教授古荘雅生博士との共著「究極の天測技法」に詳しく説明しているから理解されたらいい。

　この三角形のことを誤差（示誤）三角形、英語では cocked hat という。

　これは、「三角帽」、「相手（人）をやっつける」、「他人を負かす」などの意味もあるが、誤差（示誤）三角形という意味であるというのは、研究社の英和辞典にでてこないし、Webster's Third New International Dictionary にも見当たらない。

　古い書物では Admiralty Manual of Navigation Vol.1（1921 年版）を見ると、cocked hat について一項を設け、3 つの位置の線が交わらず三角形をなすのを cocked hat というのだと書かれている。

　アメリカの航海書 American Practical Navigator（1977 年版）には、誤差三角形は triangle of error だといい、「しばしば cocked hat と呼ばれる」と書かれ、同書の最新版（2019 年版）でも同様に言及されている。

　そうすると、この言葉は測地学や測量、航海学を学んだ人達だけが知ってい

る船舶用語で、俗語の類に違いない。

　18 世紀ころに正装用に用いられた三面が上に折りあがった帽子をいうのだそうだ。

　図 41-2 はナポレオン一世がグラン・サン・ベルナール峠経由でアルプスを越えようとする時の様子をフランスの画家ジャック＝ルイ・ダヴィッドが描いたもので、ビーバーの毛皮で作られた帽子を被っている。彼は、角が 2 つある二角帽子を愛用したといい、このときの乗馬は絵のような荒馬ではなく、実はラバだったということだ。

　コックは雄鶏（おんどり）であるが、その鶏冠（とさか）の形が二角帽に似ているから cocked hat だとか、諸説紛々（しょせつふんぷん）である。

図 41-2　ナポレオン一世のアルプス越え
（Wikipedia より）

　これらの帽子は、日本では軍人だけでなく高位文官の大礼服着用時にも正装用の帽子として用いられたが、二角帽子が多かったようで「山形帽」とも呼ばれた。

　信任状捧呈（ほうてい）式に使用される宮内庁馬車の馭者（ぎょしゃ）は三角帽で、馬車後部の車馬員は二角帽だ。

《第 42 話》舷梯

　乗下船する人々の出入口が舷門、すなわちギャングウェイ（gangway）である。

　このギャングは強盗のことではない。船員を含めて船に出入りする仲間、一群の人達と解してもいい。荷役作業員の一団を各班に分け、各々 one gang と呼び、今日は three gang（3 班）で荷役するなどと使う。

　これが転じて、ひとかたまりで銀行を襲うなどの悪業集団をギャングというようになったのだ。ウェイは出入口である。

　舷門から陸岸に渡す道板をギャング・ボードまたはギャング・プランク、更に古い言葉でブリッジ（橋）という意味のブラウとも呼ぶ。そして舷門へ通じ

178

る舷側の梯子階段を舷梯、すなわちギャングウェイ・ラダー（ladder、梯子）と呼ぶが、アコモデーション・ラダーと気取って呼ぶこともある。アコモデーション（accommodation）は宿泊施設の意味もある。

　日本船では、船内に設ける各種の階段すべてを含めて、特に舷梯のことをタラップと呼ぶことが多い。タラップとはオランダ語で階段（trap（舷門）と書く）のことであり、日本人は最初にオランダから船舶用語を学んだから、英語の gangway ではなくオランダ語をそのまま引き継いで使っているのだろう。

　帝国海軍の艦船や海上自衛隊ではタラップをラッタルと呼ぶが、これはラダー（ladder）の訛である。帆船が花盛りであった時代の解説書を見ると、舷門は玄関口らしく装飾されている。

　舷門を出て下に降りるためのステップもある。

　日本の場合はどうだ。乗下船には「歩み板」を使った。岸壁に横付けしている際には、これを使わず、陸から舷側を乗り越えて乗下船した。現在でも上甲板と岸壁の高低差の少ないときは同じことをしているのが実態である。板一枚だけで「踏み桟」や

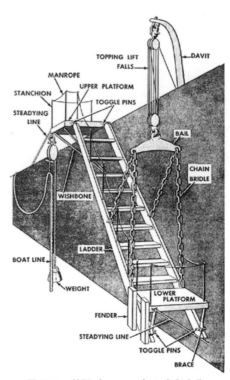

図 42-1　舷門（gangway）の各部名称
（KNIGHT'S MODERN SEAMANSHIP 18 版から）

図 42-2　イギリス艦の舷門
（OLD SHIP FIGURE-HEADS AND STERNS、
L. G. Carr Laughton 2001 年から）

ハンドレールのないものも使用された。

　これは滑りやすく不安定であり、慣れない見習い船員の転落事故がよくあった。しかし、転落防止対策を講じるどころか、転落すると「船乗りなら、「歩^{あゆ}み」くらい歩けないでどうする！」と叱責されたものだという。

　現在の内航小型鋼船は、乗下船時の安全対策に無頓着な船が多々ある。空船時に縄梯子を使っている船もある。図 42-3 の左のように手摺のない歩み板を使ったり、右のように舷梯や歩み板を全く使用しない船は驚くほど多い。

図 42-3　手摺のない不安全な歩み（左）と舷梯などを使わない内航船（右）（筆者撮影）

フールプルーフ（fool proof）

　安心で安全な運航を達成するための基本理念は fool proof である。これはだれでも怪我をしない環境、馬鹿でも災害を起こさない船内環境ともいわれ、我が国では昭和 40 年代の頃から、安全の標語として普及し始めたものである。日本語訳として「完全無欠」と訳されることもある。

　労働災害防止に限っていうと、準拠法令に船員法及び船員労働安全衛生規則がある。この省令は労安則とも略称されるが、岸壁横付け中の内航小型鋼船の実態の多くは、舷梯や歩みの代わりに縄梯子、アルミ製の垂直梯子が多用されている。舷梯や歩み板を使用せよと法令が命じていながら、代替手段として縄梯子などがこの省令の解釈上許容されている。

　船で使う縄梯子は、梯子が反転するのを防ぐためのスプレッダーステップを付けたものを使用すべきだ。

　2014 年 4 月、韓国南西部の海域で発生したセウォル（歳月）号遭難の際、韓国マスコミは、安全対策に関する限り「自国は三流国」と自虐^{じぎゃくてき}的な表現をした。このとき日本のマスコミは「我が国は韓国よりも国としての能力・基礎体力が違う」と自画自賛して一流国だと喧伝した。

しかし、およそ陸船間交通手段に関する限り、日本の内航船の実態は、アメリカに比べて二流以下、三流国といってもいい。

このことは、アメリカ太平洋沿岸海事安全規則（Pacific Coast Marine Safety Code 1996 Revision) を読めば歴然としている（図 42-4）。

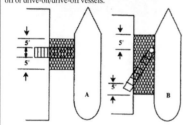

Rule 234. A life net furnished by the vessel shall be rigged under all gangways or accommodation ladders used by employees in such a manner as to prevent a person from falling between the ship and the dock. When the means of access is rigged at right angle to the ship (athwartship), the net shall extend at least five feet (5′) on either side. When the means of access is rigged parallel to the ship (or nearly so), the net shall extend at least five feet (5′) past the top and at least five feet (5′) beyond the junction point of the means of access and the dock.

Exception: Ramps equipped with handrails on roll-on/roll-off or drive-on/drive-off vessels.

Rule 235. When a ship is lying at a pier or wharf, there shall be provided at all times a safe means of going to and from the ship consisting of a gangway or ramp. Such means of access shall be adequately lighted during hours of darkness. Personnel platforms on container crane lifting beams shall not be used as a substitute for a gangway.

Rule 236. Gangways provided shall be at least twenty inches (20′′) wide and properly secured to the ship. Such gangways shall be provided with a two-rail railing on each side; the upper rails shall be at least thirty-three inches (33′′) high. Rails shall consist of wood, taut ropes or chains, or other equally safe devices.

図 42-4　アメリカのルール
（https://www.ilwu63.net/ より）

この規則では、舷梯は確実に船体と固定されていること、その幅は 51 センチ以上で、下に張るネットは図のように舷梯の両側から 1.5 メートル以上張り出す大きさが必要であること、舷梯の両側には最小限 84 センチの高さのハンドレールが必要でレール間を通すラインは緩まないようにしっかりと張る、また舷梯付近には照明が必要であることなどと定められている。

昔のことだ。ロサンゼルス港内で岸壁着岸し、舷梯を降ろした。勿論ネットも使った。しかし岸壁で待機していた荷役作業員は誰ひとり乗船しなかった。

舷梯のステップが水平でないというのが理由であった。

昔の舷梯はその設置角度に関係なくステップが固定で、現在のように自動的にその傾きが変化し、常にステップが水平になるような仕組みの舷梯は少なかったのである。

そこで木製の板に踏み桟を取りつけ舷梯に固定したから、ようやく彼らは乗船した。

これは 60 年以上も昔の話だ。船員労働安全衛生規則が施行されたのは、これから 7 年も後の昭和 39 年のことである。

毎年 9 月は船員労働安全衛生月間である。

私は船員災害防止指導員として 30 年以上に亘って、この月間に運輸当局の係官共々訪船し、様々な指導を行ってきたつもりだ。しかし残念なことに乗下船の安全対策に関する限り、乗組員の意識の向上を図ることに力が及ばなかった。先年に不備を指摘しておいた船に、翌年訪れてみると相も変わらず垂直縄梯子を使っていたのが好例である。

毎年 9 月が来ると、これを思い起こし、忸怩たる思いにかられる。

《第 43 話》スインギングブームのこと

ここでいうものは陸上の移動式クレーンのことではない。船ではブームが多いが、数あるブームのうちで動かすことのできるものをスインギングブームといった。ヨットのメインセールを取り付けるブームもそれだ。

大型帆船では低いブームともいわれる帆に用いるもブームもあるし、荷役作業のためのデリックブームも同じに呼ばれる。

停泊中にボートが留められるように舷側から直角に出すブームがボートブーム（boat boom）で、ボートから乗船するのに用いられた。

これもスインギングブームだ。これは、ボートを舷側に横付けにしたままだと、波浪で損傷を受ける恐れがあるから、外舷から離すための装置である。

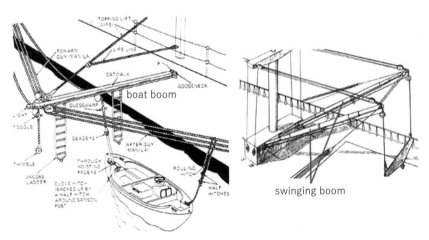

図 43-1　ボートブーム（左）と荷役用スインギングブーム（右）
（KNIGHT'S MODERN SEAMANSHIP 18 版から）

短艇を使用するとき、短艇員はブームを渡り、縄梯子で短艇に乗り降りした。

軍艦の戦闘（合戦）準備ではスインギングブームなどの舷外に突出しているものはすべてこれを収め、ブームギア（索具類）を外し、敵弾のため破壊されても落下しないように固縛しなければならなかった。このブームを「猫の渡り道、cat walk」と呼んだ。

縄梯子を降りるときは、図43-2のように梯子の片方を掴んだ。実際にやってみればわかるが、こうしないとうまくいかない。

出航する前にはブームを舷側に添わせて格納した。つまり動かせるブームだからスインギングブーム（swinging boom）といったのだ。

昔の軍艦には、これのあった艦が多かった。

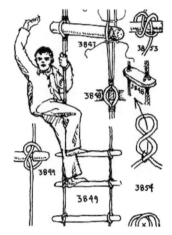

図43-2　縄梯子の昇降
（THE ASHLEY BOOK
OF KNOTS から）

《第44話》珍奇な船

奇妙な潜水艇

アメリカで最初に建造された潜水艇は1775年にデヴィッド・ブッシュネルが発明したタートル（turtle、亀）潜水艇である。港に停泊中の敵船に極秘裏に接近して機雷を取り付ける手段として発明されたのだという。

全長2.4メートル、全高1.8メートル、全幅90センチの卵形で、木造外殻にタールを塗り、鋼鉄製のバンドで補強した。

3ノットで航行でき、1人乗りで30分潜水できた。プロペラ、舵はもとより、浮力調節もすべて人力操作だから、ひ弱な者は操縦できなかったろう。

時限装置で爆発する爆薬も搭載していたが、どのようにして敵艦の艦底に爆薬を仕掛けて逃げるかである。

艇にはドリルが付いていた。敵艦の艦底に接近し、ドリルを艦外板にねじ込む。ドリルはロープで爆弾と結ばれており、ドリルをねじ込んだまま敵艦から離れるとロープが引かれ爆薬が水中にぶらさがる。タートル号が艦から安全な距離まで離れると時限装置が作動して爆薬が爆発する仕組みであった。実際に敵艦を攻撃したこともあったようだ。これは奇妙な船といっていいだろう。

この艇には窓が6つあったが、艇内は暗かった。蠟燭では酸素を消耗する。

エジソンの白熱電球発明以前のことであるから、いい方法はないかとベンジャミン・フランクリンに相談したところ、木に付着して燐光を発する菌類の微弱な光を使えばよかろうということになり、何とか計器類が読める程度の照明が確保できたという。

底かき車船

　浅い海では戦車のように船底の車が海底を蹴って進み、深い海に入ると船底の車を取り込み外輪船のように進む船が発明されたことがあった。底かき車船と呼んだようだ。

　この船は 1870 年にフランスで造られたもので、全長約 10 メートル、幅約 7 メートル、底かき車の直径は 6 メートルである。この船は、スイスを源流とし地中海に流れ込んでいるローヌ川で使われた。この川は流れが速く、上流に向かって進むとき乗り手が苦労するので考案されたという。蒸気機関が使われるようになってから作られた船であるが、船底に大釘の付いた車があって、流れに逆らって上流に進むときは、この回転車の大釘が海底を蹴って進む仕組みだ。

　逆に川下に向かう時はこの車を鎖仕掛けで船内に引き込み、外輪を使い航行し

図 44-1　底かき車船
(「THE FANTASTIC BOOK OF BOATS 船」
平凡社、昭和 49 年刊から)

た。アイデアとしては面白かろうが、底かき車を使ったときはガタガタと大揺れして、乗り心地は悪かったろう。

円筒を回して走る船

　図 44-2 左のように大きな円筒があって動力でこれを回転させて進む船をローター船（rotor ship）といった。1924 年にドイツの技術者が発明した。

　甲板上に直立するローターを立て動力で回転させると、マグヌス効果という力がローターに働いて進むことができる。ただし風が吹いていないと駄目である。ある船のローターは高さ 15 メートル、直径 3 メートルあった。ローターだけだと無風時は走れないから、プロペラ推進でも走れるようになっていた。

　高いローターを回転させるに必要な電力は、従来のプロペラと比較して推進

効果が悪く、システムの経済性に問題があり、現在では動力船の燃焼効率を高めるための補助手段として利用されているにすぎない。

マグヌス効果と云うのは野球の投手が投げる球がカーブするのと同じ理屈で、図44-2の右のように円筒を右回転させると円筒に左から風が当たれば矢印方向に円筒を動かす力が働き、船を進めることができるというのが原理だ。

図44-2　ローター船（Wikipediaより、by Dr. Wessmann）と推進の原理説明

凧で走る船

巨大な凧で風を受けて走る船は、アイデアの世界ではなく実現している。

もちろん主たる動力は機関だが、ドイツの企業が開発した凧を揚げる貨物船が実在するし、日本でも計画されている。凧は気流の安定している高いところで飛ぶから効率がいい。

凧はコンピュータで制御され、全長64メートルの船では帆の面積が約158平方メートルのものもある。

この船はディーゼル機関の燃料を50パーセント、排気ガスを10から35パーセント節約できるという触れ込みで、ハイブリッド貨物船と称している。

丸い船型

図44-3の丸い船は1873年にロシアで造られた。明治6年のことである。

帝政ロシアの海軍将官（後の大将）アンドレイ・ポポフが沿岸防衛のため発案して建造された。船

図44-3　建造中のポポフカ（https://jp.rbth.com/ より）

名は彼の名をとってポポフカ（ポポフの子息の意）と命名された。船の直径は
31メートル、砲塔の高さは2メートルで、煙突は2本あった。

　搭載した砲は全方向に射撃することができ、推進プロペラが6つもあり、舵
もあるが、速力は今一だった。この砲艦は2隻しか建造されなかった。

　ポポフはロシア皇帝アレクサンドル二世に皇帝専用の円形ヨットの建造を提
案した。皇帝は提案を受け入れ、皇帝専用の豪華なヨットはイギリスで建造さ
れたが、皇帝が亡くなると石炭輸送用のためのみすぼらしい 艀（はしけ）として使われ
たという。

6つもある車輪船

　これはローラーシップとも呼ばれた。長方形の船体の両側に大きな浮力のあ
る丸い車を片舷に3個、合計6個の車で走らせようと考案された船だ。

　英仏間のドーバー海峡（最狭部約18海里）で旅客を乗せて30ノットで走ら
せようと企んだのだ。

　ゆったりとした広い木甲板にはブリッジ、機関室、炊事室、客室や乗員の部
屋があって、車の浮力で船体は海面に浮き揚がるから、上部構造物は海の抵抗
を受けない。

　6個の車が回りだすと勢いよく走りだすが、操縦が非常に難しかったという。

　実験航海は成功したようだが、思うように速力がでず、実用化されなかった。

　フランス人は海底と高空に強い国民だが、これも底かき船と同様にフランス
人の考案である。

　水中翼船は早くから発案されたもので、電話の発明者グラハム・ベル、飛行
機で知られるライト兄弟も水中翼船の設計に手を付けている。1891年にはフ
ランスの、ある伯爵も水中翼船の実験を試みている。

　水中翼船は世界各国で使用され、40ノット近い高速を誇る船だが、短い周期
で大きく横揺れするから乗り心地は今一で、ジェットホイル船の方が快適だ。

　ホバークラフト船は、1868年ころ試作されたものである。

飛行機並に走る船

　世界最高の滑走艇の速力記録はイギリスのドナルド・キャンベルがBluebird
艇にジェットエンジンを装備して達成した。胴体の外側には水中翼のように船
体を支えて水面を滑走する「水ひれ」が付いていた。この艇は1964年の大晦
日に西オーストラリア州の湖で240ノット（時速444.7キロ）という驚異的な
速力を記録した。

1967 年、イギリスで更なる記録に挑戦したが、発艇後間もなく艇は宙返りし、落水した衝撃で座席のキャンベルは即死した。

探検家や冒険家たちは常に自己の記録を更新しようとして限界に挑むが、死神に招かれることが多いのは歴史が証明している。

スコットしかり、アムンゼンもそうだし、日本人では 1984 年に世界初の冬季マッキンリー単独登頂に成功したが翌日の通信を最後に消息を絶った植村直己がそうだ。

図 44-4　最高速船ブルーバード
(「THE FANTASTIC BOOK OF BOATS 船」平凡社、昭和 49 年刊から)

4 枚羽根のヨット

1968 年にイギリスで造られた 4 枚羽根の船はプレーンセイルといって船体上にマストやセイルの代わりに 4 枚の翼が立っている。飛行機の翼と似た断面で、この翼をリモコンで風に対して適当な角度にすると、飛ぶように走るという。安定性が良く、快適な乗り物のようだ。

古代ローマの牛で動かす外輪船

古い昔にも外輪船があった。牛に外輪を回させる船だ。推進原理は説明するまでもなかろう。

チャイナでも 4 世紀から 5 世紀のころ人力推進の船が造られたという。「双輪」とか「歩艦」と呼ばれたもので、踏み車を使用していたらしい。

図 44-5　プレーンセイル
(「THE FANTASTIC BOOK OF BOATS 船」平凡社、昭和 49 年刊から)

この船は現代でも簡単に作れる。

もしこの船の左前方から機関付（動力船）の船が衝突針路で接近してきたとしよう。この 2 船間には海上衝突予防法のどの航法規定が適用されるだろうか。

実は、この畜力船は動力船にはならないのである。2 隻の動力船の横切り関係を律する同法第 15 条（横切り船）の航法は適用されない。動力船とは電気

または熱エネルギーを用いて推進する船をいうから、畜力や人力で外輪や推進器を回しても動力船ではなく、普通は船員の常務で律せられる両船関係になるだろう。

図 44-6　古代ローマの牛力外輪船（Wikipedia より）

石船

　これは「いわふね」と呼ばれることもある。地名、古墳名、橋、人名にあるし、神社名にもなっている。石船観世音という仏像や、4 から 5 世紀頃の古墳名で石舟石棺というのが香川県にある。

　現代、石船といえば砂利（砕石）採取運搬船のことだが、チャイナには船体を石で造った船が多い。ただし、航海目的ではなく、係留したまま、饗応や遊び、あるいは観光用に用いる石船である。

　19 世紀末に、清朝王室の庭園で頤和園（いわえん）と改称された人工湖にそれが見られる。船体だけが石だが、上部構造物は木造で、塗装によって石らしく見せているものである。むろん動くことはできない。現在は公園になっている。チャイナでは石船を「石

図 44-7　頤和園の石舫（Wikipedia より）

舫（せきほう）」とも書く。

　これまた、動かせる船ではないが、北欧には、石船（stone ship）という名の付いた墓地が数多い。墓地の周りに石を並べ、船形のように見せるものだ。漁業者や船に関係のある者の墓地なのだろう。

図 44-8　北欧の墓地の一種、石船（stone ship）
（https://bavipower.com/blogs/ より）

《第 45 話》宝船雑談

　回文とは、どちらから読んでも同じに読める文章である。

　よく知られている回文に「竹藪焼けた（たけやぶやけた）」がある。

　単純な回文では「しんぶんし（新聞紙）」、「ヤオヤ（八百屋）」がそうだ。

　宝船に書かれている回文は「永き世の 遠の眠りのみな目ざめ 波乗り 船の音のよきかな」がある。これを平仮名書きすると「なかきよの とおのねふりの みなめさめ なみのりふねの おとのよきかな」である。この回文を誰が作ったかという話は落語にでてくる。「助高屋高助」だそうだ。これも回文で、上下どちらから読んでも同じになる名だ。

　これは江戸後期から宝船の絵に書き込まれるようになった「呪（まじな）い」である。

　宝船（たからぶね）は「ほうせん」とも呼ばれ、新年を表す季語である。七福神や八仙が乗って、珊瑚、金銀、宝石などの宝物を積み込んだ様子を画いた絵が宝船である。

　正月の 2 日に宝舟の絵を枕の下において寝ると良い初夢を見ると云われた。

　厄除けの護符として宝船が日本に伝わったのは室町時代だと云われるが、正月の縁起物として普及したのは江戸時代だった。

　最初は小さな帆かけ舟に米俵を積み宝珠や打出の小槌を添える程度の素朴なものだったが、次第に豪華な装飾船となり、七福神を乗せ、回文が書かれるようになった。災いは海へ流し去り、海の彼方から福を招くのが宝船である。

　絵に描かれた帆には「寶（たから）」、「壽」の文字が書かれることが多い。

　悪夢を見た時はその絵を描いて水に流した習慣から、中国では人の夢を食うという想像上の動物である獏（ばく）という文字を宝船の帆に書いた。

　獏はパンダであるという説あり、南北アメリカ、東南アジアに生息するバク

科に属する動物が幻の獣「獏」に似ていることが名称の由来だともいう。

悪夢を見た後に「この夢を獏に捧げる」と唱えれば二度と同じ悪夢を見ないで済むという。獏は「夢を喰う」といわれるからだ。

七福神

宝船に描かれる七福神は幸福をもたらす七柱の神々である。

一般には、恵比須（蛭子）、大黒天、福禄寿、毘沙門天、布袋、寿老人、弁才天（弁財天）をいうが、ヒンドゥー教、仏教、道教、神道など様々な宗教の神々の混在である。キリスト教と回教の神が含まれていないところが面白い。

万物には神が宿るといい、八百万の神を敬う日本人は、異教徒などという言葉を好んで使わない。

この内、恵比寿は伊邪那岐命と伊邪那美命との間に生まれた「蛭子」のことで、宝船では必ず釣り竿を持って鯛らしい魚を抱えている。

「蛭子は足が立たない」ということで、坐っている恵比須像が圧倒的に多いが、宮城県気仙沼港のものは全国でも珍しい立像である。佐賀県は恵比寿像の数では日本一だという。これは、鍋島藩初代藩主の鍋島勝茂公が兵庫県西宮にある恵比須宮総本社「西宮神社」に崇敬が深かったことに由来するというが、長崎街道の宿場町の商売繁盛を願うためだという異説もある。

図 45-1　気仙沼港の立ち恵比須
（https://kesennuma-kanko.jp/ より）

図 45-2　何仙姑
（https://www.sohu.com/ より）

古事記に「蛭子三歳にして足立たず蘆舟に乗せて流す」とあり、古くから「大漁追福」の漁業の神として漁民が信仰した。漁船には蛭子丸、恵比須丸、恵比寿丸、戎丸という船名が圧倒的に多い。

八仙は源流がインドで、チャイナに伝来した。実在の人物と云われ、これを画いた絵が信仰の対象になった。

八仙の内、唯一の女性は図 45-2 の「何仙姑」である。彼女は唐の則天武后の時代の生まれで、夢に見た神人から「雲母の粉を食べよ。そうすれば身体が軽くなり不死となる」と云われて、名山の仙境で仙術を学んだ仙女だ。

日本船の神棚

日本船の船橋には祭祀の神棚がある。祭神は金毘羅宮、住吉の神、宇佐神宮などの他に船主の地元の神など様々だ。

現今の内航船では神棚があっても形ばかりで埃まみれ、神事の木である榊すらなく、神々の好まれる神酒瓶は空のままが多い。このざまではご利益には程遠かろう。

外国船籍の船の船橋にキリスト教や回教の祭壇を設けている船を私は知らない。

昔の外航船船長は、昇橋するとそのまま神棚に向かい礼拝したものだった。礼拝が終わるまでは誰とも話をしなかった。

船長は安全航海を願った。そして「人知の及ばざるところ」は神のご加護をと祈願したのである。

《第 46 話》袖の三つと七つのボタン

三つボタン

「碧碧の水や空　咲くは真白き純情の　海の生徒の三つ釦」（海の若人）や「若い命はコンパスまかせ　伊達にゃつけない三つ釦」（練習船の歌）と歌われるように、袖の三つボタンは商船学校生徒のシンボルであった。

18 世紀、プロシアのフリードリヒ大王は、軍服の袖で汗や鼻水を拭う兵士の悪習を防ぐため、ボタンを縫い付けさせたという。しかし、17 世紀、イギ

図 46-1　三つの袖ボタン

リスでは、長目に裁断した袖を折り返し、表地と対照的な色調の裏地を見せるのが流行した。この大きな折り返し（カフス）をとめたボタンは、折り返しが無くなっても袖に残り、軍服、特に士官服の装飾になった。近代、各国の軍服では、士官候補生のマークとして三つボタンが使われることが多く、商船学校生徒の場合はその流れだといえよう。

　三つの袖ボタンの服装を着た生徒たちは4本の袖章を付けた船機長を夢みて学業に励む日々を過ごしたのである。

職種識別色

　船舶職員の職階を表す制服の袖章や肩章には、金筋の他に、機関部は紫、無線部は緑、医務部は赤、事務部は白というような職種を識別するための色分けがある。その起源はイギリス海軍にあり、1863年12月に改正された制服に基づいている。当初は航海が淡青、機関が紫、主計が白、軍医が赤であったが、航海の淡青は1867年（慶應3年、大政奉還の年だ）7月に廃止された。

　当時のイギリスは蒸気船興隆期にあり、蒸気軍艦を経験した海軍士官が商船船長になることも多く、制服の慣習は大西洋定期航路の旅客船にも導入された。

　やがて諸外国の海軍や商船にも波及し、イギリス海軍を手本にした日本海軍もその例にならった。もちろんそのままではなく、またその後の改正もあったが、同様に一般商船にも準用されたのであった。戦後でもイギリス式の儘でよかろうに、海上自衛隊、海上保安庁は勝者のアメリカに倣った。

七つボタン

　「予科練の歌」の作詞は西条八十、作曲は古関裕而である。

　　　　　♪若い血潮の　予科練の　七つボタンは　桜に錨

　昔、黒詰襟の学生服は五つボタンだが、予科練は七つだった。戦時中の若者たちは、この唄に煽られて予科練に殺到した。

　七は聖数といわれる。聖書「創世記」で7日間が天地創造のときであり、7日目が聖なる日とされる。一週間は7日であり、仏教でも初七日、その7倍の四十九日の法要などがあるが、予科練のボタンの数が七つなのは世界の七大陸、七つの海、海軍の艦隊勤務を表す「月月火水木金金」と休みのない厳しい訓練を象徴しているのだという。

海軍兵学校の冬服はボタンのないチューニック*65 と呼ばれる上着を着た。袖章は黒色で、学年章を左右の襟に付けた。左腰には短剣を吊るした。

夏は白の制服があったが、ボタンは予科練と同じ七つボタンで、制帽は正面に錨の徽章が付いていた。

兵学校の生徒の外見は颯爽（さっそう）として、殆どの女性の心を魅了した。モテモテだったが、卒業して、いざ結婚となると、婚約者の徹底的な身元調査が行われ、形式的には海軍大臣の認可が必要で、おいそれとは結婚が叶わなかった。海軍士官でなくても高貴な人々なら云うまでもなかろう。海軍士官の婚約者は、親族に多額の借財があったり、犯罪者がいたり、自殺者がいるといった家系の女性では駄目であり、夫が戦死をして寡婦になったとしても毅然として穏やかで豊かに過ごせるだけの財力ある実家を持つ女性を選択させたのである。

元々、礼服や制服などというものは、源流をアレキサンダー大王まで遡るだとか、延喜式*66 によるなどと騒がしいが、神官、僧侶の衣服や、十二単（じゅうにひとえ）のように、自由闊達（じゆうかったつ）に動くことを抑制する古色蒼然（こしょくそうぜん）としたものだ。

フランクさを求める時代の流れは、袖に三つボタンの制服を忘却の彼方に押しやろうとしている。

《第 47 話》アムンゼンはどうやって極点を知ったか

南極点に最初に到達したのはノルウェーの探検家ロアール・アムンゼン（Roald Amundsen、1928 年に南極で飛行中、行方不明となる）*67 である。21 歳のころ船乗りになり、探検家を志した。

イギリスの探検家ロバート・スコットと南極点到達を争い、1911 年 12 月 14 日、スコットに先立つこと 34 日前に南極点に到達した。

アムンゼンは極点の位置を実測によって最初に特定した人物である。GPS などなかった時代であるから、位置測定は太陽の高度を観測した。

アムンゼンが携帯した計測機器は、羅針盤 4 個、ソリ距離計 3 個、六分儀 2 台、人工水平儀 3 個、沸点高度計 1 個、アネロイド気圧計 1 個、温度計 4 個、

---

*65 チューニック：チュニック（tunic）とも書く。普通はボタンを用いずフックを使った上着で、日本海軍軍人のものは濃紺あるいは黒色であった。女性用のカラフルなものも販売されている。

*66 延喜式：延長 5 年（927 年）の完成で全 50 巻、およそ 3300 条からなる大著。祝詞をはじめ礼式、神社仏閣などについて書かれている。

*67 アムンゼンは日本では「ロアルト・アムンセン」または「ロアルド・アムンゼン」と書くことが多い。

図47-1　南極点に立つアムンゼン探検隊と探検に用いたフラム号（Wikipediaより）

双眼鏡2個、クロノメーター3個であった。

　まず羅針盤であるが、もちろん磁気羅針盤で、極地（磁南極）では地磁気の水平分力はゼロであるが、正確な磁力を測定できないし、仮に分かったとしてもこれは南極点ではなく磁南極でしかない。

　六分儀と、人工水平儀、クロノメーター、天体暦の4つを用いて天測をする。しかし、クロノメーターは最後の誤差を確定して以降、積算された誤差が含まれるから、3個の平均を時刻としただろう。

　六分儀は秒まで読み取れるバーニア付六分儀を使用したに違いない。

　南極氷上では水平線を認める

長望遠鏡

星用望遠鏡

図47-2　当時のバーニア付六分儀（筆者蔵）

ことができないから、水銀式人工水平儀を活用しただろう。

水銀式人工水平儀（artificial horizon）

　これは水銀を浮かべて水平線とするものであるが、陸上でのみ使用し、海上では水銀面が動揺するから使えない。今どきの船員でこれを見たことのある者は稀有だろう。少し説明しよう。

　これはイギリス人の発明といわれている。皿に水銀を入れて水平面を作る。この水平面に反射した太陽を六分儀の水平鏡で覗き、六分儀の動鏡からの太陽の映像と合致させ、角度を読み取る。この角度を半分にすれば実際の高度で

ある。

　図 47-3 で A、B は長さ 12 センチくらいの鉄製容器で、水銀を満たす。E は
ガラスまたは雲母の蓋で塵埃を防ぎ、風による水銀面の動揺を防ぐ。格納壺に
は水銀を満たしている。

　原理は、太陽が水銀面に反射して見える角度は視高度の 2 倍である。この人
工水平を用いて測った角度に器差を加減して半分にすると視高度である。

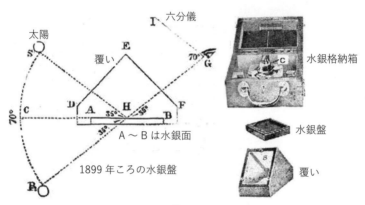

図 47-3　水銀人工水平儀の説明（「航用測器學」賀集海文堂書店刊より）

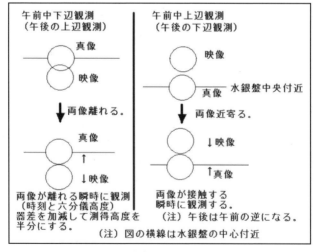

図 47-4　水銀盤人工水平儀の利用法

もちろん眼高差は考慮しなくていい。ただし六分儀の孤は 120 度（130 度の
ものもある）までであるから、観測可能な高度はおおよそ 60 度以下である。

午前中に、真像（水銀面に反射して見える像）と映像（六分儀の動鏡からの
映像）が離れるときは下辺、両者が近寄り接触するときは上辺観測であり、午
後は反対である。

星の観測は両像を重ねて観測する。精密な観測をするときは六分儀を受台に
設置して行うのがよい。

昔の商船学校の計器展示室には、この水銀盤がいくつも展示されていたもの
である。

昭和も終わりのことであったが、水銀を使った殺人事件があった。捜査官は
水銀が貯蔵されている施設を探し回り、どこで聞いたものか商船学校には水銀
があることを探り当て来校し、台帳と照らして持ち出されていないかを確認し
て帰ったことがある。

かくいう私は在学中、計器室の管理係だったから、卒業後この話を聞いて水
銀盤を懐かしく思い出したものである。

1911 年 12 月 14 日 15 時、アムンゼンは橇に付けた距離計が南極点到着と
推定される数値を示したので停止し野営した。

12 月 15 日零時、太陽による天測の結果、現在地は南緯 89 度 56 分と判明。

12 月 15 日 6 時から 19 時まで 1 時間毎に太陽を観測した結果、南緯 89 度
54 分 30 秒を得た。

12 月 16 日 11 時に、真の極点と推定される地点まで移動した。

12 月 16 日 11 時 30 分から 12 月 17 日まで隊員たちが 6 時間毎に交代で天
測した結果、極点を決定した。

念のため、そこから 3 方向に 7 キロ往復して天測した。南極点にはノル
ウェーの国旗を掲げ、写真撮影をした。

遅れたスコットは翌年 1 月 17 日（18 日の異説あり）に到着している。

帰国後、極点と断定した測定値を天文学者と数学者が検討した結果、実際に
は南緯 89 度 58 分 5 秒、東経 60 度だったことが判明した。

極点の緯度 1 分の実長 1861.6 メートル（WGS849 測地系）からすれば極点
から 2792 メートルくらい離れていたことになる。「究極の天測技法」を使え
ば、極点のごく至近の位置で観測しても、誤差が無視できる位置決定ができる
（計算例は図 47-5、47-6 を参照）。

196

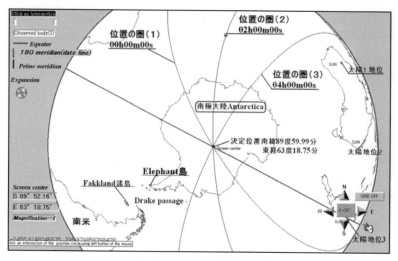

図 47-5　極点近傍での天測計算事例 -1（筆者による）

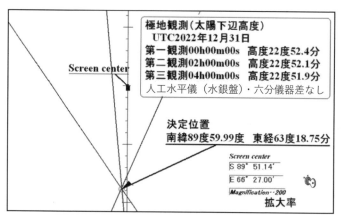

図 47-6　極点近傍での天測計算事例 -2（筆者による）

　このように極地での天測は有用で、気泡六分儀を使うのもいいし、水銀盤の代わりに粘度の高い潤滑油をバケツなどの入れ物に入れて人工水平線の代わりにしてもいい。

　極地での天測で有利なことは、観測時の時刻の読み取りに多少の誤差があっても位置決定に左程の問題がないことだ。赤道上では 4 秒の誤差は経度 1 海里の誤差になるが、北緯 80 度なら時計の約 23 秒の誤差が経度 1 分の誤差になる。

　その後、イギリス連邦南極大陸横断探検があり、日本人では 1968 年 12 月 19 日、日本第九次越冬隊（隊長 村山雅美）が極点に達している。

　極点では時刻はない。極点では全ての経度が収斂しているからである。それでは不都合があるということで、現在は便宜上、協定世界時（UTC）プラス 12 時間を用いているという。

　現在の南極点にはアメリカによるアムンゼン・スコット基地が建設され、飛行場もある。これが陸地のない北極点との違いだ。

　図 47-7 で国旗が林立しているのは経年ごとの南極点の位置を示している。南極は 2700 メートルに近い氷上にあると云われる。極点は地球の自転軸が地表と交差する場所であるが、地殻変動によって自転軸はふらつく。これを極運動という。このため南極点の氷床は 1 年当たり 10 メートルほど動

図 47-7　アムンゼン・スコット基地（Wikipedia より）

くので、毎年正月に移動した極点上に旗を立てるのだという。図 47-7 の真ん中の丸いポールはアムンゼンを記念したセレモニアル・ポールだ。

　2022 年（令和 4 年）12 月 31 日（大晦日）の場合、南極点での太陽高度は太陽の赤緯の絶対値と同じで、ほぼ 23 度 07 分から 23 度 02 分の間で変化するに過ぎない。

　同日、太陽の方向は 2 時間毎に略 30 度ずつ変わり、一日中沈まない。要するに見た目では同じ高さでぐるぐる回るだけで、日没はないということだ。

　南極点といったところで、基地関係の建物などがあるだけの荒涼たる大氷原であり、何が面白かろう。しかし世には好き者が多いから、南極点飛行ツアーは儲かる。660 万円ほどで旅ができるという。

《第 48 話》空前絶後の 7 本マスト

　トーマス・W・ローソン（Thomas W. Lawson）は史上唯一の 7 本マストの帆船で、1902 年（明治 35 年）建造のアメリカのスクーナー（5218 総トン）で

198

ある。

　船名はボストンの著名
な大富豪で作家でもあっ
たボストンベイ州ガス会
社の社長名に因んで名付
けられた。

　彼は多趣味な人物で、花
を愛し、夫人の名を付け
ようとしてカーネーショ
ンの品種改良をしたが、
そのために現在の価格で

図 48-1　トーマス・W・ローソン（Wikipedia より）

100 万ドルも投資したという。あちこちに散在するローソン（コンビニ）とは
関係がなさそうだ。

　ローソンの竣工は 1902 年 8 月で、船籍港はボストンである。

　全長 145 メートル、幅 15 メートル、深さ 11.1 メートル、鋼船だが推進機関
はなく、7 本とも 59 メートルの同じ高さで、縦帆 26 枚を用いて帆走した。

　二重底構造で、水バラスト千トンが使用された。1 万 1 千トンほどの石炭を
搭載すると吃水は 10.77 メートルだった。

　帆を操作する蒸気ウインチを備えていたので、4 本マストのバークであるグ
レート・リパブリック（Great Republic）の 130 人と比べて極端に少なく、乗
組員は僅か 18 人だった。船主ローソンは実業家らしい、船舶乗組員人減らし
の先駆者だろう。

　この船は水線下面積に
比べて帆面積が小さ過ぎ
て、軽風時には上手回し
タッキング（tacking）が
うまくできず、下手回し
（wearing）で投錨したか
ら、アイデアはいい船だっ
たが、手間暇がかかって乗
組員には不評な船だった。

　主にアメリカ東海岸に
沿って石炭を運送するの
に使用されたが、ニュー

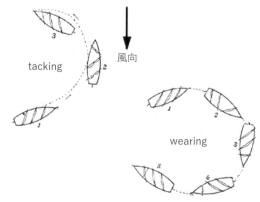

図 48-2　上手回し（tacking）と下手回し（wearing）
（神戸高等商船学校運用術図鑑から）

ポート・ニューズ（バージニア州）を除く東の港湾は水深が浅かったので、沿岸航路船としては大き過ぎた。

1906年にはテキサスから東海岸に石油を運ぶ世界最初の帆走油槽船（sailing oil tanker）に改造された。

1907年11月19日のこと、フィラデルフィアの南20哩のマーカス・フック製油所桟橋から5万8千バレルのパラフィンオイル*68を積載してロンドンに向かった。この船にとって初の大西洋横断航海だったのである。

翌々21日には非常な荒天となり、救命ボートは1隻を除いて流出し、後部ハッチには浸水するなど難航したが、12月13日イギリス海峡に入ろうとした。

しかし、ビショップロック燈台を通過し、誤って北東のセントアグネス島にほど近い浅所付近に投錨してしまった。

13日は魔の金曜日である。午後5時にハーバーパイロット（水先人）のウイリアム・トーマス・イックスがセントアグネス島から乗船した。

翌日午前1時15分ころ風勢が増し、ハリケーン並の強風で、5トンのストックレスアンカーを使っていたが両舷とも錨鎖が切れてしまった。荒れ狂う波間で走錨を始め、付近の水上岩に激突したのである。

船体は破壊され、7本のマストはすべて倒壊してしまった。船長の指揮で安全のためマストに登っていた船員達は転落し、海面に激突して死亡したものであろう。20メートルの高さから海中転落すると、姿勢によってはコンクリート床に落ちたのと同じ衝撃を受けることがあると云われている。

パイロットも死亡した。助かった船長と機関士エドワード・ローもマストに登っていたようだが、リギンを伝わってデッキに降りることができ、船が完全に転覆するまでに海に飛び込んだので助かったようである。

図48-3　トーマス・W・ローソンの難破位置

助かった2人は漂流中、難船を知り捜索に来たパイロットの息子によって救

---

*68 パラフィンオイル（paraffin oil）：石油を分留して取り出される燃料の一種で、引火点が普通の石油より高く、揮発性も低いので、安全な燃料とされている。

200

助された。

　他の乗組員たちは、その後遺体で発見され、次々に氏名が明らかになった。しかし頭部、脚、腕のない遺体は氏名を特定できなかったものがあったようだ。遺体は近くのセントアグネス島の墓地に埋葬された[69]。

　沈没の結果、5万8千バレルの積荷の油が流失したが、これは原油流出事故で著名なトリーキャニオン（Torrey Canyon）号事件[70] の60年前のことで、世界最初の海洋への大量な油流出事故だった。

　この船には帆船のくせに船首像がなく、乗組員たちはフォアマストを「日曜日」と呼び、スパンカーのある最後部マストを「土曜日」と呼んだという。7本マストだったから、一週間の7日にひっかけてこのような珍奇な名で呼んだのだろう。

　沈没地点は北緯49度54分、西経6度23分付近であり、船首は17メートルばかりの深さに沈んでいるという。穏やかな日にこの船の残骸を見ようと面白がって潜るダイバーが引きも切らないということである。

　船齢は僅か6年に足りない短命に終わったが、人騒がせな船ではある。この船は切手にもデザインされているほど有名だ[71]。

《第49話》デッキは床か天井か

　英語のデッキ（deck）は「船の覆い」というが、中世オランダ語が転訛したものであるともいう。中世オランダ語では dek と書いたし、いまも同じだ。

　デッキは古代、多数の漕ぎ手によって推進力を得るギリシャのガレー船で、漕ぎ手を風雨と波から防ぐために造ったのが最初だと云われる。

　その起源は明らかに屋根である。アメリカの西部開拓時代は駅馬車の屋根をデッキといい、その後、鉄道の時代に入ると屋根をデッキと呼んだ。ところが今ではバス、路面電車、旅客列車の昇降口の床をデッキと呼んでいる。デッキ

---

[69] 当時のセントアグネス島は、多くの男性がパイロットとして生計を維持しており、大西洋からイギリス海峡に向かう船を嚮導した。この島の周辺では多くの船が難破しており、歴史を通じて難破船で有名である。住民は難破船の船体や積荷を売却して糧を得たともいわれ、船を難破させるために、曲がった瓶を海に投じて船を誘き寄せたという伝説がある。この島にも1680年に建てられた燈台がある。

[70] トリーキャニオン号事件：1967年3月、イギリスのコーンウォール半島沖で座礁し、原油約6万トンが流出した事件。

[71] マストの本数はチャイナの鄭和（ていわ）の宝船が9本であり、ローソンの方が少なかったと異を唱える者がいるが、鄭和の方は6本説もあり断定はできない。

なる言葉はすっかり片仮名の日本語になってしまっている。

　1644 年にロンドンで出版された「海語辞典」には「デッキは板材の床である」とあるので、既にそれ以前からデッキを床とみなしていたことが分かる。

　鉄筋コンクリート建築の屋上もデッキというが、それは船の上甲板をデッキ（upper deck）というのと同じである。そうするとデッキは床であり屋根でもある。

　甲板の名称は多い。タイタニックでは、甲板と名がつくものが tank top を含めて 18 箇所もある。

　orlop deck は最下層のデッキのこと。promenade deck は遊歩甲板で、散歩をするところといってもいい。この船では、bridge deck が船内にもあるところが面白

図 49-1　タイタニック（Wikipedia より）

い。hurricane deck、awning deck などもある。

　上甲板はふつう船首から船尾に通る甲板で、upper deck である。これは曝露甲板とも呼ばれる。

　上甲板の下は中甲板で、その下は下甲板である。船倉の一番下はデッキとは言わない。二重底船では内底板（inner bottom plate）とか、タンクトップ（tank top）と呼ぶ。短艇や救命艇を格納しているデッキは短艇甲板（boat deck）。

　船橋甲板（navigation bridge deck）があり、操舵室上部甲板は（flying bridge deck）であるが、現在の内航船には、ここに登る階段はなく梯子だから、余程のことがない限り登ったこともなく云い方も知らない船乗りが多い。これはコンパス甲板（compass deck）ともいう。

　船長甲板（captain's deck）があり、船首楼甲板（前部の城、forecastle deck）もある。船尾楼甲板（poop deck）は stern castle（船尾の城）または after castle とも呼ばれた。キャッスル（castle）は城、城壁の意がある。

　メインデッキ（main deck）の呼称もある。機関室下段の床はデッキでなく単に（engine）floor と呼ばれることが多いようだ。

　このように並べ立てると「そんな細かいことをいって何になる」という若者がいるが、知らなければ迷子になるだけだし、仕事にもならない。基本的な用

語だから、知らなければ青二才（green hand）だ。

　旧海軍や海上自衛隊では甲板を「かんぱん」と呼ぶが、一般商船では「こうはん」である。甲板部員は「かんぱん部員」ではない。「こうはん部員」だ。互いに慣用語として使っているのだから良し悪しを云っても始まらないが、NHKのアナウンサー読本では構造物としてのデッキは「かんぱん」で、乗組員の場合は「こうはん」と使い分けている。誰がこんな読本を書いたのだろう。少なくとも商船では、こんな区別はしない。

　諸橋大漢和辞典巻七では「甲板」は「カフアン」または「カンパン」と呼ぶとある。「こう」は漢音で、奈良時代後期から平安時代にかけて遣隋使、遣唐使や留学僧によって伝えられた音である。「かん」は呉音で、漢音伝来前から使われていたものというから、どちらで読んでもいいのだろうが、カンパンは商船では使わない海軍のスラングであることだけは確かだ。

《第 50 話》金氏弁

　これはキングストン・バルブのことで、船底に海水を取り込む穴を開けて、そこに取り付けた流量調節用弁のことである。

　1838 年 4 月、シリウスとグレート・イースタンの蒸気船 2 隻があいついで大西洋横断に成功したが、その少し前、1834 年にイギリス人サミエル・ホールが蒸気機関の復水器を発明したことが、これら 2 隻の大西洋横断を成功に導いたのだと云われる。

図 50-1　キングストン・バルブ（右側、緑色に塗装されている。緑は海水の意）（著者撮影）

復水器（condenser）というのは一種の熱交換器だが、難しい言葉は不要だ。要するにボイラーに水を送り、石炭や油を使って温めると蒸気が作れる。その蒸気で蒸気往復動機関を動かし船を推進させる。

使った蒸気を、そのまま大気中に逃がすのは勿体ないから、蒸気を冷やして水に戻し再びボイラーに送る仕掛けであって、節水のために活躍した。

原子力発電所では大掛かりな復水器が使用されている。

復水器に送られる使用済み蒸気を冷やすには海水を使うが、この海水は船底から取り込む。船底に開けた穴に弁を取り付けて流入量を調節するが、この弁をキングストン・バルブ（kingston valve）という。これは復水器が作られたころ、イギリスのエンジニアで発明家のジョン・キングストン（Jhon Kingston）が考案したので、彼の名にちなんでキングストン・バルブ（コック）と呼ばれるようになったのだという。

このバルブは止水弁、小型船のそれはキングストン・コック（seacock）とも呼ばれるが、要するに船外から取り込む海水量を制御するものだから、船の大小を問わず、雑用水、バラスト、機関冷却用海水の取込口で必要不可欠な設備である。

ところが、これを使って船を自沈させた例は数多い。キングストン弁から通じる配管、例えばバラストタンクに通じる配管に取り付けられた機関室内のバルブを分解すれば機関室に浸水して、船は簡単に浮力を失い沈んでしまう。

古くはドイツのドイッチュラント級装甲艦アドミラル・グラーフ・シュペーの例が有名だ。この艦はポケット戦艦の異名でも知られている。

この艦は第二次世界大戦の初期に大西洋からインド洋にかけて通商破壊に活躍し、多くの連合国商船が沈められた。

図 50-2　ポケット戦艦 アドミラル・グラーフ・シュペー
（ドイツ連邦公文書館蔵、Wikipedia より）

業を煮やしたイギリス艦隊はシュペーを捜索し、南米沖で捕捉して、1939 年（昭和 14 年）12 月 13 日、ラプラタ沖で海戦となった。

この結果、シュペーは甚大な被害を被り、最寄りの中立国ウルグアイのモンテビデオ港に逃げ込んだが、ウルグアイ政府は期限を切って「退去すべし」と

シュペー艦長に通告したのである。

脱出しようにも港外では有力な敵艦隊が待ち受けており、万策を失った艦長は、明らかな負け戦を避けるため一部乗組員をドイツ商船に移乗させた。

艦はモンテビデオ港外に曳船によって曳航され、キングストン弁を開いて自沈させた。艦長は自沈の前に残留の全乗組員を曳船に無事移乗させている。

艦長は艦と運命を共にしようとしたが、「艦長を死なせたくない」という乗組員たちが強引に彼を助けた。その後、艦長はアルゼンチンのブエノスアイレスで、自沈前に持ち出していた自艦の軍艦旗を纏いピストル自殺を遂げた。

妻に残した遺書にはこうある。「このような名誉ある状況におかれたとき、名誉を重んじる指揮官なら艦と運命を共にする。それが当然の決断だ。私は部下の身の安全を確保することに奔走していたために、決断を先延ばししていた」。

図 50-3　ナチス時代の軍艦旗
（Wikipedia より）

艦長の名は海軍大佐ハンス・ラングスドルフである。

日本海軍でも同じようなことがいくつもあった。

昭和 17 年（1942 年）11 月 12 日、第三次ソロモン海戦で被弾して操艦の自由を失った戦艦「比叡」の艦長西田正雄大佐は「キングストン弁開け」を下令し、自沈している。

西田艦長は艦と運命を共にしようとしたが、部下たちは彼の手足を掴んで担ぎ上げ、強引に救助駆逐艦「雪風」に移乗させた。

海戦史家達は比叡沈没の原因について縷々論じているが、一挙手一投足をあげつらってなんになる。歴史の闇だろう。ただ、複数の乗組員がキングストン・バルブを開いたと証言しているから、自沈説を採用していいようだ。

摂津丸は昭和 20 年に陸軍が大阪商船の名義で竣工させた揚陸艦である。

日本近海で輸送に従事していたが触雷によって損傷し、航行不能の状態で終戦を迎えた。戦後は復員船として使用された後、日本水産の漁業工船に改造され、南極海で捕鯨操業中のところ、昭和 28 年（1953 年）3 月 7 日、上司の指示を誤解した見習い機関員が、排水ポンプではなく誤ってキングストン弁を分解してしまい船が沈んだ。

これは船員の過失と断定されたが、保険金詐取の目的でキングストン・バル

ブを操作し故意で自沈させた例もいくつかある^{*72}。

　日本海軍は、この弁のことを考案者の名から「金氏弁」と漢字を当てて呼んだ。

《第 51 話》北極海の話

　この項でいう北東航路、北西航路というのは、ヨーロッパを基準に考えた欧米人の云う方向であることに注意してもらいたい。北東航路は極東から欧州へ向かうものである。

北極圏

　北極圏は北緯 66 度 33 分以北を云うが、これは太陽の赤緯の最大値（北回帰線）である約 23 度 27 分の余角である。これ以北の地では太陽が登らない時期、逆に沈まない白夜の時期がある。

北極海

　地球の温暖化に伴い、特に沿岸部の氷は夏期には減少の傾向にあり、往来する商船が増えつつある。

　ただし、ロシアからベーリング海に向かうときはロシアの領海内を通過することが多いから、通航するときはロシア北極海航路局（NSRA）の許可が必要である。航行中は常に NSRA の管制下にあって、その指示に従わなければならず、常時連絡を取らなくてはならないことになっている。ロシアはこの航路を諸外国の商船が利用することで莫大な利益を得ようと企んでいるのだ。

　令和 3 年（2021 年）に起こったコンテナ船 Ever Given のスエズ運河閉塞事故で、一番喜んだのはロシアだった。

---

*72 故意海難：保険金を詐取する自動車事故は多いが、船でもある。全損となった船舶事故で気を付けなければならないのは、
　① 突然、乗組員全員が交代して親族全員で乗り組み、後に全損となった海難
　② 周囲が深い島や暗礁に乗り揚げたが、直ちに連絡をせず、別の島から公衆電話で通報した場合
　③ 目的地に向かう途中、積荷を売り捌き、沈没した事故
　④ 目的地に向かう途中、用もない港に寄港して自船の備品、船用品（錨、錨鎖、索具類、船用品など）を売り捌いた後、沈没した事故
　⑤ 多額の借財がある船社の全損事故
　⑥ 全損原因が合理的に認定できない海難
　⑦ 老朽船で船主船長が単独当直中の全損事故

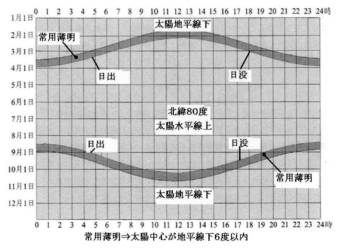

図 51-1　北緯 80 度での年間における常用薄明の変化（筆者による）

　北極海航路は 16 世紀の大航海時代に入って欧州と極東を結ぶ最短路であることが分かり、探検が繰り返された。このことは図 51-3 を見れば一目瞭然だろう。

　今まで最北の島とされていたのはデンマーク領グリーンランドの小さな島オーダーク島で、これより更に 780 メートル北方に最北の島があるという。この島は海抜 30 から 60 メートルで主に砂利でできており、嵐でいつ消滅してもおかしくないといわれる。

図 51-2　北極圏（英版水路誌から）

　オーダーク島は北緯 83 度 40 分くらいだから北極点まで 382 海里（707.4 キ

ロ）である。これは和歌山港から沿
岸に沿って犬吠埼までくらいの距離
だ。しかし最北の島が見つかったと
いっても現れたり消えたりするよう
だから、断定は避けた方がいい。

　伝説では北極には磁石島があると
いう。16 世紀初めに作られた世界
地図には「羅針儀は役に立たず、鉄
製の船は戻ることができない」と
ある。

　現在は、北極点に島はなく、厚さ
が 2 から 3 メートルほどの氷床に覆
われ、水深は 4260 メートルほどだ。

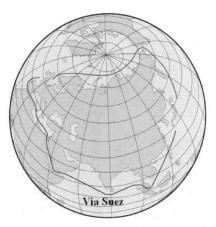

図 51-3　どちらが近いか（英版水路誌から）

400 年ほど前にメルカトルが伝説に基づいて描いたものだと云われる図 51-4
の古地図には 4 つの島があり、極には小島まであって、これらの島々の間の水
路を通ると逆戻りできなくなって難破してしまうという興味深い伝説もある。

　北極に西洋人が最初に到達したのは 1909 年（明治 42 年）4 月 6 日、アメリ
カ人ロバート・エドウィン・ピアリーとされているが、信じない人もいる。こ
れは、アムンゼンの南極到達より 3 年 4 ケ月ほど前のことである。

　日本人では 1978 年（昭和 53 年）、日大山岳部が犬橇を使って到達している。

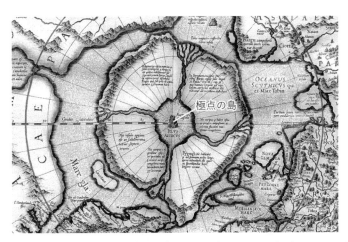

図 51-4　古地図に描かれた北極点の小島と周囲の大きな 4 つの島（Wikipedia より）

208

　北極の冬はマイナス 43 度からマイナス 26 度だが、南極は最低気温がマイナ
ス 89.2 度（ロシアのボストーク基地）だというから、気温の点では南極の方が
遙かに寒い。北極圏には膨大な天然資源である原油、天然ガスが埋蔵されてい
ると云われ、各国は先陣争いに狂奔している。まさに経済戦争だ。
　現在は北極ツアーが大流行で、もはや「秘境」ではない。金さえあれば誰で
も行ける。

北東航路

　これは北ヨーロッパとロシアの上を東向きに走る、大西洋と太平洋を結ぶ航
路である。
　北東航路の最初の航海は、スウェーデン人のニルス・ノルデンショルド（Nils
Nordenskiöld）が 1878 年から 79 年にかけて成し遂げた。
　冬季は結氷で砕氷構造船以外の船舶が通年航行できるわけではない。
　2021 年 9 月の衛星写真では、沿岸沿いの北東航路は、ほぼ完全に氷が溶け
て、通り道ができているのが分かるだろう（図 51-6）。
　12 万 5 千年を経て初めて、大西洋と太平洋を結ぶ 2 つの近道が、同時に砕
氷船なしに通れるようになったのだ。
　北東航路は、ロシアのアルコール会社、ベルーガグループ（Beluga Group）
が 2010 年に初めての運航を成功させた。
　ある専門家は、2030 年には、北極点のすべての氷は一年を通して溶けてな
くなるだろうと云っている。アメリカ国立雪氷データセンターのマーク・セレ
ゼ（Mark Serreze）教授は「北極圏の氷冠は死のスパイラルに突入した」と述
べている。

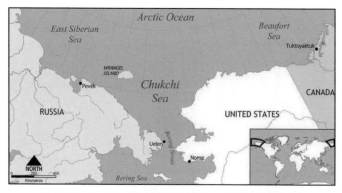

図 51-5　ベーリング海峡から北極圏へ（英版水路誌から）

これらの話を信じるなら、北極海は年間を通じて非砕氷構造船も航行できる時期がいずれ到来するだろうし、北極点付近を通過する最短路の大圏航路も利用できるから、欧州への航海時間は更に短くなる。

2010 年には、カナダ最大の島バフィン島[*73] の国立公園 Auyuittuq National Park で、溶けた氷河からの洪水で観光客が避難しなければならなかったことがあった。

皮肉なことに、これは「絶対に溶けない島」という意味である。

図 51-6　2021 年（令和 3 年）9 月 17 日の北極圏の氷（白色部分）（NOAA（アメリカ海洋大気局）の資料から）

《第 52 話》
北極圏航路の区間距離

いずれは近い将来、北極圏の海氷は溶けて、通年北極海を砕氷船の援助がなくても航行できる日がくるだろうと予想されている。

令和 3 年現在、北極ツアーが行われ、ロシアの原子力砕氷船がツアー客を極点に運んでいる。この船は全長 159 メートル、幅 30 メートル、深さ 17.2 メートル、吃水は 11 メートルで、海氷のない一般海域では 20 ノット以上で航行し、厚み最大 2.5 メートルの海氷域を進むことができるという。

北極海の海氷が溶けると極点は一面の大海原で、面白くもなにもないから、極点ツアーはなくなるかも知れない。しかし、一般船舶は極点付近を通過する最短路（測地線）を高速で利用できるから、美味しい話だ。

現在の極東から欧州への航路

まず、横浜、マラッカ海峡、スエズ運河経由でオランダはロッテルダムに至

---

*73 バフィン島：北極圏に属する世界で 5 番目に大きな島（北緯 67 度 53 分、西経 65 度 01 分）。この島には先史時代からエスキモー系の民族でモンゴロイド系のイヌイット（Inuit）が居住したと云われる。彼らは遺伝子的に日本と共通の祖先だという研究がある。ちなみに本州は世界で 7 番目に大きな島である。

210

る現在の常用航路を見てみよう。

　見てのとおり合計距離は 1 万 1279 海里で、12 ノットなら 39 日 4 時間ばかりである。

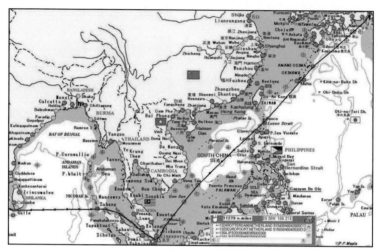

図 52-1　横浜〜スリランカ沖（マラッカ海峡経由）（筆者による）

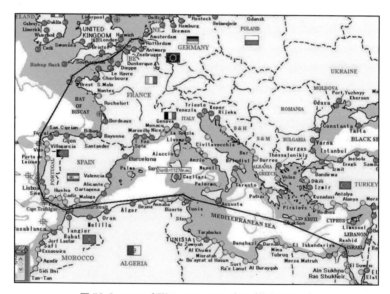

図 52-2　スエズ運河〜ロッテルダム（筆者による）

スエズ運河開通まではアフリカ喜望峰、セントヘレナ経由だったから、ロッテルダムまでは1万4790海里で、12ノットなら51日9時間であった。スエズ運河開通によって3510海里ほど短縮され、時間的には12ノットで12日5時間くらいの短縮になった。

北極点近くを通る最短路

次は横浜からベーリング海峡を経て北極海に入り、ロッテルダムに至る距離の計算である。横浜から野島埼沖（北緯34度50分、東経140度）に達し、ベーリング海峡を経て北極海に入り、海氷が溶けてなくなっているとして、極点に接近する測地線上（大圏航路）を航行し、北海からロッテルダム港の入口付近（北緯52度27分、東経4度31分24秒）までの計算だ。

距離計算はメートルで求められる厳密なもので、これを1852で除して海里としている。測地系はWGS84測地系である。

計算された距離は与えられた緯経度に対して誤差はメートル以下の精度がある。起程針路（きていしんろ）は度の小数点第1位まで、距離は少数点第1位までの海里に丸めている。

一覧表で示そう。

場所	区間距離	合計距離	起程針路（度）
①横浜港			
北緯34度27分、東経139度39分			
②野島埼沖	49.7	49.7	
北緯34度50分、東経140度00分			
③アリューシャン列島 Near 諸島西方	1687.9	1737.6	037.9
北緯54度01分、東経169度25分			
④ベーリング海（1）	818.5	2556.1	035.8
北緯63度59分、西経172度21分			
⑤ベーリング海（2）	179.9	2736.0	031.0
北緯66度30分、西経168度30分			
⑥ベーリング海（3）	178.2	2914.2	355.8
北緯69度27分、西経169度07分			
⑦ノルウェー西岸沖	2738.9	5653.1	004.7
北緯65度00分、東経3度00分			
⑧北海	681.7	6334.8	180.0
北緯53度40分、東経3度00分			
⑨ロッテルダム港外	90.8	6425.6	142.0
北緯52度28分、東経4度31分			

以上のとおりであるから、北極海回りは12ノットで22日7時間ほどであ

212

る。スエズ経由と比較すると 4855 海里ばかり短縮される。12 ノットでの短縮日数は 16 日 21 時間ばかりで、経済効果は抜群である。

纏めるとこうだ。

12 ノットで横浜・ロッテルダム間をスエズ経由なら 1 万 1279 海里で 39 日 4 時間余り、北極点付近回りの最短路は 6425 海里、途中北極海で 1500 海里を 3 ノットで航行しなければならないと仮定するなら 37 日 22 時間で、北極回りは 1 日くらい短縮される程度だ。

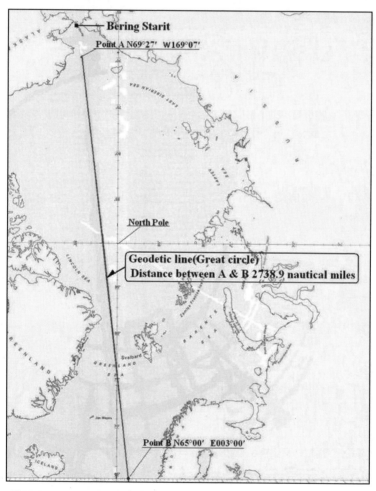

図 52-3　アリューシャン海峡からノルウェー西岸沖間での大圏航路（測地線）
　　　　（英版水路誌カタログから）

しかし、全ての区間を 12 ノットで航行できるなら 22 日 7 時間余りで、16 日と 21 時間余りの短縮になる。21 世紀のスエズ運河と呼ばれる所以^{ゆえん}である。

《第 53 話》最初に来たアメリカ船

1791 年（寛政 3 年）4 月 29 日（旧暦 3 月 26 日）夕刻のことである。紀伊半島南岸の離島である紀伊大島東岸「雷公の浜」にたどり着いた 2 隻の異国船があった。

マシュー・ペリー（彼理^{ぺりー}）提督の率いる米国軍艦 4 隻が神奈川県浦賀に来航し開国を迫ったのは 1853 年（嘉永 6 年）7 月 8 日だったから、異国船の到着はこれより 63 年も前のことになる。

図 53-1　紀伊大島、串本港、樫野埼、ワシントン号到着地（筆者による）

2 隻の船は約 90 トンのブリッグ型レディ・ワシントンとそれより小型の随伴船グレイス（ウイリアム・ダグラス）の帆船である。彼らはボストンを発し、ホーン岬経由で太平洋に入り、北上してアメリカ北西海岸バンクーバー付近で原住民から毛皮約 5 千枚を入手して、チャイナ広東で毛皮を売りさばいた。

ワシントンはアメリカ船として最初にアメリカ国旗を掲げてホーン岬を通過した船である。ワシントンの船長はケンドリック、グレイスはロバート・グレイが船長であった。

ワシントンは当初ブリッグであったが、ブリガンティンに改装されたのち、日本に来航したのである。この船は全長 34 メートル、幅 7 メートル、排水量

210 トン、3 ポンド砲 2 門を備えた武装商船であった。

随伴船グレイスはニューヨーク船籍のようだが明細は分からない。

クックやベーリング、フランスのラ・ペルーズたちの太平洋探検時代に彼ら探検隊が見つけたものの中に「ラッコ」の毛皮があった。欧米ではこのラッコの毛皮がチャイナ清朝において高値で売れることに着目して、北太平洋には欧米の毛皮交易船が集まり競合するようになっていた。

この時期に北太平洋でラッコを中心とする毛皮獣を捕獲し清朝での一攫千金を企んだのは毛皮交易船で、ワシントン号もその 1 隻であった。

ワシントン号が来日したのは、清朝だけでなく日本も毛皮交易の新市場にしようとの目論見があったのである。

彼らは最初から南日本に寄港する計画を持っていたが、悪天候のため紀伊大島へ漂着を装い寄港したのである。

日本側の記録によると、到着した彼らは小舟を降ろし、銃で鳶鳥を撃ち、上陸して雷公神社付近を流れる小川から木綿桶*74 で水を汲み上げ持ち帰った。

漁船を招き文書を手渡したという。手渡した文書は漢文とオランダ語の 2 つであった。

オランダ語であったから、紀州藩ではオランダ船が来航したと思い込んでいたふしがある。オランダ船と誤解したから、近年にアメリカ側の資料が見つかるまでの間、ペリー艦隊の黒船が初めて来日したアメリカ船ということになっていたのである。つまり、ペリーの黒船がアメリカ船として、日本への初来往したのではないということだ。

異国船の来航を知った地元の住民達は驚き慌てふためいて役人にも知らせたが、なかには物好きがいて、役人が来る前に漁船で異国船見物に出かけた者もいた。

中国人の船員に書かせて住民に手渡した漢語の手紙によると、「我々は紅毛人の商船であり、積荷は鉄や銅しかなく軍事的な意思は持っていない」と書かれている。米船が残し

図 53-2　米船ワシントン到着の雷公の浜
（http://wakayama-rekishi100.jp より）

---

*74 木綿桶：キャンバスを知らない紀州人は木綿と誤解したのだろうが、キャンバス（帆布）製のバケツ（桶）のことだ。

た漢文記録によると「花其載」からきたという。これは北米ボストンのことである。

　売れ残った毛皮を日本人に売り渡そうとしたが、住民は興味を示さず、交易には至らなかった。当時の紀州人はラッコの毛皮など必要なかったし、価値も知らなかったに違いない。

　10日余り停泊して住民との接触もあり、住民は好意で薪水を与えた。住民らは乗船して歓待されたようである。

　しかし、役人が調べに来ると住民から知らされ、2隻は5月8日には立ち去ってしまった。

　ケンドリック船長の末路は哀れである。

　その後、ハワイのホノルル港に停泊中、在泊中のイギリス商船ジャッカルと祝砲を交わしたが、その時、相手船が誤って実弾を発した。それがケンドリック船長を直撃し、亡くなったのである。

　串本町大島の日米修交記念館は、ペリーに先立つこと62年前の来航を記念して建てられたものである。

　今後の正史は「初めて鎖国日本に来航したアメリカ船は、1791年（寛政3年）4月29日にアメリカ国旗を掲げ紀伊大島に来航した米船レディ・ワシントン号である」と改められるべきだ。

　この島には日本最初の石造りの燈台があり樫野埼灯台というが、初点灯は1870年7月8日（旧暦明治3年6月10日）である。

　近くにはトルコ記念館もある。これは明治23年、荒天のため樫野埼付近の岩礁に乗り揚げ、多数の死傷者がでた、トルコの木造帆船エルトゥールル号遭難を追悼した記念館である。

　寛政3年という年は江戸中の銭湯で男女混浴が禁止された年だ。

《第54話》ベーリング海夜話

ベーリング海峡

　ベーリング海は東のアラスカ、西はシベリア、南のアリューシャン列島に囲まれた海域である。

　昔の西欧人は北米大陸とアジアがベーリング海峡（Bering Strait）によって隔てられていることを知らなかった。ベーリング海峡は別名「米露海峡」の異名をもつ。

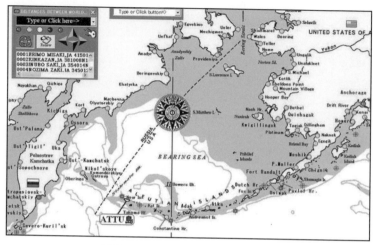

図 54-1　ベーリング海（筆者による）

　海峡中部にはダイオミード諸島と云われる 2 つの島がある。両島間は 4 キロ弱しかない。海峡の幅員は約 46.4 海里（約 86 キロ）、深さ 30 から 50 メートルだから、神戸から本州沿岸添いに岡山県日比港までの距離くらいだと思えばいい。

　この海峡には日付変更線が通過しているから、海峡中央

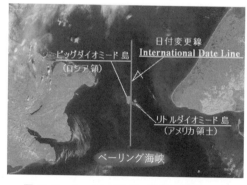

図 54-2　ベーリング海峡（英版水路誌から）

部のダイオミード諸島の内、アメリカ側のリトルダイオミード島が 27 日なら、ロシア側のビッグダイオミード島では翌日の 28 日になることから、この島は「明日の島」、東側のリトルダイオミード島は「昨日の島」と呼ばれたりする。

　海峡を北上すればチュクチ海に入り、更に北上すれば北極海となる。

ベーリング海の探検

　北米とアジアの両大陸が陸続きでなく海峡によって隔てられていることを立証したのは 1728 年 8 月 16 日、スウェーデン生まれの帝政ロシア海軍大尉ヴィトゥス・ヨナセン・ベーリング（Vitus Jonassen Bering）である。

彼の名はベーリング海、ベーリング海峡、ベーリング島に残されている。しかし、これらの命名は当人によるものではなく、その死後、その功績を認めた人々によって付けられたものである。

ベーリングがロシア・ロマノフ王朝の皇帝ピョートル大帝の命を受けて極東カムチャッカ探検隊隊長に任命されたのは1725年1月18日のことで、サンクト・ガブリール号を使って探検した。

ロシア帝国の首都サンクト・ペテルブルクから苦難の陸路を経てオホーツクに至り、船を造って

図54-3　ベーリングの肖像
（Wikipedia より）

カムチャッカに渡ると再び半島を横断、そこでまた船を造り、出帆したのは1728年7月のことである。

8月には海峡を突破、チュクチ海に入った。彼は海峡中央部のダイオミード諸島も見た。

しかし濃霧であったからアラスカを認めることができなかったので、ロシア元老院は両大陸が離れているというベーリングの主張を不満足なものだとして、彼の報告を認めようとはしなかったのである。

こうしてベーリングは5年後に再度の探検に就くことになる。

第2回探検

1733年4月、ベーリング船長は、副船長チリコフと共にペテルブルクから再び探検に出た。シベリア横断を含む9年に及ぶ大規模な第2次カムチャッカ遠征隊である。探検隊はあちこちで太平洋沿岸を調査し、西欧人として初めてアラスカを初認し、上陸もした。

ベーリングの船サンクト・ピョートルは帰路に大暴風雨に見舞われ、船は損傷してしまった。

多くの乗組員が壊血病にかかっていたので、たまたま認めた無人島に上陸し、島では海牛（大きなジュゴン）を捕獲して飢えをしのぎ越冬した。

ベーリングも壊血病に罹患しており、1741年12月8日、60歳で亡くなった。

図54-4　ベーリング島の位置

彼の亡骸はこの地に葬られ、この無人島は彼の名をとってベーリング島と命名されたのである。

　北アメリカ西岸アラスカ方面が良質の毛皮の産地であることが欧米に知られたのはベーリング探検隊のお蔭である。

ベーリング海峡海底トンネル計画

　ベーリング海峡には海底トンネル計画があるという。世界の海底トンネルで海底部が一番長いのは英仏海峡トンネルのおよそ 37.9 キロ、全長なら青函トンネルが世界一で約 53.9 キロだが、ベーリング海峡は幅員 86 キロであるから、これが完成すれば世界最大の海底トンネルになる。壮大な計画だ。

　およそ 1 万 5 千年から 1 万 8 千年の昔、氷結したこの海峡をモンゴロイドがアラスカに渡り、アラスカやカナダの先住民となり、ネイティブアメリカン（インディアン）になったとされる。更に南米に進出してインカ民族が生まれ、南米最南端にまで子孫を残した。

　縄文人はモンゴロイドと云われる。モンゴロイドとは一般に黄色人種とか蒙古人種と呼ばれるが、最近の遺伝子研究によれば縄文人はシベリアのバイカル湖付近に住むブリヤート人の DNA 構造と同じであることが明らかであるという。

　この研究によれば、チャイナ人や朝鮮人は縄文人の遺伝子系統を持たないということで、日本人とは赤の他人だという。面白い説だ。

　私の遺伝子は、ある証拠があって縄文人のものと同じであるから、インカ民族と祖先を同じくすることになると思い、更に想像を逞しくすれば祖先詮索の話は尽きない。

《第 55 話》間宮海峡

　大航海時代に西欧人によって初見された島嶼部・海峡名は欧米の地名や人名を拝借して命名されたものが多いが、世界の地図に現れる日本人名はただ一つ。間宮海峡である。

　間宮林蔵は現在の茨城県つくばみらい市福田で安永 4 年（1775 年）に生まれたというが、生年については異説もある。

　平賀源内や杉田玄白らの活躍した時代だ。林蔵は江戸後期の徳川幕府御庭番を務めた。これは隠密だ。

　農民の子として生まれ、長じて地理や算術の才能を認められ幕府の間諜（かんちょう）に

なったのである。身長は 153 センチである
ことが分かっているから、当時の平均的体格
で、彼の業績からすると、記憶力抜群の天才
的な頭脳の持ち主だったに違いない。

寛政 11 年（1791 年）には現在の北方領土
である国後地方を探索したが、そのとき同地
に来ていた測量家伊能忠敬と出会い、緯度測
量技術などの指導を受け、享和 3 年（1803
年）には西蝦夷地の測量を行いウルップ島ま
での地図を作っている。伊能忠敬は角度測定
に象限儀を用い、星測によって緯度を決定し
たようだが、林蔵は、そのころ輸入され始め
た六分儀を多用したと云われている*75。

図 55-1　間宮林蔵記念館前の像
（https://www.ibarakiguide.jp より）

文化 5 年（1808 年）には幕府に命じられ樺太を探索することになった。

幕臣で探検家の松田伝十郎*76 に従って樺太南端西能登呂岬付近に上陸し、
アイヌの従者を雇った林蔵は、一旦東海岸から北上し探索を始めたが、途中か
ら進めなくなり引き返し、西海岸で松田と合流し西海岸を北上した。

林蔵はアイヌ語が理解できたようであるが、樺太北部にはアイヌ語が通じな
いオロッコ*77 と呼ばれる原住民が住まいしていることを知り、その生活の模
様も記録している。

林蔵は松田と共に北樺太西岸「ラッカ」のあたりで樺太が島であると認識し
たのだというが、後で述べる理由で、そうとは思えない。この地では「大日本
国国境」と記した柱を建立している。

これはクックやスペイン人などの西欧人が、初見した島嶼に標識を建て、自
国領土であると宣言したのと同じだ。原住民には一応断ってのことだが、彼ら
に領土の概念がなかったのだから否応はなかっただろう。林蔵が建てた標識も明

---

*75　間宮林蔵が六分儀を使用したことについては、東京地学協会編「伊能図に学ぶ」（朝倉書店、
　　1998 年刊）所蔵の「緯度測量に見る忠敬から林蔵への技術移転」に述べられている。林蔵
　　は陸地測量の分野で六分儀を使った先駆者だろう。
*76　松田伝十郎：新潟（越後）で農民の生まれ。長じて幕臣松田伝十郎の養子となり、その名
　　を継いだ。探検家で間宮林蔵と共に樺太を探検し、後に樺太見分実測図を書いた。樺太の
　　ラッカで間宮林蔵が建てた「大日本国国境」あるいは「日本国境」と呼ばれる標識は、林蔵
　　ではなく松田が建てたのだと異議を唱える者がいる。
*77　オロッコ：アイヌからはオロッコとよばれたが、ウィルタという樺太東岸北部の少数民族
　　で、ツングース系であり、ウィルタ語を使用する。元々は大陸に住んでいた遊牧民で、樺太
　　だけでなく北海道網走にも住まいしていた。

らかに日本の領有を宣言したのと
同じだ。

　林蔵たちはここから引き返し、北
海道宗谷に帰った。文化6年（1809
年）6月のことである。

　樺太探索の報告書を幕府に提出
した林蔵は翌月、更に奥地への探索
を願い出たが許されず、単身で樺太
に向かった。彼は百両あるいはそ
れ以上の現金を常に懐に入れて旅
をしたという。紙幣のない時代だ、
さぞかし重かったろう。

　幕府中枢は樺太など極寒の地に
は領土欲を持たなかったに違いな
い。惜しいことをしたもので、正に
頼山陽の詠う「長蛇を逸す」だ[78]。

　林蔵は現地でアイヌの従者を雇
い、樺太西岸を探索した。第1回よ
りも更に北上して、北樺太西岸「ナ
ニヲー」付近に達した。ここは黒竜
江（アムール）河口の対岸である。

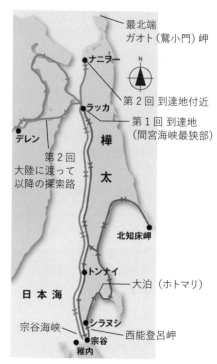

図 55-2　間宮林蔵樺太探索路
（http://wakkanai-brand.jp の画像を基に作成）

　樺太が島であることを証するためには、更に直線距離で 139 海里（257 キ
ロ）北上して、最北端の鷲小門岬付近に達しなければならないはずだ。

　「樺太は島」であるとの確証を得るため、林蔵は更に最北端に達し、東海岸
も踏査し測量を続けたに違いない。

　間宮海峡の最短幅員は約 7.3 キロで、明石海峡の倍くらいの距離しかないか
ら対岸が望める。

　この地で林蔵は住まいする少数民族（ニブフ）[79] から対岸のアムール河下流
の町「デレン」に清朝の役所があることを聞き、国禁を犯してニブフを案内人

---

[78] 「長蛇を逸す」は江戸後期の歴史家・漢詩人だった頼山陽の漢詩で川中島の合戦を詠った
　　「鞭声粛粛夜河を過る……」の最後の一節だ。これは「またとない機会を失った」の意味で
　　ある。

[79] ニブフはギリヤーク人ともいい、ロシアの少数民族で、黒竜江河下流に存在する。大東亜戦
　　争前、樺太に住むニブフには日本国籍を与えた。

として彼らのサンタン舟で海峡を
渡り、アムール河下流を探索し、記
録を残した。

今はロシア領土だが、当時この付
近は清朝の領土だったのである。

彼は清朝の役所で歓待されたよ
うである。

文化6年、陰暦9月末（1809年
11月）宗谷に戻り、11月には松前
奉行所に帰着報告をし、文化8年
（1811年）1月に江戸に赴き、作成

図 55-3　間宮海峡を渡ったサンタン舟の復元
（http://www.asahi-net.or.jp
「間宮正孝の樺太紀行」より）

していた地図とともに報告書を幕府に提出している。

宗谷岬は北方領土を除けば日本最北端であるが、島を含めるなら宗谷岬沖の
北西約1.2キロの無人島、弁天島（北緯45度31分38秒、東経141度55分
11秒）が最北端である。

同年4月には松前奉行支配調役下役格となり、ゴローニン事件[80] の調査の
ため松前に派遣された。

その後の彼は間諜としての仕事に集中した時期もあったようだ。

彼の功績はシーボルトも認め、日本地図に樺太と大陸間の最狭部を「マミア
ノセト」と書き、これが世界に伝わったのである。

図 55-4　北海道最北端宗谷岬の間宮林蔵像
（https://www.city.wakkanai.hokkaido.jp より）

図 55-5　宗谷岬沖の弁天島
（https://soramaga.com より）

---

[80] ゴローニン事件：文化8年（1811年）6月4日、択捉島の北で測量していたロシア軍艦の
　艦長ゴローニンが国禁を犯したとして国後島で捕縛され、2年3ケ月抑留された事件。

外国人もここを調査している。1787 年にはフランス人ラ・ペルーズは日本海を北上して海峡の手前まで行きながら引き返した。1797 年、イギリス人ブロートンは樺太西岸沿いに北航して海峡に達したが、水深が急に浅くなったので座礁を恐れて反転した。1806 年、ロシア人クルーゼンシュテルンは樺太東岸沿いに北航して最北端を回り、西岸沿いに南下し始めたが、浅所を認めて引き返し、樺太を大陸の一部だと断定している。

林蔵の探索行は西欧人に遅れたが、間宮海峡を紹介した彼は歴史に名を遺した。

間宮林蔵はシーボルト事件*81 の摘発の関係者の一人でもあった。シーボルトから送られてきた小包を「読めば国禁に反する」として未開封の儘、上司に提出したから、シーボルトと幕府天文方・書物奉行高橋景保との交流が明らかになり、シーボルト事件の発端になったのである。

このことで後年の彼は様々な形で非難されたが、彼は隠密だったのであり、職務を忠実に履行したに過ぎないとし、非難には当たらないとする意見が多いし、私もそうだと思う*82。

林蔵は天保 15 年 2 月 26 日、江戸深川において 65 歳で没した。生涯独身であったから、家督は養子が継いだ。幕命による縁組だったという説もある。

林蔵には北海道旭川にアイヌの愛人がいた。名は「アシメノコ」だそうだ。彼女との間に娘一子を得た。娘の名は「ニヌシマツ」で*83、彼の遺伝子を伝える 5 代目の子孫は北海道旭川市の間見谷喜昭（2008 年 10 月没）である。

《第 56 話》見張とオールズ・ウエル

帆船の夜間航海中、30 分毎の時鐘が鳴らされると、船首に立つ見張員は船尾の方へ向かって「オールズ・ウエル（異状なし、All's well）」と大声で報告するのが通例である。18 世紀、イギリス海軍の大型戦艦に始まった慣習で、この声を聞いた甲板上の別の場所に配置された当直者全員が口を揃えて「オール

---

*81 シーボルト事件：オランダ医師シーボルトが帰国の直前に国禁の日本地図などを持ち帰ろうとして発覚し、それを送った幕府天文方高橋景保らが捕縛された事件。当時の洋学者たちを震撼させた。

*82 本稿を非難する者が必ず現れよう。仰天するような異論「間宮林蔵は、海峡を見ていないし、樺太が大陸と続きでなく島だというのは彼ではなく幕臣松田だ」という者がいる。それも匿名での卑怯者だ。

*83 愛人、一子の名は伝聞で、一次資料によるものではない。名の一部「メノコ」はアイヌ語で女の子、娘の意味だが、「アシ」とか「ニヌシマツ」の意味は分からない。

ズ・ウエル」と唱和した。それによって後部甲板で立直中の当直士官は進行方向に異状がなく、艦内外すべての平穏を確認したわけであるが、一方では当直員の居眠りを防ぐ目的もあったらしい。この伝統は日本の練習帆船にも引き継がれ、船首甲板で見張り当番に立つ実習生の「オールズ・ウエル・サー」と叫ぶ声に、船尾の当直航海士が「オーライ（よろしい、**All right**」と答え、今でも帆船風物詩の一つとなっている。

　航海当直は「はじめに見張りありき」だ。

　見張りは英語で look-out というが、もともとは watch といっていた。現在は当直と解する。携帯型懐中時計が造られたとき、何と名付けようかとなった。そうだ「船乗りは動き回って寝ないことを watch という。造られた時計は針が動き回って寝ない（止まらない）から丁度いい名だ。watch にしようとなった。これが懐中時計の語源だ。

見張りの要諦

　海軍の操艦教範は戦後、海上保安庁が復刻した。この教範の冒頭に曰く。「艦の保安に関して最も重要なる関係を有するは航行中における艦橋内の静粛厳密なる見張り及び碇泊中における当直勤務の格守なり、当事者は深く思いをここに致し災いを未然に防ぐことに務るを要す」とある。

　教範のとおり、在橋当直者が対面しながらの雑談は禁物だ。雑談の最中に、接近する他船に気付かず衝突した例は多々ある。

　昔の船橋内では夜間は絶対に禁煙であった。マッチやライターだけでなく、煙草の火そのものでも夜間視力（暗順応）が低下するからだ。当時は、これほど見張りの維持に気を配ったものだった。船首楼でも夜間は禁煙であった。船橋から他船の灯火と誤認される恐れがあるからだ。

　「前3回、後1回は見張りの要諦」という言葉の意味は、正船首から左右10点（112.5度）を3回見たら、あと1回は「後方を見よ」の意味だ。

　一般商船の操舵室内の死角は全周の65パーセント以上に及ぶことが多い。死角をなくするためには常に動き回る必要がある。船の当直に疎い者は、自動車、電車、航空機の殆どが椅子に座っているのに、船だけは「何で立つの」と不思議がるが、座っていたら死角の範囲から接近する船などを探知できないことがあるからである。常時レーダーを見ていればよかろうと御託宣を垂れる者もいるが、レーダーでは小型船や漁網などの小さな物体を探知できないことが間々あるのだ。もちろん種別が判別できるわけもないし、姿勢が即断できるわけでもない。

死角のこと

死角とは見えない範囲のことだ。一般商船の操舵室内は死角が大きいから、死角をなくするためには操舵室内で常に位置を変えて動き回る必要がある。

レーダーが普及し始めた頃、レーダー画面にしがみついている航海士に船長は皮肉交じりにこういった。「君は眼がないのかね」。

少ない員数で運航する小型鋼船に複数の見張員など望む

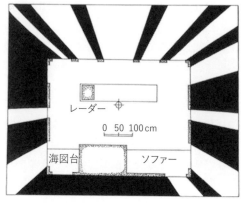

図56-1　内航小型鋼船（199トン型）の船首側死角（黒塗り部分）の例（筆者による）

べくもない。一人三役の単独当直だ。肉眼見張りを怠るな。

目視による衝突の 虞 の判断

500総トン未満の小型船はジャイロレピーターが装備されていない船が殆どだ。だから方位を測定した経験がない。これらの船の乗組員が述べる目視の方位は殆ど信用できないことを知るべきだ。

正船首から前方船首楼後端までの角度を聞いてみるがいい。普通の小型鋼船は6から8度なのに、大多数の者が20度とか30度などと、仰天するような

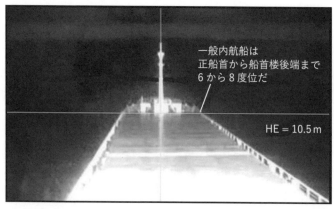

図56-2　船首楼後端の角度は、角度測定の目安になる（筆者による）

ことを云うのを知るべきだ。だから、いきなり初認角度を問う者は事実認定者として不適格である。先ず最初に、その者の角度感覚の適否を確認してから、初認した船の方位や方向を質問すべきだが、これをしない者が多い。

目視だけで衝突の虞を判断できなければ、船橋当直者としては失格だ。

船橋窓枠やハンドレールなどとの相対関係で方位の変化を知るのが一番手っ取り早いが、船首がヨーイング（左右動）しながら進んでいるときは、この方法はあまり当てにはならない。

30センチほど窓枠から離れ、その枠の方向に相手船が見えるように位置していたとき、頭をわずか2センチ動かしただけで、方向はおよそ4度変化する。

別法として相手船の背景にある遠距離物標との動きの有無を見る方がいい。遠距離物標とは低い高度の天体（太陽、月、惑星、恒星）、遠距離の陸地や雲のことである。図56-3で、金星は低高度だから短時間での方位変化は少ない。この星に対して漁船や相手マスト灯との関係に動きがなければ、方位の変化はほとんどない。

航行中、正船首方向以外の物標は後方に方位が変化する（これを落ちるという）。そうすると、落ちる背景に対して相手船が常に同じ関係なら、方位は変化していることになる。背景に対して更に大きく後方に変化しているなら、相手船は確実に自船の後方を通過する。

この場合、問題は近距離背景より船首方向に動いているときは何ともいえないことである。明らかに大きく船首方向に動いているようなら、相手船は自船

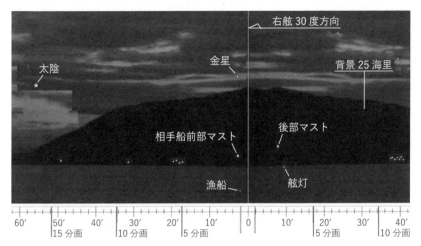

図56-3　遠距離物標を使って衝突のおそれ（方位変化）を察知する一方法（筆者による）

の船首方をかわる（これを「のぼる」ということもある）。

　近距離背景と他船との関係は簡単な数学で解析できるが、そんなことをしなくても、この方法を繰り返し経験すれば、衝突の虞は殆ど数秒で察知できるようになる。

　この考え方を発展させ、船首方向と他船を同時に見ることができる機器を作れば面白かろう。方位変化の有無を必要十分な精度で短時間に探知できる。六分儀を水平に使用するのも一法だが、内航船に六分儀はない。

　近距離なら相手のマスト相互間やマストと舷灯との間隔の変化（船の姿勢の変化）に注目すれば、方位の変化模様も察知できる。多数の船舶が往来する海域でレピーターコンパスにしがみついて、いつまでも1隻の方位を測っているようでは「木を見て森を見ず」であり、船長、航海士として失格だ。

大型相手船との衝突の虞

　近距離の大型船などに対しては仮に方位の変化があっても衝突することがあるから注意せよと海上衝突予防法や諸書は云うが、具体例は示さない。

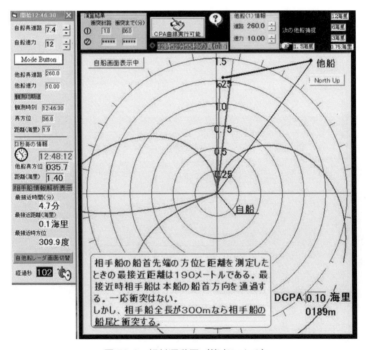

図56-4　相対運動図（筆者による）

図 56-4 は本船針路 7.4 度、速力 12 ノット、レーダー情報による相手針路 260 度、速力 10 ノット、相手船方位 040 度、距離 1.9 海里とした場合である。最接近距離は 1 ケーブル（185 メートルばかり）で、本船の船首方向を通過するから、一応衝突は起こらないが、相手が巨大で全長 300 メートルなら相手の船尾付近に衝突する。

この逆に、船尾とは衝突しないが、船首付近に衝突するときもある。

目視で船首・船尾双方の方位の変化模様を見るべきだ。

最近のレーダーは高性能で、有用な様々な機能を持っているが、こんな器用なことはしてくれないし、実務的にはほとんど使われていない機能が多い。船員は取扱説明書をあまり読まない。出来が悪い説明書だからでもある。「レーダーばかりに頼るな」である。

見張りあれこれ

昔の船橋内では、夜間は絶対に禁煙であった。同様に夜間、船首楼では禁煙であった。船橋から他船の灯火と誤認される恐れがあるからだ。船長は、わざわざ足音をたてながら登橋した。足音がしたら慌てて煙草をもみ消したものだが、忍び足でやってくるなどという野暮な船長はいなかった。

目視での距離感を養うことは重要だ。昔の弓削商船では入学したらすぐ上級生から百貫島まで 4 海里ほど、東方備後灘の走島はおよそ 12 海里半、練習船桟橋から生名島港なら 1 海里と叩き込まれ、ことある毎に距離と方位を反芻させられたものだった。間違って答えようものなら、お仕置きが待っていた。お

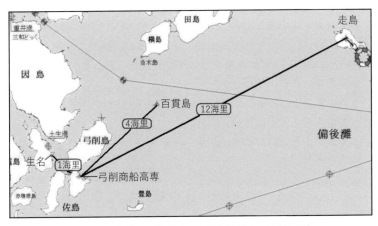

図 56-5　距離感の養成（国土地理院図から筆者加筆）

仕置きは床板に長時間正座させられるなど苦痛を伴うものだった。

昭和45年（1970年）ころのことだ。入学したばかりの生徒の父兄が血相を変えてこういった。

「うちの子はカッターのオールが重くて辛いといっているから、オールを短くしろ！」と仰天するような要求をした。本当にあった話だ。子が子なら親も親、本末転倒もいいところだろう。当時は、このような理不尽な暴言を断固として排除するだけの気概をもった教師が存在した。

カッター訓練は心身を鍛え、海に馴染ませる絶好の機会なのに、現今はカッター訓練をスポーツくらいに衛生的に考えて、ほどほどに終える航海や機関関係の教師が少なくないようである。

《第57話》南極探検とエンデュアランス号の遭難

南極大陸

キャプテン・クックは1773年1月17日に喜望峰の遙か南方、南緯66度36分、東経39度35分まで南下しているが、大きな氷盤に阻まれ、陸地を認めることができなかった。南極を初認したのは1820年（文政3年）ころのイギリス人、アメリカ人あるいはロシア人といわれるが特定できない。

南極は19世紀までは無人地帯だった。20世紀に入り、探検の成果などでイギリス、フランスなど5か国が領有権を主張し始めたが、現在では1959年の南極条約で凍結されている。しかし凍結の儘であり、各国の領有権が否定されたわけではない。

日本では白瀬陸軍中尉による南極探検が行われ、1912年（明治45年）1月16日に探検船開南丸*84が到達した南緯80度05分、西経156度37分付近を「大和雪原」と命名し、日章旗を掲げて領有を宣言した。しかし後に氷上であることが分かり、領有は叶わなかった。

このとき白瀬中尉が陸地に到達していたなら、今頃は日本も南極の領有を主張できたであろうにと無念だが、歴史にイフはない。

現在はオングル島の昭和基地のほか合計4つの観測基地を持つが、領有権はない。

---

*84 開南丸：白瀬中尉の南極探検で用いた木造帆船。総トン数199トンから204トン、全長30から33.5メートルくらい、幅約7.9メートル。補助機関はあったが約18馬力ばかりで、スクーターバイクほどの力しかなかった。命名は東郷元帥である。大正2年（1913年）三重県菅島灯台付近の暗礁に乗り揚げ沈没した。

サー・アーネスト・シャクルトン（Sir Ernest
Henry Shackleton）はイギリス・アイルランドの
出身で、1874年2月生まれのイギリスの極地探
検家である。最高級の海技資格（master mariner）
の持ち主でもあった。

13歳の時、ダリッジ・カレッジに入学したが、
16歳で退学し、船員を志した。

帆船や旅客船などの航海士を経て、最初に経
験した南極探検は1901年から行われたディスカ
バリー号の航海で、士官として乗り組んでいる。
これはイギリス海軍中佐（後の大佐）のロバー
ト・スコットが指揮した探検である。南極大陸

図57-1　シャクルトン隊長
（https://shackleton.com/ より）

に上陸し、スコットと共に極地をめざす踏破に参加し、南緯82度17分まで達
したが、病をえて別船で本国に帰った。

　第2回目はニムロドの遠征と呼ばれる探検である。この探検航海はシャクル
トンが提唱したもので、1908年ニムロド号はニュージーランドから南極に向
かって出航し、南極点と磁南極を目指した。南極点から97海里しか離れてい
ない南緯88度23分に達し、最南端到達記録を更新して帰国した。外国人に先
んじたシャクルトンの偉業は熱狂をもって歓迎された。

　国王エドワード七世は彼にロイヤル・ヴィクトリー勲章を授け、後の国王誕
生記念叙勲でナイトに叙した。彼はサー・アーネスト・シャクルトンとなった
のである[85]。

　1911年12月14日、ノルウェー人のアムンゼンが極点に達した。その後、
翌年の1月17日、スコットも極点に到達したものの、ノルウェーの国旗を認
めアムンゼンに後れをとったことを知り、無念の帰路についたが、激しいブリ
ザード（寒気と吹雪を伴う強風）に阻まれ凍死している。アムンゼンは犬橇を
使ったが、スコットは犬よりも馬を重視したのが勝敗を分けたという意見が
ある。

　アムンゼンの偉業を知ったシャクルトンは、残された南極探検の目玉は南極
横断の旅だと悟り「帝国南極大陸横断遠征」を公表した。1914年（大正3年）

---

[85] サー（Sir）はイギリス叙勲制度における栄誉称号の一つ。英語圏における男性に対する敬
称として Dear Sir などと用いられるのは読者ご承知のとおり。サーの称号を有する男性の
夫人は Lady とも呼ばれる。

8月3日、第一次世界大戦が勃発し、彼の計画は危ぶまれたが、時の海軍大臣チャーチルは「遠征」を続行するよう命じている。

1914年8月9日、補助機関付帆船（motor sailer）エンデュアランス号[86] はイギリスのプリマスを発し、ブエノスアイレスからサウス・ジョージア島を経由し、南極ヴァーゼル湾に向かった。

1915年1月19日に船は流氷に囲まれ、氷と共にゆっくりと北方に流され、9月になると氷が船体に強い圧力をかけ、同年11月21日、船は崩壊し海没してしまったのである。南緯69度05分、西経51度30分付近でのことである。

図 57-2　氷に閉じ込められた
　　　　　エンデュアランス号
　　　　　（Wikipedia より）

図 57-3　崩壊（Wikipedia より）

船を失った探検隊は浮氷上に基地を設置した。そのまま流されて220海里ほど離れた貯蔵品のあるポーレット島へ流されることを願ったが、基地付近の浮氷が割れて危険な状況になったので、やむなく基地を捨てて全隊員は3隻のボートに分乗し、約300海里離れた無人のエレファント島に向かったのである。

海上を往くこと5日ばかり、4月15日に3隻のボートはエレファント島バレンタイン岬に到着した。この島は捕鯨船など一般船舶に適した泊地はなく、ボートは島の岩陰の狭い水路に引き入れた。

---

[86] Endurance をエンジュアランスと書くこともある。

探検隊に同行した写真家のハーレーは「これほど荒涼たる海岸は見たことがない。だが自然その儘の絶壁と吹雪、それに空をおおう雲には深遠な壮大さがある」と日記に書き残している。ハーレーは無数ともいえる写真を撮影した。後日談であるがハーレー撮影の写真に

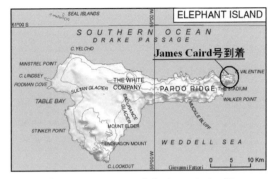

図57-4　エレファント島バレンタイン岬

よって、この探検は世に喧伝され不朽のものとなったのである。

彼らが上陸してから丸5日の間は強風が荒れ狂った。

エレファント島からサウス・ジョージア島への救援航海計画

エレファント島は最大風速86ノット（44メートル毎秒）にも達する極寒の無人島で、荒涼として草木はなかったが、清水があり、食料となる肉や燃料を提供してくれるアザラシやペンギンを捕獲できたから、差し当たりの食糧や燃料油に不自由はなかった。300頭ものペンギンを捕獲した日もあった。

連れてきた犬は射殺され、子犬は男たちの食糧になった。犬はアムンゼンやスコット隊に限らずキャプテン・クックも食っている。

南極の冬の厳しさが増し、キャンプ地の砂利浜は毎日のように暴風雨に見舞われ、住まいするテントが破壊されたこともあって、隊員の多くは精神的にも肉体的にも疲れ切った状況になったのである。

この島は通常の船舶の航行路から大きく離れており、救援船の来航は全く期待できなかった。そこでシャクルトンは最短路で540浬離れたフォークランド諸島のスタンレーに向かおうとした。しかし、偏西風（逆風）で航行は困難であった。次に目指そうと考えたのはサウスシェトランド諸島のデセプション島で、この島は無人島であったが、難破船のための物資が蓄えられていた。しかし、ここも逆風に抗しての航海となることから断念した。最後の選択肢は往路に立ち寄ったことのあるイギリスの海外領土で捕鯨基地のあるサウス・ジョージア島である。この島までは順風を期待できるが、航程は最短路で715海里（1325キロ）あって、潮岬から沿岸伝いで函館まででくらいと考えればいい。シャクルトンは副隊長ワイルド及び船長ワースリーと協議の結果、ここを

実現可能な目的地として選んだのである。

　使用する艇は一番頑丈なジェームズ・ケアードを選んだ。この艇は全長僅か6.9メートル（23フィートほど）の無甲板艇である。短艇名は、この探検のため資金援助をしてくれたジェームズ・キー・ケアード卿に因む名である。

ジェームズ・ケアード（James Caird）号航海の準備

　この艇は舷側を少し上げる木工事をし、甲板はキャンバスで覆うなど若干の改良を行い、復原力を向上させるために毛布で包んだ袋に700キロ弱の小石を積み込んでバラストとした。

　この艇に何が積み込まれたかを知ることはヨットマンの諸君の参考になるだろう。

　オール4本、排水ポンプ1台、マッチ30箱、石油約36リットル、アルコール1缶、火炎燃料10箱、信号青炎、寝袋6枚、予備衣類。

　食料として、そり用保存食3箱（300食相当）、ナッツ類2箱（200食分）、角砂糖1箱、粉ミルク20袋、固形ブイヨン、食塩1缶、水約162リットル、氷約50キロ。

　航海計器類として、六分儀、双眼鏡、コンパス、二連式散弾銃1丁と弾丸、斧2丁、ロウソク、撒油用脂肪油の袋、海錨（シーアンカー）、海図、釣り糸と釣り針、縫い針と糸、釣り餌用の脂肪、ボートフック、アネロイド気圧計。撒油用脂肪油の袋とは波飛沫を鎮めるために海に流す油のことである。

　簡易速力計である砂時計とハンドログは積まれていなかったようである。

　食料は4週間分が積み込まれた。

　海図は船長ワースリーがエンデュアランス号の崩壊する前に船内図書館の本から破ってきたものだったというから、粗末なものだったに違いない。

図57-5　ケアード号の出発
（キャロライン・アレグザンダー「エンデュアランス号」ソニーマガジンズ 2002 年から）

天体暦、時辰儀（クロノメータ）、対数表も積み込まれていたから、天測計算はできたはずだが、時辰儀の誤差はどのくらいあったのだろう。航海者なら気になる話である。

出航前、シャクルトンは副隊長のワイルドに「この航海が失敗したら、春には残りのボート2艘でデセプション島へ向かえ」と命令している。

かくして1916年4月24日月曜日午前10時ころ、南西の適風を受けエレファント島を発した。乗員は隊長シャクルトン、船長ワースリー、二等航海士クリーン、船大工マクニーシュ、甲板員マッカーシー、甲板員ヴィンセントの6人であった。

サウス・ジョージア島までの航海[87]

衣服は防水でなかったから波しぶきで常に濡れていた。全員が布製のズボン、ウールの下着、セーター、ウールの靴下、オーバーとヘルメットを着用しており、小石のバラストの上に置いたトナカイ皮の寝袋に潜り込んで寝た。いつもうとうととしか眠れなかったという。

食事は牛肉、オートミール、砂糖、塩で、水を入れると濃いシチュー状になり、これに好みのナッツ類を砕いて入れた。艇内は狭く、自由に身動きができなかった。船長ワースリー、甲板員のマッカーシー以外はみんな船酔いした。

風が卓越して高い三角波になった。シャクルトンは見張り役を2班に分け、4時間交代とした。当直の3人の内、1人は1時間舵をとり、2人は打ち込み海水の排出、帆の整備を行っていた。

夜間の操舵は漆黒（しっこく）の闇夜であったから、マストに掲げていた小旗のなびく方向を頼りに舵を操作し、一晩に2、3度、貴重なマッチを使って風の方向を確認した。

出航の翌4月25日は西南西の軽風、曇天。

26日も西南西であったが、雲行きが怪しい。

27日、北からの強風、曇、激しい雪嵐を伴う突風で停船した。太陽は雲間に顔を出したので天測ができた。観測者の船長ワースリーは六分儀を胸の下に押し付け濡れないようにし、2人の乗組員に支えられて、艇が波の頂上に押し上げられた瞬時に太陽を観測した。計算表は濡れていたから、ページ繰りは慎重

---

[87] この項は、Wikipedia（英語版）のほか、キャロライン・アレグザンダー「エンデュアランス号—シャクルトン南極探検の全記録」（ソニーマガジンズ、2002年）を参照した。一次資料であるシャクルトンの日記を参照することができなかったので、ジェームズ・ケアード号の航海記録の日時などには誤りがあるかも知れないことを諒とされたい。

に行わなければならなかったという。

　太陽の高度が最大になる正中時の緯度計算は単純な加減算だが、それ以外の観測では、どのような計算をしたのだろう。是非とも知りたいところだ。

　28日、この日は出航5日目である。午後に風が止まったが依然高波で、波の底では帆が弛んだものの、波の頂上に押し上げられると、次は急斜面を滑り落ち、木の葉のように放り出された。

　29日、西ないし南西の疾風、雲行きは怪しく、高波。

　30日、南からの強風が連吹した。風は強さを増し、南風であった。順風に乗じて航行したいが、高波で横転するのを懸念して、船首からキャンバス製の海錨を投じたので、船首は風上に向いたまま徐々にサウス・ジョージア島に向かった。艇は厚み40センチもの氷に覆われ、斧を振り回して2度にわたって氷を割り、取り除いた。海錨は船首からと船尾から流す方法とがあるが、この航海では船首から流していたという。

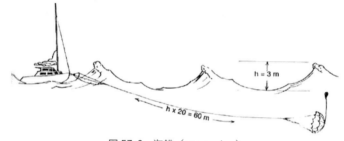

図57-6　海錨（sea anchor）
（CHAPMAN PILOTING & SEAMANSHIP 66版から）

　腐り始めて凍結した2枚の寝袋を捨てた。

　高波の底では周囲が青い壁のように見えたかと思うと、頂上ではあたかも山頂から下界を見下ろすような風景で、艇は終始この運動を繰り返した。

　5月1日、南南西の強風で海錨を投じた。生きているという気分になれたのは4時間毎の温かい食事や、夜間の見張の時の煮立った粉ミルクを飲む時だけだったという。この航海では強風の日が10日に及び、極寒の荒海であった。

　5月2日、雪を伴う突風が吹く海は体験したことのないような巨大な三角波で、青空が見えたのかと錯覚を起こすほどであった。

　5月3日、とてつもない強風は48時間に及んだ。ここ6日の間、太陽観測ができなかったが、正午になって太陽が見えて緯度の観測ができ、計算の結

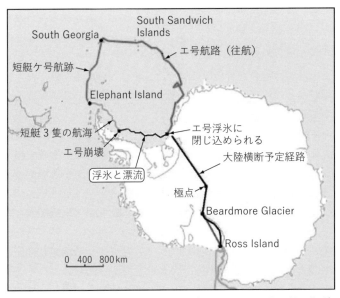

図57-7　シャクルトン探検隊航跡の概要（Wikipediaの画像を基に作成）

果、出航地のエレファント島から383海里ほど（710キロ）の地点に達していたことが分かった。

　5月6日、海は荒れ、北西の強風で、船首のジブをたたみ、再び海錨によって漂った。太陽は狭い雲間から見えるが、その縁は判別がつかず、中心を推測するほかなかったが、なんとか観測することができた。これは訓練を要する技術である。

　5月7日、夕闇が迫るころ、ケルプという海藻が船側を流れ去るのを見た。カモメが頻繁に姿を現し、何種類かの大型海鳥も見かけるようになり、陸から20キロ以上離れて飛ぶことはないといわれる鵜も見たので、島が近いと確信した。

　5月8日、濃霧が発生したが、正午には晴れたが、突風が起こった。午後12時半ころ、甲板員のマッカーシーは陸が見えると叫んだ。サウス・ジョージア島の西岸である。ごつごつとした岩山と、その側面には雪がレース模様のように積もっていた。陸地に近寄ろうとしたが、雨、雹、霙と雪が叩きつける最中、山のような大波は泡立ち、島を見失うことがしばしばで、10日まで沖合で漂った。

　5月10日、早朝は殆ど風がなかったものの、海は相変わらずの三角波であっ

たが、なんとか島に向かうことができた。多くの水上岩が見られ、安全な水路を探すのに何度も沖と島の間を行き来し、漸く湾の入り口に達し湾内に入ることができ、ケアード号は波のうねりに乗って岸にたどり着いた。転げるように上陸した男たちは水の音で小川を見つけ、思う存分に水を飲んだ。艇を水際から十分離れたところまで引き上げ、張り出した断崖にある洞窟で彼らは休息することができたのである。

　この航海では自然の猛威に耐え抜いたのだ。全 16 日間の過酷な試練の最中、一瞬たりとも気を緩めず、6 人全員が常に規律を守り、命令系統を維持し、当直に就いた。これ以下はあるまいと思われる過酷な状況下でも船乗り魂を忘れなかったことが、航海を成功裡に導かせたのである。

　隊長のシャクルトンにはカリスマ性があり、下級船員と上級船員との双方に気が通じ、肉体的にも強靭な理想的指導者であった。

　着いたところはキング・ハーコン湾で、人が住んでいる捕鯨基地があるストロームネス湾までは陸路最短路で 35 キロほどであったものの、そこまでは極寒で険しい山岳の旅だった。山越えするには湾の先端まで行かねばならなかったので、5 月 15 日に再びケアード号で移動し、何百頭というゾウアザラシに囲まれた砂浜に上陸しキャンプを張った。

　隊長シャクルトン、船長ワースリー、甲板員クリーンの 3 人は 5 月 18 日早

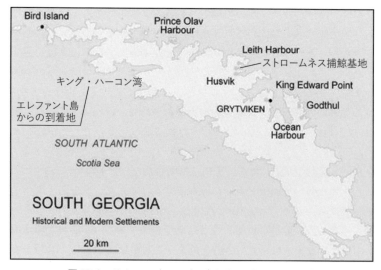

図 57-8　サウス・ジョージア島とキング・ハーコン湾

朝に険しい山岳を踏破して捕鯨基地に向かった。休みない36時間の後に捕鯨基地に到着することができ、捕鯨基地の人々と再会を喜び合ったのであった。残された3人の救出は基地の捕鯨船サムソン号で行われた。

　その後、捕鯨基地の船を使いエレファント島に残された仲間たちを救出しようと向かったが、荒天で失敗して引き返した。基地のノルウェー人たちは国籍こそ違え同じ船乗り仲間を労り歓待してくれたし、救出には全面的な協力を惜しまなかったのである。船乗りの仲間意識の真骨頂とはこのようなものであるし、人命救助は「海上道徳至高」のものという。

　隊長シャクルトンはフォークランド諸島を経て南米チリに向かい、紆余曲折はあったが、チリ政府が貸与してくれた小型蒸気機関付鋼製引船イエルコ号によってエレファント島の残留者達は見事に救出されたのである。

　時に1916年8月30日、エレファント島を発してから4か月後のことで、彼らが南米チリ最南端プンタ・アレーナス港に無事生還したのは同年9月3日のことである。

　その後、シャクルトンは2度目の南極大陸横断の旅に元捕鯨船のクエスト号（125トン）を使い、ロンドンを発し、ブラジルの南東岸リオデジャネイロ経由で南極に向かった。

　1922年（大正11年）1月4日、懐かしのサウス・ジョージア島に至り碇泊中、翌5日午前3時前シャクルトンは心

図57-9　ロンドンのタワーブリッジを通過するクエスト号（Wikipediaより）

図57-10　ダリッジ・カレッジで永久保存されているJames Caird（Wikipediaより）

臓発作で他界した。まだ 47 歳であった。遺体は母国イギリスに運ばれようとしたが、彼の妻エミリーはサウス・ジョージア島での埋葬を切望し、彼はこの島に 葬 られた。彼には多くの探検家と同様に蓄財の才はなく、多額の借財を背負ったまま生涯を閉じたのである。

エンデュアランス号最後の生き残りは一等航海士グリーンストリートで、第二次世界大戦を体験し 1979 年（昭和 54 年）3 月、イギリスで没した。89 歳だった。

古今のボート航海の中で最も傑出した業績を果たした短艇ジェームズ・ケアード号はシャクルトンの母校イギリス、ダリッジ・カレッジに永久保存されている。

《第 58 話》カラスの巣

「カラス（烏）の巣」というのは檣 上 見張所のことである。高所で見張ると船橋で見るより遠方が見えるのは知れたことだ。

レーダーが出現する前まで「カラスの巣」は最も有効な見張り場所だった。図 58-2 ではマスト上の見張台で見張り員が望遠鏡（遠眼鏡）を使って遠方を見ている。なにか見たら見張台に取り付けたメガホン（拡声器）で報告した。ここに号鐘が用意されていた船もあったし、近代では電話で船橋と通話ができた。

見張台が海面上 49 メートルのマストにあったとしよう。理屈の上からは、遠方の山頂が 100 メートルなら、およそ 35 海里（65 キロほど）の距離から山頂を認めることができる。これが船橋（眼高 9 メートルとする）からなら、およそ 26 海里（48 キロ）ほどまで接近しなければ見ることができない。

大海原を航行中、ここの見張員は陸地を認めると「ランドフォール（landfall）」と叫んで知らせた。未知の島嶼を探していた大航海時代、この叫び声は喜びの一瞬だったろう。内航の船乗りには無縁な言葉だが、外航では今でも常用語だ。

海軍では遠距離から相手を探知し砲撃戦で優位に立とうとしたから、船橋が非常に高かった。超 弩 級 戦艦「扶桑」（排水量 3 万 4700 トン、全長約 213 メートル、全幅 32 メートル）の艦橋最上部には長さ 8 メートルもの測距儀（距離測定器）があり、その高さが吃水線から 50 メートルとするなら水平線まで 14.6 海里である。

図 58-1　戦艦「扶桑」（Wikipedia より）

　マスト上の見張台の異名が「カラスの巣
（crow's nest）」である。

　これは 19 世紀に捕鯨船乗りであり探検家
であったウィリアム・スコアスビー・シニア
によって発明されたと主張する者がいるが、
彼は単に構造をより便利なものにしたに過
ぎないとの異説もある。

　「カラスの巣」は紀元前 1200 年ころから
エジプトのレリーフに見られ、紀元前 8 世
紀から 7 世紀にかけてのフェニキアなどの
船にも見られるという。

　地球が平面だと信じられていた時代のこ
と、ギリシャの哲学者であり数学者であっ
たスミルナのテオンは「ふねのマストに登る
ことによって、デッキ上の人間には見えない
土地を見ることができる」と書いているとい

図 58-2　帆船時代の「カラスの巣」
　　　　（Wikipedia より）

う。これが地球は丸いという根拠の一つになった[88]。

　「カラスの巣」というのは、見張台が木の中の「カラスの巣」によく似ている

[88] 地球が丸いのに気付いたのは紀元前 600 年ころのギリシャのピタゴラス派の人達だったと
諸書はいうが、そんなことはあるまい。エジプト人は紀元前 2600 年ころに第三王朝のファ
ラオが、高さ 62 メートルのピラミッド（ギリシャ語で三角形のパン、日本では金字塔）を
造っているではないか。建設関係者は、これに登れば遠方を望むことができ、地球が丸いこ
とに気付いたはずだ。アメリカに地球平面協会という団体がある。その会員のことを「平
面地球人」という。これは「間違っていたり、廃れてしまった考え方を固持する」人々の代
名詞だが、日本にも、この手の人々がごまん（五万）といる。

のが由来だというが、鳥がマストの見張所に飛んでくるから名付けたのかも知れない。高いから、慣れた船乗りでも船酔いすることもある。刑罰を受けた者は罰としてここに送られることもあったらしい。

初期の鉄道列車にあった小さなドーム状の構造で、採光、換気のためや列車全体を展望する場所を「カラスの巣」と呼んでいた。

この言葉は建物や塔などの一番上の構造物の異名としても使われるようだ。

日露の戦いでバルチック艦隊を五島白瀬付近で発見したのは仮装巡洋艦「信濃丸」の「カラスの巣」にいた檣上見張員だったし、タイタニックでは「カラスの巣」の見張員が前方近距離に氷山を認めて鐘を鳴らし、船橋に電話で知らせたが、時すでに遅く、氷山との衝突を回避することができなかったのは知られた話だ。

《第59話》黒船来航

黒船の由来

黒船とは、戦国時代末期から江戸時代初期までの間に来航したポルトガル船の船体が黒色のピッチで塗り固められていたことから、ポルトガル船だけでなく、スペイン船やオランダ船なども同様に、中国・朝鮮や東南アジア船籍のいわゆる唐船と区別して使用された名称である。

1587（天正15）年に豊臣秀吉が発布したバテレン追放令の中に黒船という表現があり、江戸時代に入ってからも用いられた。16世紀中頃から19世紀にかけ

図59-1　黒船の由来「南蛮屏風」
（神戸市立博物館蔵）

てヨーロッパ諸国から来航した艦船に対する通称となっていた。1853（嘉永6）年にペリーの率いるアメリカ軍艦4隻が浦賀へ来航したことから、諸外国が日本に開国を強要するようになったので、黒船は欧米資本主義の強圧を表す象徴的代名詞としても使われている。

ペリー提督の黒船海路

　排水量1700トン、木造の帆船で外輪船である米国軍艦ミシシッピは、ペリー
提督の最初の旗艦であった。1852（嘉永5）年11月24日、米国ノーフォーク
軍港を出発して日本遠征の途に就いた。

　北太平洋を我が物顔に走り回り鯨を乱獲していた自国捕鯨船の焚木や水、食
料などの物品供給地として日本を開国させようと企んだのが遠征の主目的だっ
たのである。

　ミシシッピは図59-2の海路を採って大西洋を東航し、出発後約19日目にポ
ルトガル領マデイラ島に到着。3日間碇泊の後出帆、途中石炭を求めてセント
ヘレナ島に寄港し、1853年1月24日に喜望峰を見てケープタウン港に入り、
10日間休養してインド洋に出てコロンボに至り、シンガポールを経て4月7
日には香港に入港。1か月の後の5月4日に上海に回航し、同地において先着
の米国軍艦サスケハナ（Susquehanna）にペリーは旗艦を移した。

　サスケハナはフリゲート艦で外輪船、全長約78メートル、幅約13メートル
の蒸気船で、当代の巨艦である。上海で2隻の帆走艦を合わせ4隻の艦隊を編
成して日本行きの準備を整え、5月23日、琉球の那覇に向け出航した。

　途中、サスケハナとミシシッピの2隻は列を成し、サップライとカプリスと
は別々に帆走した。5月26日の夕刻、サスケハナを先頭にミシシッピがこれ
に次ぎ、陣形堂々と那覇に近付き、厦門（あもい）から来合わせた米艦サラトガともども
港外に投錨した。

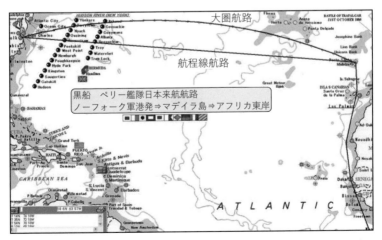

図59-2　ノーフォーク軍港からポルトガル領マデイラ島まで（筆者による）

　那覇に滞在すること１か月半。表に琉球王をもてなし、裏では、臆面もなく無断で海岸各地の測量と陸上の探検を行い、軍事的に琉球周辺を我が物とした後、７月２日の早朝、サスケハナ、ミシシッピ、カプリス、サラトガの４隻は相前後して出帆した。

　７月８日の早朝、伊豆半島に近付いたが、霧に苦しめられながら東京湾に進んだ。

　当時のペリーの記録にはこうある。

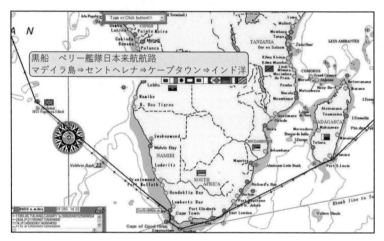

図59-3　マデイラ島からセントヘレナ島、ケープタウン港、インド洋まで（筆者による）

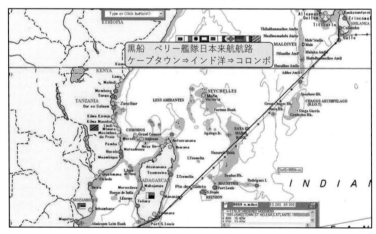

図59-4　ケープタウンからマダガスカル南方経由コロンボまで（筆者による）

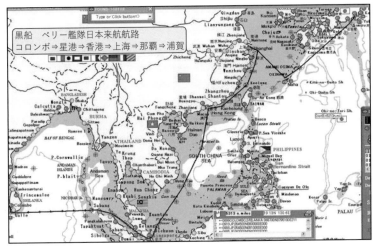

図 59-5　コロンボから星港、香港、上海、那覇、浦賀に至る（筆者による）

　「8 日の朝は日本気候の特徴である霧が非常に濃厚で眼界が妨げられた。浦
賀に投錨するまでは沿岸の陸影を判然と見ることができなかった。風があった
ので全艦は総帆を展開し 8 ノットないし 9 ノットで波を蹴立てて進んだ。海
岸近くに群がっていた漁船や相模の湾口に散在していた数多い日本船の船夫達
は我々を見て船の上に突っ立って、いままで見たこともない蒸汽船に驚き肝を
つぶした様子であった」。黒船渡来に日本人が驚いた一コマだ。
　幕府はペリーらを饗応した。献立が残っている。
　卓袱料理[89] を看板にした江戸は浮世小路の料亭「百川」が 2 千両で黒船艦
隊の将兵約 300 人分の料理の膳を請け負ったという。
　山海の珍味や鴨、豚などの肉類も用意し、料理一人前 3 両で用意した。本
膳、二十五菜である。日本側役人 200 人を合わせて合計 500 人の大賄だった。
　3 両を現在の 30 万円とするなら、500 人分とは 1 億 5000 万円に相当する。
相当な品数で、食器も膨大な数であったとの記録が残っている。
　これに対してペリーは幕府関係者を招待し、艦上で演劇を伴う大宴会を催し
た。出された馳走は 10 種類で内訳は、パン、2 種類のカステラ、豚肉、丸煮の
カクラン鳥、獣の腸、饅頭、野菜は胡瓜などで、特上のスペイン料理が添えら

---

[89] 卓袱料理：中国料理や西欧料理が日本化した宴会料理で、長崎が発祥の地という。本来は
　　大皿に盛られた料理を、円卓を囲んで味わうもの。和華蘭料理ともいう。「わからんりょう
　　り」と読めるところが面白い。

図 59-6　日本人の写生した黒船（横浜開港資料館蔵）と旗艦サスケハナ（Wikipedia より）

れた。シャンパンなど酒類は飲み放題だったようである。招待客はそれぞれ食べ残しを懐に入れて持ち帰ったという。ペリーは自分たちの饗応した料理の方が幕府の料理よりも上等だったと、肉食人種然とした自慢話を書き遺している。

　あろうことか、酩酊してペリーに抱きついて彼の頬に接吻した「抱き上戸」の幕府役人もいた。これに対してペリーは条約さえ合意できたら「キスなど、いくらされてもいい」と云ったという法螺話のような逸話も残っている。

　このようにペリー艦隊はノーフォークを出てから 226 日目に浦賀に到着した。このとき浦賀の海底は黒船の錨で汚されたのである[*90]。

　ペリーは外交談判に約 1 か年の日を費やし、嘉永 7 年の 6 月 29 日に下田港を抜錨し、再び琉球を訪れ、香港に赴き、同地より英国商船ヒンドスタン号にて太平洋を経て北米合衆国の首都に帰命（きめい）した。1855 年 1 月 12 日のことである。我が国に開国を迫るために日を費やすこと 2 年 2 か月、海を渡ること 2 万 4 千海里の長征であった。

　黒船に驚いた狂歌一句「泰平の眠りを覚ます上喜撰たった四杯で世も眠れず」は流行した。上喜撰は宇治の高級茶のことで、蒸気船にひっかけている。これを幕府の慌てふためくさまを嘲笑（あざわら）ったのだというが、狂歌の作者もさぞかし仰天したことだろう。

白船来航

　黒船は船体を黒色のピッチで塗っていたからそう呼んだのだが、白船も来航している。1885 年、アメリカ海軍は最初の無帆装蒸気鉄鋼軍艦を建造したが、

[*90] 浦賀の海底が「黒船の錨で汚された」というのは、海軍水路部長であった米村末喜の「航海の話」（昭和 2 年、科学知識普及会発行）に書かれている比喩だ。

翌年の東洋への航海では熱帯地方の防暑用として軍艦の外舷を黒から白に塗り換えた。1905年、日本海海戦で大勝利を博した日本を意識するアメリカは、戦艦17隻からなる大白艦隊（great white fleet）を編成し、1907年12月、太平洋を経てインド洋からスエズ運河経由で欧州海域へ入る示威的世界周航の旅にでた。

翌1908年10月、ニュージーランドとオーストラリアを経て、親善の名目で横浜へ来航した。この白船艦隊を日本海軍は艦隊を編成して歓迎した。その後、各国を歴訪し、1909年2月に帰国している。

この前年、1908年にアメリカ海軍の外舷塗色は白色から灰色（グレー）に変わり、現在に至っている。

日本海軍では建造工廠毎に海軍工廠標準色が決められていたようで、微妙に色分けし、同じグレー色でも佐世保が一番暗く、舞鶴工廠の色が最も明るかったようである。世界の艦船の塗装は多種多様で、これを調べたら、ゆうに一冊書けるだろう。

もしもペリーの艦隊が白色外舷であったなら「白船来航」といわれたかもしれない。

《第60話》ファイアマンとコロッパス

ファイアマン

蒸気船出現の初期、炎熱地獄のような汽缶室における火夫の苦闘は凄まじかった。イギリス東インド会社船では、暑熱に強いはずの黒人を火夫に選んだが長続きせず、次に中国人に変えてみたがやはり駄目なので、結局、イギリス人がスコップを握らざるを得なかったという話が伝わっている。

水夫と火夫はそれぞれ甲板部員と機関部員の旧称であるが、火夫のことをイギリスではストーカー、アメリカではファイアマンという。今ではストーカーよりファイアマンの方が一般的になっている。

日本では、これを訛ってフヤマンと呼んだ。軍艦の戦闘中は休む暇なく石炭を汽缶の火口に投げ込んだので、汽缶室は非常な高温になり、絶えず火夫に水をかけながら石炭を炊いたという。裸体で働いた者もいた。

火夫は、単に石炭を火口に投げ込むだけでなく、効率よく燃焼させるため、石炭を投げ込んだら扇状に広がるようにしなければならなかった。

投炭には十能とよばれるシャベルを使ったが、結構熟練した技術が必要で、海軍では「基本焚火法」といった教育訓練も行われた。

海軍では投炭のとき図60-1の右のように左構えで行った。左の火夫は余分な空気の吸い込みを防ぐため焚口戸を迅速に遮断するための「仮戸」と呼ばれるものを使っている。

重油を噴射するバーナーが考案される前の燃料は石炭だった。燃料用の石炭は専門の供給業者から受け取ったが、客船

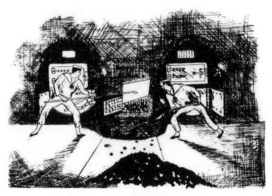

図60-1　日本海軍の投炭風景
（経済学雑誌116巻第4号より）

では乗客の乗り降りが終わってから積み込み作業をした。作業中の粉塵が乗客に降りかかるのを防ぐためである。

私が進徳丸に実習生として乗船した昭和28年ころの同船は石炭焚きだったので、石炭補給のため佐賀県唐津港や福岡県三池港などで石炭の積み込みをした。火夫の真似事も何度かさせられた。

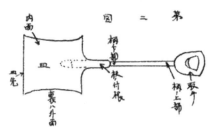

図60-2　投炭用スコップ
（経済学雑誌116巻第4号より）

　火夫の下役が石炭夫（コールパッサー、coal passer）である。

コールパッサー

　燃料の石炭は石炭庫（bunker、coal bunker hold）に積み込まれていたから、それを汽缶室まで運ぶのは石炭夫（coal passer）の役目だった。彼らは石炭庫の石炭取出口から一輪車（孤輪車、猫車）で石炭を運んだ。

　運ぶだけでなく、石炭庫の中に入って石炭を左右均等に平らにする役も背負っていた。そうしないと船が傾くからである。だから彼らはコールトリマー（coal trimmer）と呼ばれたこともあったし、石炭の粉塵で真っ黒だったから、ブラックギャング（black gang）とも呼ばれた。

　正式な職名はコールパッサーで、重労働ではあるが単純な作業だから、機関部員でも見習いより一つ階級が上の下級部員が石炭運びをした。

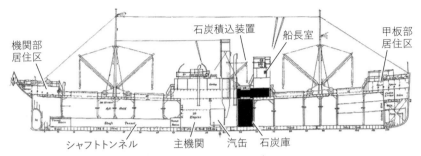

図 60-3　蒸気機関、石炭燃料の貨物船
（神戸高等商船学校運用術図鑑 昭和 16 年版から筆者加筆）

　機械力のない港では石炭夫が積み込みに当たり、沖合での石炭積み込みは専用の供給船を横付けして積み込んだ。

　1907 年 11 月 16 日の処女航海で、当時世界最高速 26 ノットでブルーリボンを獲得したイギリス旅客船モーリタニア（3 万 1000 トン）では火夫が 192 人、石炭夫が 120 人もいたという。

　わが国では石炭夫をコロッパスと訛って呼んだ。

　1921 年のことである。国際労働機関の総会は、軍艦を除き 18 歳未満の年少者は船舶においては原則として石炭夫または火夫として使用しまたは労働させてはならないと議決した。日本は 1930 年（昭和 5 年）これを批准している。

　文久 3 年（1863 年）、井上馨、伊藤博文らはロンドンに密航するときイギリス船の石炭庫に隠れて出国したという。さぞかし真っ黒になっていただろう。

《第 61 話》航海こぼれ話

正確無比な船位決定

　「五の L」というのは、緯度（Latitude）、経度（Longitude）、見張り（Look out）、測鉛（Lead）、ログ（Log）という 5 つの英単語の頭文字のことだ。位置を確認し、よく見張り、水深を知り、速力を掌握せよということになる。

　昔、沿岸航海での位置測定は交叉（交差）方位法が主だった。

　明治 10 年生まれの海軍大将で昭和 7 年から学習院長を務め 90 歳の長寿を全うした山梨勝之進は、82 から 89 歳の間に海上自衛隊幹部学校で講義をした。講演中の 3 時間は直立して講話したというから驚くべき心身である。

　この講話のなかに交叉方位法について語った面白い一文がある（山梨勝之進

「歴史と名将」（毎日新聞社、1981 年）より）。

　一つ目は、間断なく正確無比に船位を決めながら航行していたのに乗り揚げたという話だ。

　石橋甫という、後に海軍中将までに栄進し、航海の神様と云われた中佐がいた。彼は明治 43 年から大正 12 年までの間、東京商船学校長を務めている。

　中佐の時代に初代連合艦隊旗艦戦艦「八島」の航海長だったときのことだ。彼は 5 分に 3 回ほど交叉方位法で艦の位置を入れていた。その速いこと、正確なこと、そして無造作なこと。あっちの山、こっちの岬と、3 つも 4 つも目標を覚えておいて海

図 61-1　戦艦「八島」（Wikipedia より）

図に入れる手際の速いこと。その手練のほどに驚いたと山梨は回想している。

　2 分位の間隔で、艦の位置が海図のコースライン上に、極めて正確に表示されていくのだった。八島の全速力は 18 ノットくらいだから、およそ 1100 メートル位の間隔で位置決定をしたことになる。

　八島が朝鮮の釜山に入航するときのことだという。海図には入航針路がちゃんと線引きされていた。石橋航海長は、このコース上を正しくもっていっていたところ、ゴツンと海中の岩にぶつかった。皆が驚いた。海図には安全な水深上を選んで針路線が記入されていたのに、その真上を進んでいたにもかかわらず、その下に暗礁があったということは、一体どういうことだと大論議になったという。

　そのうち、いろいろ調べてみると、乗り揚げたところには未知の尖った岩が存在していることがわかった。

　それなら、どうして他艦も同じ航路を使うのに、ぶつからなかったかというと、どの艦も本当には、そのコースの真上を走っていなかったのだ。

　石橋航海長が正確に予定航路線上を進んだから、ぶつかったのだということで、かえって名航海長としての令名が全海軍に轟いたという。

　石橋からは「山梨少尉、君は字が下手でだめだ。「4」という字は、必ずこう書くんだ」と教えられたという。おそらく書き順として「∠」と書いてから「｜」を引く。横線はしっかりと右横に伸ばせとでも教えたのだろう。

避険線を利用した航海長

　石橋航海長の後任は山澄太郎三中佐だった。明治 32 年 9 月に八島航海長に赴任した。この中佐は石橋航海長のように、こまめに方位はとらなかった。そのかわり、ここに突きでた岬があり、こちらには小さな洲が沢山ある。そこで、これとこれを結んだ線より上に行かなければ大丈夫であるというような、いわゆる避険線を 2 本あるいは 3 本考えて航海した。石橋航海長のように忙しくは方位をとらないが、ときどきとってみて、あの突端と、この島を一直線に結んだ線の南側に入らないように、などと注意しながら艦を進めた。

　図 61-2 で A から B に向かうとき、危険海域を避けるため、NMT の線を引いてその方位を読む。これは H 燈台の方位が 074 度であり危険線（danger angle）という。

　航行中、H 燈台の方位が 074 度よりも大きくなったら危険で、これより少なく見えるなら危険圏を避けていることが分かる。

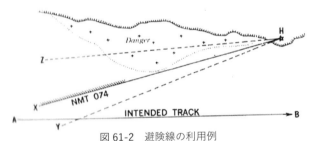

図 61-2　避険線の利用例
（THE AMERICAN PRACTICAL NAVIGATOR Vol.1 2019 年版から）

　次は土佐出身の坂本一中佐副長の話である。

　彼曰く「皆が暗礁を避けようとして艦を離すから、かえってぶつかるんだ。もし暗礁があったなら自分はこれに向かって進んで行く。そうすれば、コンパスの誤差と海流や風の影響で、うまい具合にかわっていけるもんだ。ところが下手な航海長は暗礁を恐れて 10 とか 20 海里離して行こうとするから、ちょうど風と潮と舵のとり方によって、かえってぶつかるようになる。自分は、これにまっすぐに向かって進むからぶつからないのだ」といっていた。

　「土佐っぽ」らしい勇ましい話だが、いずれのやり方も理にかなっている。坂本は後に海軍中将まで栄進しているが、同じ坂本でも竜馬とは縁戚でもなんでもない。

250

海図を使わない交叉方位法

交叉方位法は測定した方位を海図に記入して各方位線の交点を船位とするものであるが、一工夫すれば海図、三角定規、デバイダーも必要がない。

方位を測定して計算で船位を決定する際は、

① 測定する地点の緯経度をデータにしておく。

これには、日本沿岸各地の燈台や主要な岬、顕著な山頂の緯経度を、その名称と共にデータ化するのである。

② 実航針路と速力を入力する。

③ 観測方位を入力する。

うまくプログラミングすれば、決定船位の緯経度、任意の時刻における目標までの距離を知ることができる。計算は最 小 二 乗 法を使えばいい*91。

昔、マラッカ海峡を出て南アメリカ、ダーバン港向けの大圏航路に乗った。曇天で一昼夜天測ができなかった。翌夕刻の黄昏には 3 個の恒星が観測できた。海図に位置を記入したところ、選定した航路から 30 海里あまりも北方に離れているではないか。老練な船長は海図に記入された位置を見て「これは観測か計算の間違いだ！」と怒鳴りながら鉛筆を海図に突き当てたからたまらない。鉛筆の芯先が折れ、海図には穴が空いた。しかし観測者の私は譲らなかった。翌朝の星測と太陽観測によって、航路から大きく離脱していることが証明されたのである。

頑固一徹の船長だったが、一時の怒りが収まり、後ろめたかったのであろう、私に干乾びた饅頭を一つくれ、以降は私の天測結果に全幅の信頼を置いてくれたものだった。

遠い昔の話である。

《第 62 話》トリムとヒールとローリング

左右の傾斜

自室にいて現在どちらに傾斜しているか、傾斜 0.5 度程度でも体感で分からなければ一人前の航海士とは評価されない。

図 62-1 のように窓枠にマーキングしておいて、操舵室中央付近から見てマークした位置と横方向の風景や水平線の関係を、ことある毎にチェックして

---

*91 「コンピュータ航法プログラム集」（海文堂出版、昭和 62 年）を参照。

おれば、傾斜の体感を身に付けることができる。操舵室以外、自室にいても、傾斜角度が定量的に分かるようになる。

マストと前方水平線付近の関係で船の傾斜角度を数値表現できるようになる。マストが直立していたら船はアップライト（直立）状態だ。

図 62-1　左右傾斜の目安（筆者撮影）

トリムの変化

これは当直で登橋したら必ず実行してもらいたい。前方マストステップのどこが水平線に相当するかをよく見る。これを覚えておいて次の当直時に変化がないかを見る。前直と変わっていたらトリムに変化が生じた証拠だ。毎回と同じタンクを消費していたら、一当直ごとのトリムの変化はほぼ同じである。

図 62-2　トリム変化のチェック（筆者撮影）

慣れない間はカメラやスマホで前方風景を撮影して、前直に撮影した写真と比較すればいい。

　異常なトリムの変化や傾斜を感じたら、すぐに使用燃料・清水タンクやバラストタンクの使用状況をチェックする。使用している各タンクが同じで消費量もほぼ一定で異常がなければ、バラストタンクに問題があるか、浸水の可能性を考えてみることだ。燃料・清水を移送したり、使うタンクを変えるときは、必ず船長や一航士に報告させなければならない。

　今どきの内航船は殆どタンクの測深をしない。尋ねると「やっている」というが、デッキの測深管の蓋を見ると錆びついて回らない。嘘をいっているのだ。

　リモートで測深できるならともかく、1日1回くらいは各タンクに異常がないかを調べなくてどうするのだ。彼らは吃水もろくに見ない。見ても10センチに丸めて記録し、センチメートルの精度で見ないことが多い。

　積荷は何時もと同じで持物（燃料、清水、バラスト）も似たようなものだから吃水もこの程度に違いないと、アバウトで吃水値を記録している。もちろん積高の計算やトリムの計算ができる乗組員は滅多にいない。内航船員にはトリミングテーブルや排水量等曲線の簡単な使い方を反復して教育すべきだ。中央吃水を1センチ変化させることのできるトン数くらいは、軽荷時と満載状態時の別に頭に入れさせることも大切だ。

動揺周期

　船の横揺れをローリングと云うが、横揺れの周期と船幅、船の重心位置および復原力の4つと密接な関係がある。静水中の船が直立状態で浮かんでいるとき、船に外力を加えればどちらかに傾く。この力を急に離すと、船は直立状態に戻ろうとする。

　図62-3でWの重量物を吊り上げると、船はA方向にある角度傾く。Wを急に切り離すと、A方向から船は元に戻り、反対舷Bに傾く。次いで直立に戻り、更にA方向へと傾く。この運動を繰り返すが、傾斜角度は次第に少なくなってゆく。

　Wは何でもいい。木材なら吊り上げて、船が傾いたら一挙に落とせばいい。

　実際の計測は、図62-1のように横方向の遠方物標を見れば、窓枠との関係で左右動が分かる。

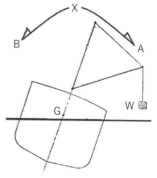

図62-3　動揺周期の計測
（筆者による）

　Bまで傾き、一瞬静止し、元に戻り始める瞬時にストップウオッチを押す。ついでXからAまで傾き、一瞬静止してから再びB方向に傾く。Bで一瞬停止し、更にA方向に動き出す瞬時に秒時計を押すと、これが1周期の動揺になる。

　最初、Aから始めないのは、AからB方向へのタイミングをつかむのが、かなり難しいからだ。この動きを自由動揺という。

　揚錨後や岸壁を離れて航行中、舵を一挙に10から15度くらい取る。最初は内方傾斜が起こる。左舵なら左に少し傾く。傾いたと思ったら、すぐ舵を中央

周期（秒）　　　　船幅（m）──▶

周期（秒）	09.0	09.5	10.0	10.5	11.0	11.5	(12.0)	12.5	13.0	13.5	14.0	14.5	15.0
25.0								0.16	0.17	0.19	0.20	0.22	0.23
24.5								0.17	0.18	0.19	0.21	0.22	0.24
24.0							0.16	0.17	0.19	0.20	0.22	0.23	0.25
23.5							0.17	0.18	0.20	0.21	0.23	0.24	0.26
23.0						0.16	0.17	0.19	0.20	0.22	0.24	0.25	0.27
22.5						0.17	0.18	0.20	0.21	0.23	0.25	0.27	0.28
22.0					0.16	0.17	0.19	0.21	0.22	0.24	0.26	0.28	0.30
21.5					0.17	0.18	0.20	0.22	0.23	0.25	0.27	0.29	0.31
21.0				0.16	0.18	0.19	0.21	0.23	0.25	0.26	0.28	0.31	0.33
20.5				0.17	0.18	0.20	0.22	0.24	0.26	0.28	0.30	0.32	0.34
20.0			0.16	0.18	0.19	0.21	0.23	0.25	0.27	0.29	0.31	0.34	0.36
19.5			0.17	0.19	0.20	0.22	0.24	0.26	0.28	0.31	0.33	0.35	0.38
19.0		0.16	0.18	0.20	0.21	0.23	0.26	0.28	0.30	0.32	0.35	0.37	0.40
18.5		0.17	0.19	0.21	0.23	0.25	0.27	0.29	0.32	0.34	0.37	0.39	0.42
18.0	0.16	0.18	0.20	0.22	0.24	0.26	0.28	0.31	0.33	0.36	0.39	0.42	0.44
17.5	0.17	0.19	0.21	0.23	0.25	0.28	0.30	0.33	0.35	0.38	0.41	0.44	0.47
17.0	0.18	0.20	0.22	0.24	0.27	0.29	0.32	0.35	0.37	0.40	0.43	0.47	0.50
16.5	0.19	0.21	0.24	0.26	0.28	0.31	0.34	0.37	0.40	0.43	0.46	0.49	0.53
16.0	0.20	0.23	0.25	0.28	0.30	0.33	0.36	0.39	0.42	0.46	0.49	0.53	0.56
15.5	0.22	0.24	0.27	0.29	0.32	0.35	0.38	0.42	0.45	0.49	0.52	0.56	0.60
15.0	0.23	0.26	0.28	0.31	0.34	0.38	0.41	0.44	0.48	0.52	0.56	0.60	0.64
14.5	0.25	0.27	0.30	0.34	0.37	0.40	0.44	0.48	0.51	0.55	0.60	0.64	0.68
14.0	0.26	0.29	0.33	0.36	0.40	0.43	0.47	0.51	0.55	0.60	0.64	0.69	0.73
13.5	0.28	0.32	0.35	0.39	0.42	0.46	0.51	0.55	0.59	0.64	0.69	0.74	0.79
13.0	0.31	0.34	0.38	0.42	0.46	0.50	0.55	0.59	0.64	0.69	0.74	0.80	0.85
12.5	0.33	0.37	0.41	0.45	0.50	0.54	0.59	0.64	0.69	0.75	0.80	0.86	0.92
12.0	0.36	0.40	0.44	0.49	0.54	0.59	0.64	0.69	0.75	0.81	0.87	0.93	
11.5	0.39	0.44	0.48	0.53	0.59	0.64	0.70	0.76	0.82	0.88	0.95		
11.0	0.43	0.48	0.53	0.58	0.64	0.70	0.76	0.83	0.89	0.96			
10.5	0.47	0.52	0.58	0.64	0.70	0.77	0.84	0.91	0.98				
10.0	0.52	0.58	0.64	0.71	0.77	0.85	0.92						
09.5	0.57	0.64	0.71	0.78	0.86	0.94							
09.0	0.64	0.71	0.79	0.87	0.96								
08.5	0.72	0.80	0.89	0.98									
08.0	0.81	0.90											
07.5	0.92												

図62-4　船幅、自由動揺周期、GMの関係（筆者による）

に戻す。その後、自由動揺が始まるから計測する。秒時計を使うのがいいが、腕時計や目算でやってもいい。このためには 1 から 60 まで数えて、腕時計の秒針と比べて、目算の正確さを確かめたらいい。練習を積めば 2 分くらいまで、殆ど誤差のない数え方ができるようになる。慣れない間は何度も計測して平均値をとればいい。

このように自由動揺を測れば、図 62-4 の表で復原力のパラメーターである GM（復原梃）の概値を推定することができる（この表は、$T_s = 0.8B/\sqrt{GM}$ の略算式を用いて計算した）。

【図の見方の例】船幅（B）12 メートルとする。動揺周期（T_s）を測ったとき 14.5 秒なら、GM は 44 センチであり、復原性はまずまずである。10 秒以下なら GM は 1 メートル以上で問題ないから、この図には示していない。

鋼材専用船で満載状態なら、復原力は十分で問題はないが、空船時は確かめた方がいい。GM がどの程度あればいいかは、論議の分かれるところだが、小型鋼船なら 30 から 50 センチ以上あれば十分だろう。

詳しくは風圧力、復原力曲線、波浪の状況によって当時の安定性能を計算で詳細に判定できるが[92]、三級海技士以下の知識レベルでは計算は無理な相談だ。

《第 63 話》戦時標準船の悲劇

戦時標準船

戦時標準船の建造は、戦時に建造資材の節減と早期かつ大量の船舶を建造するために行われた国策だった。略して戦標船といった。大東亜戦争中には 1340 隻、338 万総トンの戦標船が建造されたと云われる。

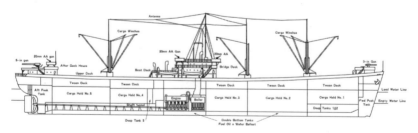

図 63-1　リバティ型の側面図（Wikipedia より、©Kallgan）

---

[92] 船舶復原性規則参照。

図 63-2　アメリカの戦標船ビクトリー（Wikipedia より、©Leonard G.）

　ちなみにアメリカの戦標船リバティ（liberty ship）は 2712 隻も建造された。
　その後 534 隻ものビクトリー（victory ship）型も造られ、戦標船合計は 3246
隻であったから、我が国の建造量はアメリカのわずか 41 % に過ぎない。彼我
国力の差は歴然としている。
　英米でも建造された戦標船であったが、日本との大きな違いは、構造上の違
いと、安全性を犠牲にしたかどうかであった。アメリカと寸法などを比較す
ると

	ビクトリー	日本 A 型
総トン	約 7200 トン	約 6800 トン
全長	約 139 m	約 128 m
幅	19 m	18.2 m
速力	15 から 17 ノット	9 から 12 ノット

　双方、寸法は大同小異だが、ビクトリーの方が速力で勝っている。
　わが国の戦標船は船名以外に記号を付けた。貨物船は A から G で、A に近
い方が大型だった。
　鉱石船は K、タンカー T とし、大きさを区別するため TL、TM、TS のよう
に名付けた。建造年次別に記号の左か上に 1 から 4 までの数字を配した。
　機関の種類が分かるように、T はタービン、D はディーゼル、RS はレシプ
ロ（蒸気往復動機関）、H は焼玉機関と区別した。その他、多くの記号が配さ
れたが、同じ記号であれば詳細な設計まで統一されていた。

戦標船の特徴
　簡易化のため二重底を廃止した。座礁したらひとたまりもない。

　例えのとおり板子一枚下は地獄だった。隔壁や第二甲板の一部も廃止したので、強度、安全性が著しく損なわれた。

　肋骨は曲げる手間を省くため直線化した。軸室（シャフトトンネル）を廃止し、機関室を後部に配置した。これは長い推進軸の製造が追いつかなかったためである。電気溶接工法とブロック建造方式が大幅に採用され、工事が短縮できた。

　各部屋は強度上問題のない限り木造とした。鉄製の居住区でも室内は鉄板のむきだしだったし、天井の内張りは取り止めた。ソファーの背もたれまでも廃止したのである。マストやデリック、通風筒は従来の丸型から角型断面になった。

　煙突も化粧煙突といわれた美的な色彩は失われ、必要最小限度に小型化された。

　建造に要する全工期は昭和18年末の実績で、1万500トン級の油送船が5か月ばかりで竣工している。

　このように簡単に建造できたから、造船所はおおむね儲かり、戦争成金が生まれた。要するに鉄（鋼）板を曲げる必要がないように造った積木細工のような船だったのである。

　大戦中の建造で2E型と呼ばれた870総トンばかりの貨物船が419隻と最多で、合計建造隻数は819隻である。

　乗組員数は一番大きなA型の一例で船長他士官9人、甲板部17人、機関部30人、司厨部10人の合計66人乗組みの船があった。E型（総トン数870トン）は33人だったという。

　私はアメリカの戦標船リバティを訪れたことがある。北米シアトルでのことだ。一等航海士が案内してくれた。

　彼の居室の扉には下部に大きな丸い穴が開いており、室外から木製の蓋が嵌め込まれていた。「こ

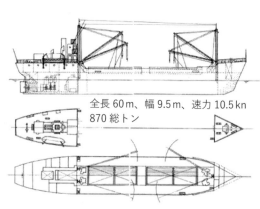

全長60m、幅9.5m、速力10.5kn
870総トン

図63-3　2E型戦時標準船（曲線部分のない船）
（大内建二著「戦時標準船入門」光人社から）

れなに」と聞いたら「君の国の潜水艦に雷撃されて船体が歪みドアが開閉でき<ruby>らいげき</ruby>なくなったら、室内からこの蓋を蹴飛ばして脱出するのさ」とおどけたように蹴飛ばす仕草をした。

　これを聞いた私は、アメリカ人の安全対策の一端を垣間見たような気がした。以降、「衝突などで船体が歪んだら、引き戸や扉が開かなくなることがある。引戸内に救命関係具を入れるな。自室の扉は就眠中でもフックをかけて空かせておけ。操舵室から居住区への出入口扉も同じだ」と口喧しく部下を指導したものだった。

　終戦直前の航海訓練所の所有船は帆走が撤去された日本丸、海王丸、大成丸、進徳丸の在来4隻があったが、大成丸は終戦直後に神戸で米軍機がばら撒いた機雷に触雷して失われた。進徳丸も播磨灘で触雷したが、浅所であったから全没は免れ、後に引き揚げられて復帰したが見る影もなかった。

　戦後の練習船は、この他に戦標船である9百総トンほどのE型と称する3隻が加わった。俗に「八八」と呼ばれた。

　私は実習生で練習船黒潮丸に乗船したことがある。居住区は船倉を改造した区画で、外板沿いに寝床があり、就眠していると波の音がザワザワと耳を騒がせた。誠にお粗末な八八の練習船であったことを覚えている。

　同型練習船の1隻、磯風丸（改E型戦時標準船、910総トン）は昭和24年（1949年）7月13日21時12分ころ伊豆半島沖の神子元島北西至近の浅所に乗り揚げ全損となり、死者・行方不明者7人並びに負傷者3人という惨事になった。

　この事故は横浜地方海難庁で審理され、事故後わずか3か月あまりで同年10月25日に裁決が言い渡された。

　主文「本件乗揚げは、受審人村崎良介（船長）の運航に関する職務上の過失に因って発生した」。

　裁決では実習生代田林也外3名とあるが、これは実習生代田林也＋3名という解釈が相当で、実習生は合計4名、乗組員は合計3名が行方不明（死亡は疑いなし）で、合計7名が亡くなった。

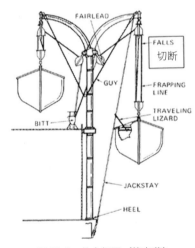

図63-4　救命艇図（筆者蔵）

負傷は 3 名である。裁決冒頭で 4 名死亡とあるが、裁決は誤っている。

また短艇降下中、定員以下の乗員状態で短艇の釣り索のホールが切断したなどというのは、常日頃の整備点検の怠りだ。

この事件は戦後における唯一の練習船乗揚事件である。

この船が戦標船でなく二重底だったら、こんなに早くは沈まなかったかもしれない。常日頃、救命艇関係の整備を怠らず、乗揚げ後は機関を停止し、正しい手順で救命艇を降下しておれば、実習生たちは死なずに済んだろう。

乗り揚げた場所は同島の北方であったから、同燈台を右舷至近に航過しようとしたことが災いとなった。私なら、この島の南を 2 海里以上離す針路を設定して航行する。当時の太陰の状況を計算してみると、半月、下弦の月で、前方 063 度方向、高度 11 度の低高度に輝いていた。当時は半晴だったというから、神子元島に接近すれば燈台はもとより島影もはっきり目視できたろう。要するに近寄り過ぎたのであり、正に幼稚な行船（ぎょうせん）だった。船長は資質がない未熟者だ。

図 63-5　昭和 24 年 7 月 13 日、石廊埼沖の太陰の状況（筆者による）

それにしても、大きな流圧差のある状況なのに、21 時 04 分ころに位置測定をして以降、乗揚までの 8 分間は位置測定をしていない。このようなときこそ 2 分とか 3 分位の間隔で交叉方位によって位置決定し報告すべきだった。この航海士は 30 分毎に船位を測定すればいいと思い込んでいたのではないか。この航海士は未熟だし、船長は部下指導監督を怠った。なお裁決の流圧差の計算は間違っている。

私なら、神子元島の北側経由を選択せず、同島の南方を 2 海里は離して航行する。北側は、小型鋼船が冬の季節風を避けようとして、少しの間でも風の弱い区間を走ろうとするところなのだ。東京湾口に向かうとき、ここを通航しても距離的にメリットはない。たかだか 5 とか 10 分短縮できる程度に過ぎない。

これには後日談がある。この事件は横浜地方海難審判庁で審理された。私は、この事件の審判官だった故玉屋文男さんをよく知っている。後年のこと「鈴木君、船長は審判廷に丸刈りの坊主頭でやってきたよ。反省の意を表する

気持ちがそうさせたのだろうな」と話してくれた。四半世紀も昔の話だ。

　大東亜戦争で船員達はこのように劣悪な戦標船に乗船し、身命を賭して母国民の生活物資の供給と軍事物資の輸送の確保に日夜邁進（まいしん）したが、連合国にシーレーンを阻まれ、5万9196人もの船員が国に殉じた。

コンクリートの戦時標準船（八八）

　戦時中、鋼材が不足したので、コンクリート船を建造してはどうだという話が持ち上がったが、「狸の泥船」を造るのかと皮肉をいわれたそうである。

　理屈の上からは、何の問題もない。要は浮力が船の重量より大きければ浮く。

　基本設計は遠藤光一海軍技術中佐、建造には舞鶴海軍工廠（こうしょう）の林邦雄技術中佐が当たった。

　建造は民間でということになり、船には素人の土木会社の社長武智正次郎が名乗りを上げた。建造地は兵庫県高砂の塩田跡地を掘って総勢600人でドックを造った。

　桟橋や倉庫の代用として5隻ほど造って海軍に納めた。武智造船では、この実績を踏まえてエンジン付きの貨物船の建造に着手し、昭和19年3月に第一武智丸が完工した。

　船首だけは衝突時の破壊を考えて20ミリの鋼板で覆った。3隻が完成した。4隻目は建造中に終戦となった。

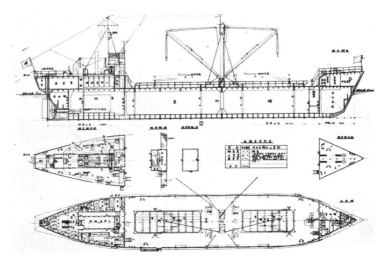

図63-6　コンクリート戦標船「第一武智丸」一般配置図（安浦町まちづくり協議会HPより）

　全長 64.5 メートル、幅 10 メートル、深さ 6 メートル、総トン数 800 トン、ディーゼル機関で速力 9.5 ノットだった。

　試運転の結果は上々で、船長は「乗り心地は上々で、エンジン音は少なく揺れも小さかった」と回想している。

　乗組員は 20 人で、「コンクリート船だ。衝突したら一巻の終わりだから夜間の航海はしないように」と注意が示されたが、なんのことはなかった。神戸港で後方からやってきた小型鋼船に追突されたが自船にはさしたる損傷はなく、相手貨物船の方が沈没している。

　終戦まで活躍した。第一武智丸は八幡製鉄の鋼材、筑後の石炭を運んだ。関西から軍需品を呉の海軍工廠にも運んだ。当時の瀬戸内海には米軍による大量の機雷が敷設され、鋼船が磁気機雷によって次々と沈没したのに、コンクリート船には磁気機雷は反応しなかったのであろう、終戦まで生き延び、後に防波堤とされた。呉市安浦町三津口に現存している。

図 63-7　防波堤となったコンクリート船「武智丸」
　　　　（安浦町まちづくり協議会 HP より）

《第 64 話》満珠島と干珠島

　日本沿岸の島嶼名や港名には難解な読み方が多々ある。アイヌ語を漢字に置き換えた北海道沿岸地名や紀伊水道和歌山県とその対岸徳島県の地名がそれだ。

　紀伊水道東岸の地「朝来帰」はどうだ。徳島県の「宍喰」も難解な読み方だろう。これらは「あさらぎ」、「ししくい」と読むのが慣用である。山口県「特牛」は「こっとい」だ。

　北海道網走は「洞窟があり、その口から滴が落ちていて雨漏りのようだった」と云われ、アイヌ語の「漏る・地」を意味する「アバシリ」としたという説があるが、定説はないようである。「網」は「あみ」または「モウ」だし、「走」は「ソウ」または「はしる」だから、網走（あばしり）と読むのは全くの当字

に違いない。最初にアイヌ語ありきで、和人の造語だ。漢字を当てて「網走」となったのは明治 8 年（1875 年）のことだった。

航海者は海図のローマ字表記で読み方が分かるが、漢字表現は様々な読み替えがあるから、海図や地図をよく見る習慣のない者は慣用の読み方を知らないことが多い。ある知人は一級海技士（航海）免状を受有し外航大型タンカーに長年乗船したベテランであるが、現役時代に瀬戸内など航行したことがなかったから、関門海峡にほど近い苅田港を「かりた」と連呼した。現役時代に瀬戸内の海図など、ろくに見たこともなかったから、こう読んだのだ。たまりかねて「かんだ」だと教えたことがある。

日本語は漢字の読み方が複数あるから、地元民でない限り慣用の読み方ができないことが多い。

昔から使われてきた町名を、時の役人は簡単に珍奇な名に変更することがしばしばだが、難解な地名や氏名を読み間違えたからといって失礼だというのは早計だろう。こう読んで貰いたいなら「ルビ」を振るべきだ。

「今治」は、いまでこそ「いまばり」だが、昔「いまはる」か「いまばり」にするのかで、ひと悶着があった。

島嶼名や地名の故事来歴は知識欲をそそるものであるが、荒唐無稽な法螺話ほど面白い。

関門海峡東口には満珠島（まんじゅしま）、干珠島（かんじゅしま）という 2 つの小さな無人島がある。

日本書紀に出てくる仲哀天皇の后、神功皇后は西暦 367 年 10 月（仲哀天皇 9 年）、九州肥前の松浦郷で誓約*93 を行い、後の応神天皇を身籠ったまま男装して三韓征伐の兵を興し、新羅に攻め入り、百済、高麗を服属させた。降伏した新羅王は「吾聞く、東に日本という神国有り、亦天皇という聖王あり」といって白旗を掲げたという。

その後、神功皇后は海の神として祀られた。

下関の忌宮神社は古事記、日本書紀にも記されている延喜式内社だ。仲哀天皇が熊襲平定の際に滞在した行宮である豊浦宮の跡とされる。

ここは仲哀天皇、神功皇后、応神天皇が合祀されている。満珠島、干珠島はこの神社の飛地で、聖域とされ、現在も立ち入り禁止の島だ。

神功皇后は海中から現れた住吉の神が、龍神から干満を自由に操れる干珠、満珠という二珠を授かれといわれた。この二珠のお蔭で三韓征伐が成功したと

---

*93 誓約：「うけい」と読み、吉凶占いの一種。

図 64-1　月岡芳年筆「日本史略図会 第十五代神功皇后」（Wikipedia より）

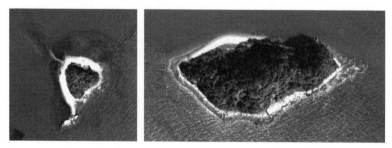

図 64-2　干珠島（左）と満珠島（右）（© 国土地理院 地図・空中写真閲覧サービス）

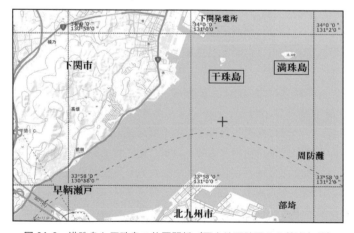

図 64-3　満珠島と干珠島の位置関係（国土地理院図から筆者加筆）

云う。帰路に皇后はこの地に立ち寄り、龍神から預かった二珠を海に投じると、たちまち満珠島と干珠島の両島が生まれたという伝説がある。

満珠島は標高50メートルで、南海岸に燈台がある。

干珠島と満珠島の海岸線相互間は1464メートルほどだが、航路幅は200から400メートルほどしかない。

ところで、なぜこのような名が付けられたのであろう。話を膨らませてあれこれ自説を唱える者が多く、話としては面白かろうが、全て想像の産物だ。

源平合戦では源氏の軍勢がここに拠点を置いたという。そうなら満珠島だろうが、平地部分が狭く、大挙して上陸などできない島だ。沖合に軍船が集結しただけのことだろう。

この付近にある長府は満潮時の潮高が3.50メートル近くになることがある。干珠島は樹木が茂っているが、北西海岸の三角点の標高は僅か3.7メートルしかない。大潮の満潮時には砂浜が見えなくなり、樹木が認められるだけだ。

一方、満珠島は標高50メートルだから、干満に関係なく常時見た目に変わりがない。つまり、干珠島は干潮ならよく見える。一方、満珠島は満潮でもよく分かるということで、干、満の文字を使ったのだと考える方が自然だろう。

また、この2つの島を結んだ線を「聖なる線」だという者が多いが、何の根拠もない講談話だ。

軍艦「満珠」は1888年（明治21年）に竣工した帆走武装練習艦（排水量約876トン）で、長さ約41メートル、幅約10.5メートルである。軍艦「干珠」は「満珠」と同日進水の同型艦であった。

両艦は共に1896年除籍されたが、満珠艦は1910年（明治43年）11月に武装を撤去するなどの艤装を改め、佐賀県立佐賀商船学校の練習船になった。当時は風帆船とも呼ばれた。

「日本船舶明細書」（CD版）には「満珠」、「干珠」の船名は見当たらない。

《第65話》サルガッソ海の法螺話

サルガッソ（Sargasso sea）、ここは失われた魂の地下牢（dungeon of lost souls）とも呼ばれる。

メキシコ湾流、北大西洋海流、カナリア海流、大西洋赤道海流に囲まれた、北緯25度から35度、西経40度から70度の海域で、浮遊性の海藻サルガッスム（Sargassum、ホンダワラ属）にちなむ。サルガッソー海とも書かれ、「藻の海」という意味である。

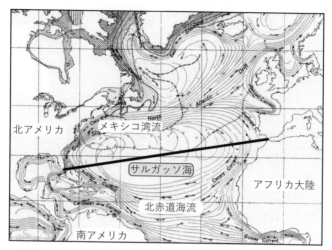

図65-1　サルガッソ海（Wikipedia 掲載の海流図を基に作成）

　メキシコ湾流は約 5 ノット。北赤道海流は北緯 10 度から北緯 25 度の貿易風帯にある北東貿易風によって生ずる流れで、北米東岸沿いに北海方面に流れる暖流で、欧州の気候を左右する。世界の海は陸地で囲まれているが、ここだけは境界に陸地のない海だ。エビ、カニ、魚などの海洋生物の生息地でもある。

　透明度は 65 メートルもあると云われ、この海は世界最高の透明度と云われる。雨量は少なく、風が弱い。

　ひところ、ウナギの産卵地と云われたこともあるが、現在は否定されている。

　海藻が一面に広がり、船は身動きが取れなくなり、結局、難船してしまうという。

　バハマの東側では、非常に強い渦潮の影響で Sargassum（または Fucus natans）と呼ばれるホンダワラ属の海藻が海面に大量に集まってくる。アメリカ沿岸に大量に生えている藻が嵐によって漂流してサルガッソ海に流れ着くというが、ここの海藻は自由浮遊海藻の一種で、海面に漂う。

　この海は水深が 1600 から 6400 メートルで、常に暖かい水の大きな水だまりになっていて、非常にゆっくりと時計回りに回転している。

　赤道海流とメキシコ湾流の両方が水を押し流すため、雨はほとんど降らず、海面と同様に天候も非常に穏やかである。また、湿度が高く、猛暑になることもよくある。

　海の中の砂漠に例えられることもあり、雨が降らないため、水は非常に塩分

を含んでいる。海の中心部には何百万もの海藻の塊があり、主にこの海域の中心部に向かって堆積している。

　海流や風がほとんどないため、帆船はここに長期間閉じ込められてしまう。停滞した船は飲み水が不足する。記録によるとスペイン人は貴重な水を節約するために、水を消費する軍馬を船から投げ捨てたという。

　そのため、この地域は「馬の緯度（horse latitudes）」と呼ばれるようになった。これらの馬の亡霊や、失われた船や船員の亡霊がこの地域に住んでいると考えられた不気味な海域である。他にも「doldrums（無風地帯）」、「sea of berries（実の海）」、「dungeon of lost souls（失われた魂の地下牢）」などと呼ばれていた。

　コロンブスは、この海域を航行する度に海藻を見ている。

　コロンブスの航海誌では、その第1回の航海の1492年9月21日、夜明けになってみると、海が藻で埋まっているかと思うほどにたくさんの海藻が見られたが、この海藻は西の方から流れてきた。

　翌9月22日の土曜日の日誌には「海藻は殆ど見られなくなった」。ほんのしばらくの間、海藻が姿を消したが、その後、また密になってきた。

　23日日曜日、海藻は多量で、その中に蟹がいたとある。

　その後、10月3日まではしばしば海藻を見たようだったが、その後、海藻のない海域を経て、10月12日（金曜日、室町時代、明応元年）に島[94] を見つけることができたのである。

　伝説では、この海では風が吹かず、帆船が何週間も動けず、その間に船体に海藻が絡み付き、風が吹いてきても既に動けなくなっており、ボートを降ろして船を動かそうとしてもオールに藻が絡んで漕ぐことができず、船乗りたちは水と食料が尽きて死んでしまい、船だけは幽霊船となって、この海を漂うという。

　無人となった幽霊船はやがて帆が腐り、マストや索具はちぎれ、やがて船喰い虫によって船体は食い荒らされ、深い海底に沈んだ船

図 65-2　浮遊するサルガッソ海の海藻（Wikipedia より）

---

[94] コロンブスが最初に陸地を見たのは10月12日（金曜日）早朝で、現在のサンサルバドルのウォトリング島に到着したといわれている。

が無数にあるという。

セント・マーチン島はカリブ海のリーワード諸島にある島で、周辺はリゾート地帯であるが、海岸には海藻が押し寄せて、観光業に大きな被害を及ぼしているという。

帆船がこの海域に入ったとしても、風さえあれば何の問題もない。簡単に海面に浮遊している藻を押しのけながら進める。

現代の船も同じで、浮遊藻が水面下にある推進器に絡み付いて動けなくなるようなことはあり得ない。サルガッソを題材にした小説は多いが、いずれも面白おかしく作り上げられた法螺話だ。この海はなんの変哲もない静かな海だ。

何度も、この海を通った私の経験からして、なるほど時折大量の海藻の塊が見られるが、ただそれだけのことである。

《第66話》海賊のトリック

海賊船が獲物を襲うとき、相手船に接近して乗り移るまで、それと悟られないようカムフラージュするのが常套手段だった。

あるときは難破した漁船に見せかけて相手船をおびき寄せ、またあるときはどこかの国旗を掲げて近づき、ここぞという段になるとその偽国旗を引き降ろすやいなや黒い海賊旗を上げたので、狙われた商船はお手上げだった。ただし、中には軍艦を商船と間違えて接近し、あべこべにやっつけられたという話もある。

巡洋艦「利根」は砲術の大家であった黛治夫大佐が艦長であった。利根の20センチ主砲4門を彼我9000メートルで10斉射すれば発射弾数40発の内10％は命中すると見込んだ。その内1、2発は水面下に命中し、敵は大浸水が起こる。そのため敵を騙して近距離まで接近する手立てとして、艦首の菊のご紋章は船体色と同じグレーのキャンバスで覆い隠し、旭日旗でなくアメリカ国旗を掲げて接近することにした。

ところが航海長の阿部浩一少佐が反対した。「御紋章を隠したり、米国の国旗を掲げるなどは卑怯です」と云ったのだ。黛艦長はこう諭したという。「君は高等商船の出身だろうが、学校で国際法を学ばなかったのかね」といって、国際法の大家で海軍大学校榎本重治教授の著書を見せて、敵国の国旗を掲げるのは卑怯でもなんでもない、国際法上合法だと納得させたという。

その後、ジャワとスマトラ間のスンダ海峡を抜け、ココス島の南南西約800海里で、1万トン級の武装貨客船に遭遇した。利根は急ごしらえの怪しげな米

国旗を掲げ、意味不明のモールス信号を探照灯で送りながら 30 ノットで急接近し、予定のとおり彼我 9000 メートルで米国旗を降ろし大軍艦旗を掲げるやいなや、主砲 4 門から九一式徹甲弾（てっこうだん）をたて続けに十斉射した。この船は英国の武装商船ビハール号で、水線下に命中弾を受け、沈没した。船から脱出した者は中年女性 1 人を含む全員を救助したという。騙し作戦は成功したのである。

　仮装巡洋艦と称される、商船から改造された船があった。乗員は海軍将兵である。通商破壊の航海なら、大砲が見えるようにして相手商船に近寄ると警戒されるから、武装はカバーで隠した。甲板員は軍服ではなく商船船員の服装をした。中立国や相手船の国旗を掲揚して偽装した。日本海軍の愛国丸や報国丸がそれだ。愛国丸は特設巡洋艦ともいわれ、大阪商船が発注し、昭和 16 年（1941 年）8 月に竣工した貨客船であったが、竣工後は海軍が徴用して仮装巡洋艦として通商破壊に従事した。本船の甲板員は女装して相手に向かって手を振ったこともあったという。

　相手に十分近寄ってから自国の国旗を掲げた。砲撃は威嚇だけであったことが多く、敵商船を捕獲したのである。これまた海賊もどきの戦術と云えよう。

　第二次世界大戦で枢軸国ドイツは 9 隻の商船を用いて連合国の通商破壊作戦を行っている。その内で仮装巡洋艦アトランティスは 22 隻の連合国商船を撃沈したというし、仮装巡洋艦トールも 22 隻を捕獲または撃沈したという。

《第 67 話》 南船北馬（なんせんほくば）余話

南船北馬

　チャイナ前漢時代の思想書『淮南子（えなんじ）』の中に「胡人は馬を便とし、越人は舟を便とす」という一句がある。広大な中国の南部では川や運河が多いので交通手段としてよく船を使うが、山や平原の多い北部では馬を利用した。転じて南へ北へあちらこちらと絶えまなく旅をすることを「南船北馬」というようになったのである。類義語として「東行西走」、「東奔西走」や「南行北走」などがあるが、説明の要はあるまい。

　「南船北馬」は船と馬はどちらも乗り物という意味ではあるが、英語では不器用で手に負えない船乗りのことをホース・マリーン（horse marine）といった。ホースは馬、マリーンは船乗りであり、ホース・マリーンとは馬に乗る船乗りという意味である。しかし本来はその昔、戦艦に乗艦勤務することになった騎兵を船乗りが「からかった」言葉で、場違いな人や不適格者を指す意味としても使われている。

京杭大運河

　チャイナの京杭大運河は大変な長さだ。「けいこうだいうんが」と読む。

　北京から杭州まで総延長 2500 キロもある。鹿児島湾口から北海道網走間の航路は 2290 キロほどだから、チャイナの運河の壮大さが分かろうというものだ。現存する人工壁が 6260 キロである「万里の長城」の長さには及ばないが、世界一の大運河だ。拡大された衛星写真では運河の位置を識別できる。

　この運河は、チャイナの戦国時代[*95] に始まり、隋の文帝と煬帝が整備し、西暦 610 年に完成した。現在でも同国の大動脈である。北京・杭州間が初めから全通していたわけ

図 67-1　京杭大運河
（Wikipedia 掲載の地図（©Ian Kiu）に加筆）

でなく、大運河の建設に住民を駆り立て、膨大な労働力を使って掘削した部分もある。

　途中、黄河と揚子江（長江）を横断しており、運河から分かれる小河川が網の目のように存在する。

　運河周辺の都市は川縁（かわべり）に飲食店、酒店が軒を連ね、繁栄したという。

　「紅燈（こうとう）の巷（ちまた）」という成語は、この運河とも関係がある。花柳界、歓楽街をいい、類似語に紅燈緑酒がある。英語では red light district である。「赤い燈が燈

[*95] 繁体字では戰國時代と書く。諸説あるが紀元前 5 世紀から紀元前 221 年のチャイナの歴史。秦始皇帝 26 年（紀元前 221 年）に秦が斉を滅ぼし中原を統一したことで終わった。

る地区」とでも訳しておこう。

　来航する舟人を呼び寄せるために店先に赤提燈を掲げ、紅燈を点じたと思えば納得だ。中国語では「花街柳巷」で、「巷（ちまた）」とは、本来は狭い道、路地や横丁を意味するという。「一日の憂さを晴らしに紅燈の巷を彷徨（さまよ）う」というではないか。

　「紅燈の巷」を危ない場所の意と解すると、船では左舷の紅燈を見せてくるなら危ない相手船だ、避けろとなる。

　時代を経て、清末に開国して対外貿易が活発化すると大運河の重要性は落ちて、一地方の交通路に転落した時機もあったが、現在では2千トン級の船が航行できるように改修工事が行われているという。

　私は揚子江川口の上海港しか知らないが、亡父は壮年のころ洞庭湖（どうていこ）で舟遊びしたときの写真を残した。ここには長江から水路がある。増水期には関東平野や四国よりも大きな面積になり、チャイナ2番目の湖だ。ここでも舟遊びをしたいものだ。

赤壁の戦いの楼船

　この運河についての逸話は数限りないが、「赤壁の戦（せきへき）」は面白い。

　遠い昔のこと。208年冬、現在の烏林（湖北省荊州市洪湖市）、赤壁（威寧市赤壁市）での戦いである。

　片や孫権（そんけん）・劉備（りゅうび）連合軍と相手は曹操（そうそう）軍との合戦である。この戦いで曹操側は破れた。

　劉備は数百艘の船を使った。一方の曹操は水軍を手に入れ、南下して、長江沿いに布陣した。数十万と云われる曹操の大軍に恐れをなした劉備軍の将兵の中には降伏を進言した者もいた。

　しかし、「中原出身の曹操は水軍の使いに不慣れだし、彼の水軍の主力兵は必ずしも曹操に心服しているわけではないから、戦機はこちらにある」と主張した武将がいた。三国志によれば「曹操軍は疫病が流行し戦意が落ちていたうえ軍船を劉備に焼かれ曹操は徒歩で撤退した」という。

　劉備は曹操を追撃し、火を放った。曹操の船団は燃え上がり、大敗したというのだ。この火計は曹操軍が油断した隙をついて油をかけ、焚き木を満載した火船を曹操の船団に放った。強風にあおられて曹操の船団は燃え上がり、敗走したのである。

　詳しくは蜀・魏・呉が争った三国時代の歴史書「三国志」や「三国志演義」を見て頂こう。

軍船の大船は「楼船」と呼ばれた。周囲に板を立てて矢石を防ぐ船で、その形が牢獄に似ていることから名付けられたという説がある。楼閣のように見えるからともいう。長さ 20 メートルくらい、艪の数片舷 20 丁ほどであったらしい。これは、明代の百科事典「三才圖會」*96 に見られるものだ。

《第 68 話》役に立たなかった救命具

令和 3 年（2021 年）5 月 27 日深夜のことであった。

自動車運搬船「白虎（びゃっこ）」と実質船主が韓国のケミカルタンカーである「ウルサン パイオニア」の両船が来島海峡西部で同日 23 時 53 分頃に衝突し、およそ 2 時間 50 分後の 28 日 2 時 40 分ころ、白虎は右舷に傾き横転沈没した。この結果、船長は行方不明、一等機関士は機関室、二等機関士は機関室後部の操舵機室内からそれぞれ遺体で発見された。乗組員は 12 人である。

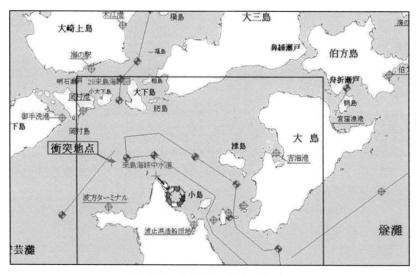

図 68-1　衝突地点（筆者による）

---

*96 チャイナは明の万暦 35 年（1607 年）完成の全 106 巻からなる図入りの百科事典と思えばいい。これを「類書」と称した。巻中、器用 4 巻は船の項である。日本では、正徳 2 年（1712 年）これを孫引きして「和漢三才図会」が作られた。編者は大阪の医者、寺島良安である。編纂に 30 年余を費やした。全 105 巻、81 冊である。34 巻に船橋類がある。

271

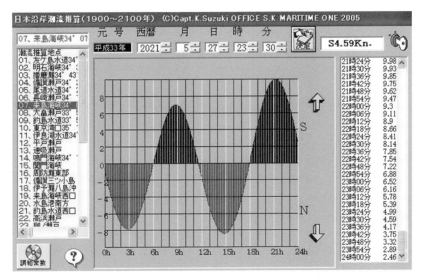

図 68-2　当日の中水道の潮流模様（筆者による）

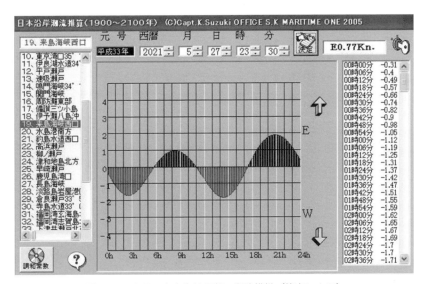

図 68-3　当日の来島海峡西部の潮流模様（筆者による）

図 68-4　両船の航跡（筆者による）

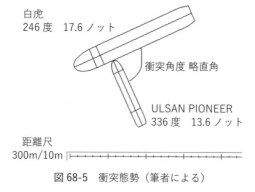

図 68-5　衝突態勢（筆者による）

　白虎は総トン数 1 万 1454 トン、全長 170 メートル、幅 26 メートル、速力 21.6 ノット、限定近海区域の自動車運搬船で、令和 2 年 6 月に竣工した新造船である。

　一方、相手船は実質船主が韓国の興亜海運が所有するケミカルタンカー（マーシャル諸島籍）で、総トン数 2696 トン、全長 90 メートル、幅 14 メートルで、13 人が乗り組んでいた。速力は 14 ノットばかりである。

　衝突は来島海峡西部で起こった。来島海峡は狭隘であること、「順中逆西」という世界で唯一の潮の流れに応じて航行する通航路が変わる特殊な海域であること、潮流の激しい難所である。潮流については、流れの速い難所とか魔の海峡であるなどと面白おかしく煽り立てる者がいる。しかし潮流が激しいというのは中水道や西水道などの狭隘な海域でのことで、この事故が起こった来島海峡航路の西口付近では、当時はそれほどの強潮流ではなかった。中水道では 3 ノットばかり、西水道では 1 ノット弱だったのである（図 68-2、68-3 参照）。

　図 68-4 は両船の航跡である。

　これは筆者が独自に入手した両船の AIS 情報から精密に描いたものである。この事件の場合、どのような航法が適用されるのか、また過失の軽重については省略させてもらうが、白虎側の左転が本件発生の主たる原因であることだけは間違いない。

　当時、白虎の船橋当直者は二等航海士であった。来島海峡西口通過の 23 時 51 分ころには船長は在橋しておらず、二航士単独で操船していた模様である。

　ところで、総トン数 1 万トン以上、全長 170 メートルの白虎と、2700 トンばかり、全長 90 メートルの韓国船とが衝突して、どうして大きな方が沈没したのか不思議がる者が多い。大型ダンプカーに軽乗用車が衝突したとき、軽乗用車の方は車の前部分が凹んだだけなのに、大型車両の方が横転するなどというのは信じられないというのと同じ疑問だ。車両事故が頭にあるからであろう。

　陸上ではそうだろうが、10 万トン対 1 万トンでも衝突態勢の如何によっては 10 万トンの方が沈むのは不思議でもなんでもないのだ。

　また、元船長らしき者がこの事件について匿名でインターネット上に縷々講釈を垂れているが、AIS 情報を入手して検討した訳ではなさそうであるし、よく調べをしないまま、視界が悪かったのではないかなどと根拠も示さず述べている。

　AIS 情報は「天の声」と呼ばれるように、客観的なデータである。海難事故について、あれこれ云えるためには AIS 情報の他、当時霧警報や濃霧注意報が発令されていたかなどの事実を合理的に認定するのが先決である。

　この事件で考えなければならないことは、次のようなことである。それは白虎が沈没後、乗組員は泳いでおり、海中から救助されていることである。膨張式救命筏が自動展開しなかったのであろう。何故だろう。

　この筏は手動で投下できるし、万が一、投下する暇がなく船が沈んだ場合でも自動的に浮上する仕組みになっているのだから、白虎が沈没後に筏が浮上していなかった原因はなにかという疑問が残るということだ。

　筏そのものや、設置状況に不備があったのではないかとも推認できる。

　次に、救命浮環である。

　救命浮環は曝露甲板に設置されて受金具に挿入されている。

図 68-6　救命浮環の設置（筆者撮影）

　船が沈んだときには、浮環の浮力で受金具から離れて海面に浮上しなければならないのだから、受金具が固く締まっていたりロープなどで浮環とハンドレールなどを縛っていると水没した時に浮上しなくなる。

　受金具の締め付け具合の良しあしは、片手で浮環を引き上げたとき軽く引き上げられれば良しとする。ただし、あまり緩いと強風で浮環が飛んでしまうことがあるから、受金具の調整には注意が必要である。

　新造時に浮環を設置するとき、造船所側はこんなことには無頓着だから、乗組員の手で受金具の調整をしなければならないことを忘れてはならない。

　白虎の救命浮環が海上に浮かんでおりこれを回収したという情報はないから、浮環の設置状況が悪く、浮上しなかったのではないかと推認されるのである。

　このように、白虎の救命筏と救命浮環は有効に機能しなかったに違いない。

　船体が大傾斜すれば、乗組員を膨張式救命筏付近の非常時集合場所に集まるよう下令するのが通常の船長というものだが、船長はそれをしなかったのではなかろうか。

　船長は経験豊かであるというが、乗船経験が豊富であるということと、非常時の対策についての知識と訓練経験が豊かであるということを混同してはならない。全く次元が違うのである。

　本船が衝突で受けた破孔は左舷前方である。これは天の声である AIS 情報から認められる。

　瀬戸内海を航行する平穏な航海であったから、各車両積載甲板の出入口である水密扉を確実に閉鎖していなかったのではなかろうか。各車両甲板にあるこの扉が開いていたなら、浸水は次から次へと拡大し、遂に船体は浮力を喪失して転覆沈没してしまう。

　ところで、二等機関士はなぜ操舵機室で遺体となって発見されたのだろう。想像の域を出ないが、私はこう思う。

　彼は機関室に居た。衝突の衝撃を感じたが、そのまま機関室にいた。船乗りというものは面白いもので、何か異常があったときには必ず自分の持ち場に向かうものである。甲板関係者なら船橋へ、司厨部員ならギャレーに向かう。機関長らは機関室へというわけだ。

　その内、機関室にも海水が流入して来た。彼がまごまごしているうちに機関室から脱出できなくなって、機関室後方の操舵機室に逃げた。機関室と操舵機室との間には水密扉があるが、これを閉めなかった（閉まらなかった）。

　操舵機室には脱出用の鉄梯子が両舷にあるはずだが、彼は傾いた側と反対方向の鉄梯子を昇った。ところが昇っている途中、更に船体が傾斜し、梯子は彼に覆い被さるように傾いた。昇れなくなったので力尽きて操舵機室に落ちた。あるいはどちらかの梯子を上段まで昇り、甲板に出ようとして脱出用ハッチの蓋（エスケープハッチ）を下から上に押し開けようとしたが開かなかった。ハッチの上に重量物を置いている船はままあることなのだ。

　長い船乗り生活の間に一度起こるかどうかの非常時に対する知識、心構えと訓練不足が災いを招いたのだろうと筆者は思っている。

　一等機関士は 8 月 8 日に機関室内で遺体で発見された。当直中だったのかもしれない。船長は非常呼称（招集）を下令しなかったのであろう。

　操舵・操船や日常作業は少し慣れれば誰でもできる。そんなことは有能かどうかの評価の対象外である。有能な船員とは、事故処理や非常事態によく対応

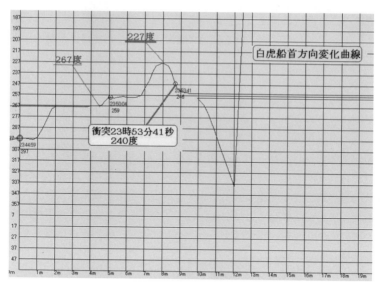

図 68-7　「白虎」の船首方向変化模様（筆者による）

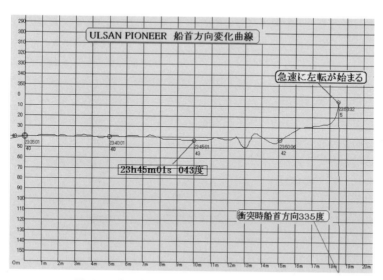

図 68-8　相手船の船首方向変化模様（筆者による）

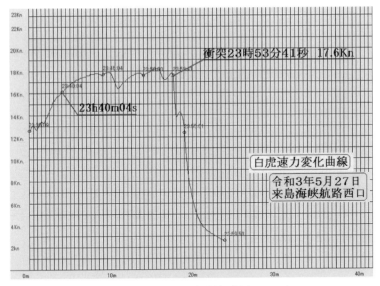

図 68-9 「白虎」の速力曲線（筆者による）

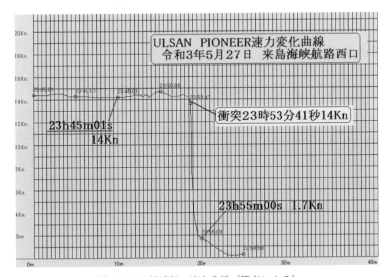

図 68-10 相手船の速力曲線（筆者による）

できる者をいうのだ。

白虎のような大型船の船長が、衝突から沈没まで2時間以上あったのに、自身は行方不明、2人の死亡が確認されたなどというのは、哀悼すべきではあるものの、非常時訓練や船員教育の在り方に警鐘を投げかけたというべきであろう。

図 68-7～68-10 は白虎の AIS 情報から筆者が作成したものである。読者がこの事故に対する法令の適用や過失の軽重を考える際の参考になるだろう。

当直の二等航海士は令和4年3月25日付で業務上過失往来危険、業務上過失致死罪で松山地方裁判所へ公判請求された。

相手船船長は不起訴になった。

《第 69 話》未来

明治時代の未来予測

1901 年（明治 34 年）1 月に報知新聞に掲載された「二十世紀の予言」（平成 17 年科学技術白書掲載）は面白い。

これら予言の 23 項目中 13 項目が実現、7 項目が未実現、一部実現が 3 項目である。実現した項目の例としては、「無線電信電話」、「遠距離の写真」、「7 日間世界一周」、「暑寒知らず」などが挙げられている。百年前の予測が的中している例だろう。

しかし、月や火星旅行ができるという予言はない。深海への探検もない。

当時の学者たちは地球の引力を脱することや、深海の高圧力に耐えうる潜水艇は到底できないと言い張っており、これに洗脳されていた庶民は、そんな予言をしても、どうせ成 就しないのだから「予言するまでもない」と思っていたのだろう。

船の自動運転

乗り物の話で、自動運転（無人）に関する予言もないようだ。

これは、出航地離岸操船と目的地着岸までを完全無人化しようという話で、有力な船会社はこれを懸命に模索しているようだが、莫大な建造費用がかかり、商用船としては不経済船だろう。

港外から目的地沖という船舶が輻輳しない海域相互間なら今でも可能だし、実用化に向けた実験航海も成功しているようであるが、陸上から遠隔操作をする必要があるし、直面する問題は、無人化における衝突回避問題だ。

図 69-1 で X（巨大な船）は大洋を航行しているものとし、A、B に対して保持船、C、D、E に対しては避航船の立場である。さて巨大な X 側はどうするか。

このように、一度に複数の船舶と衝突針路になったときの避航操船のアルゴリズムは簡単ではない。保持船、避航船といった関係も大きな難問の一つだろう。

現行法では避航船のみの動作では衝突を避けることができなければ、保持船は衝突を避けるための最善の協力動作を採れと命じている。

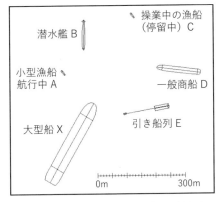

図 69-1　洋上で大型船はいずれの船とも
衝突針路（筆者による）

この場合、保持船が無人で長さ 300 メートルを超える超大型船であり、相手避航船が 5 トンの有人動力船（以下、小型船という）としたとき、小型船独自で衝突を避けることができるのは、彼我 50 メートルまで接近しても小型船の操縦性能からして巨大な船との避航は可能だ。そうすると、衝突の危険があるまま、小型船が 50 メートルまで接近したとき、ようやく巨大な船は衝突を避けるための協力動作を始めていいわけだが、回避不能で必ず衝突する。

このような事例は小型船当直者が船橋無人ないし無人同様で見張りをしていなかったときに起こり、現在でも頻繁に発生している。

もっとも保持船である巨大な船は「早期に保持義務を解除」することができるし、図 69-1 の例のように同時に複数と衝突針路が生じている場合は「船員の常務」で律するというが、巨大な X 船は具体的にどのような操船をするのだ。是非とも海法学者の皆さんに教えを乞いたいものである。

現行海上交通関係法令は誠に出来がよくないし、条文はやたらと解釈しなければならないことが多いし、主として 2 船間の関係を処理するようにできているから、無人化船の場合には手に負えないケースも生じるだろう。

無人化となれば海上交通関係法令の他に船員法、船舶職員及び小型船舶操縦者法など、様々な関係法令を見直す必要が生じ、まずは国際条約の改正から始めなければならないだろうが難問だ。

だが、衝突はそう頻繁に起こるものではないから、万が一、莫大な人損を含む損害が生じたとしても全て船舶保険や貨物海上保険、船員保険及び PI 保険

で填補すればいいと割り切るなら「何をか言わんや」である。

係留時の綱取りはどうするかも考えなければなるまい。

また、現在機関士が行っている大型船の機関起動時における諸作業を、どうやって無人化するのだ。15人乗り組みで、一人年俸1千万円なら20年を考えると30億だ。完全自動化船の建造費、陸上の遠隔装置の製造費用と維持費、遠隔操作交代要員に要する経費を併せ考えると、無人化するより、現在のように人間を乗せた船の方が遙かに安くつくだろう。

無人化構想は技術的に誠に興味津々である。

先ごろ日本海の短距離港間で無人で航行したとの報道があったが、それが船舶法の船舶に該当するなら、現行法制度では無人は許されないはずである。

このように数多の難問題の解決なくして船の自動運転は達成できまい。

私の未来予想

採算がとれるLNG（液化天然ガス）の技術的な可採埋蔵量は198.8兆立方メートルで、将来全世界の天然ガス消費量の約53年分だというが、これは平成3年現在での話だから、枯渇するのはもっと先になるかも知れない。では供給が止まった後はどうするかである。

当分、水素とLNGが並行して消費されるだろうが、現在の若者が老齢の頃にはLNGは枯渇するかも知れない。そうすると脱炭素を叫ぶ限り、将来の輸送機関の燃料はすべて水素になるだろうとみている。

LNGは石油や石炭に比べて同じ発熱量を得る場合に排出される二酸化炭素が少ないといわれるが、完全に脱炭素ではないようだし、埋蔵量にも限りがあるのではないか。

反面、水素はLNGより遙かに効用がある。空中、海中に無限と云ってもいいほど存在する。これを燃やすと水蒸気で、それを冷やしたら水に戻る。質量保存の法則のとおりだ。

その名のとおり「水の素」であり、製造手段は多岐にわたる。電気分解ができる。

電気と違って液体化して長期に貯蔵することもできる。もちろん運ぶこともできる。2021年（令和3年）には、日本の会社が水素を液体化して体積を500分の1に小さくし、常温、常圧で貯蔵や輸送が可能な画期的な技術を開発している。水と天然鉱石との反応を使って大量で高い純度の水素を生成する技術も開発されているようだ。

今後は、更に安価で効率のいい水素の液体化ができ、国内での大量生産が可

能な技術が開発されるだろう。そうなると燃料の水素化は急速に進むに違いない。

　先日、教え子のある船会社の社長に「液化水素の運搬船の研究を始めたほうがいいよ」と助言したことがある。

　川崎重工業が建造予定の世界初水素動力源の脱炭素大型船は、全長300メートル、幅50メートル、総トン数13万トンだという。

第二の予想

　海上自衛隊や沿岸警備の巡視船艇などの公用船、沿岸漁業船、プレジャーボート、一部の旅客船を除き、少なくとも内外航の一般商船から日本人は駆逐されるのではないかと危惧している。

　押しなべて一般商船での船員という職業は、北欧のような海洋国家ならともかく、今どきの若者の価値観には馴染まない。

　海上固有の危険にさらされる職業は、陸上より遥かに高額な報酬が得られるのでなければ選択されないが、見方によっては、それほどもらっているわけでもない。

　ある内航船社の就職説明会で父兄が曰く、「船では皆が同じ食事だというが、うちの子は毎日与えられたものを喰うのは好かないね。自分で食事材料のしこみ、料理と跡片づけも自分でする。それに、その給料は乗船中24時間拘束された結果でしょう。コンビニで働く方がましですよ。昔の船員は陸上の3倍くらい貰っていたと聞いているが、現在はどうなんです。少ない員数で、しかも年齢差が20もあるような職場に、うちの子が一人ぽつんと加わったのでは、話し相手がいないのではありませんか。精神衛生によくない。掃除洗濯も自分だ。おまけに自家用車にも乗れない。上陸するときはいちいち許可がいるというし、好きなときにデートもできない。一日8時間の当直中、スマホ使用禁止は酷ですよ。四六時中、大地震で家が揺れているのと同じでしょうから、船員はうちの子には向きませんな」といった。

　この父兄のような主張を真摯に受け止めて、官民一体となって船員確保対策を講じてもらいたいというのが私の主張だ。

　1974年（昭和49年）ころの日本人外航船員数は5万6千8百余人だったというが、2011年（平成23年）までの37年間で、僅か2千4百余人までに激減しているという（国土交通省による）。この内で、国際航路旅客船の日本人乗組員を除くと、日本人の外航乗組員数は更に少なくなるだろう。

　このままでは外航船を安全で効率よく運航ができる技術力を持つ日本人船員

は枯渇するのではないか。

　海技の伝承の必要性が叫ばれて久しい。これは主として船員教育機関に依存しなければならないが、外航実務経験のある教師が極端に少なくなっており、海技の伝承の上で弊害になっている。現在の船員教育はまさに憂うべき現状だ。

　食料と燃料の輸送は、我が国の安全保障上絶対に必要な要件だから、その輸送だけは「日本人船員の手で」といっていたのは誰だ。いまどきの海運界の現状を見るがいい。外航船に関する限り、前言を翻したような実情ではないか。

第三の予想

　「北極海の周年航行が可能になるだろう」がこれだ。第二のスエズ運河といってもいい北極海航路は、経済活動に限りない恩恵をもたらすに違いない。

　この予想が当たるだろうと考えて、本書では北極海関係についていくつか紹介したのである。

おわりに

　船は運命共同体だ。僅か一人の故意や過失が船全体を滅ぼしてしまう。せめて船員教育の場では「共同の敵に対して毅然とした態度を採れ」と訓え導いてもらいたいというのが私の後世への提言だが、遺憾ながら第2話で述べた「船員教育黎明の頃」のような教育の再現は望むべくもない。改めて原点に帰った船員教育を模索しない限り、近未来における日本の外航船員養成機関は崩壊の危機に瀕するのではなかろうかと危惧している。

　船員に関する予想が的中しないことを祈りつつ、海の仲間たちの一路平安を乞い願い、これにて筆を擱くことにしよう。

<著者紹介>

鈴木　邦裕（すずき　くにひろ）

1937 年愛媛県生まれ。1957 年弓削商船高等学校（専攻科）航海科卒業。
外国航路航海士、船長を経て、1970 年から海事補佐人。潜水艦なだし
お遊漁船第一富士丸衝突事件では富士丸側の補佐人を務めた。弓削商
船高等専門学校、神戸商船大学非常勤講師、神戸大学客員教授（大学
院海事科学研究科）を歴任
著書に『ヨットマンの航海術』『コンピュータ航法プログラム集』『天
体位置略算式の解説（共著）』『内航船の海上安全学』『いろは丸事件
と竜馬』『究極の天測技法（共著）』『舷窓百話』（いずれも海文堂出
版）など
現、海事補佐人、一般社団法人船舶安全機構理事、船舶安全サービス
株式会社副社長
松山市在住

ISBN978-4-303-63449-0
続・舷窓百話

2022 年 7 月 28 日　初版発行　　　　　ⓒ SUZUKI Kunihiro 2022

著　者　鈴木邦裕　　　　　　　　　　　　　　　検印省略
発行者　岡田雄希
発行所　海文堂出版株式会社

　　　　本　社　東京都文京区水道 2-5-4（〒112-0005）
　　　　　　　　電話 03（3815）3291（代）　FAX 03（3815）3953
　　　　　　　　http://www.kaibundo.jp/
　　　　支　社　神戸市中央区元町通 3-5-10（〒650-0022）
日本書籍出版協会会員・工学書協会会員・自然科学書協会会員

PRINTED IN JAPAN　　　　　　　　　　　　印刷・製本　ディグ